COLLECTION GRAND FORMAT

Français

Nouveau programme 2009
Bac Pro en 3 ans

2e bac pro

Sous la direction de Corinne Abensour

Miguel Degoulet
Daniel Lagoutte
Adeline Pringault Leguy
Alexandre Winkler

Avec la participation de Françoise Bollengier

Nathan
TECHNIQUE

En complément de cette méthode, la Bibliothèque sonore propose :
- des interviews de 9 spécialistes : Olivier Balazuc, Mariette Darrigrand, François Ernenwein, Samuel Étienne, Pierre Haski, Daniel Lagoutte, Daniel Mesguich, Alain Rey, Jean-Michel Ribes
- les textes, pièces de théâtre, poèmes interprétés par 4 comédiens.

Direction éditoriale : Christine Asin
Édition : Emmanuelle Pellé
Conception graphique : Courant d'idées
Couverture : Laurence Durandau
Mise en pages : Alinéa
Illustrations : Loïc Méhée
Iconographie : Chantal Hanoteau, Valérie Dereux
Fabrication : Maria Pauliat
Coordination artistique : Evelyn Audureau

Nathan, 21 avenue Pierre de Courbertin 75211 Paris Cedex 13
ISBN 978-2-09-161142-6

Nouveau programme Français Bac Pro

Introduction

L'enseignement du français dans les classes préparatoires au baccalauréat professionnel poursuit les exigences de l'enseignement du français au collège : la maîtrise de l'expression orale et écrite ainsi que l'affirmation d'une identité culturelle fondée sur le partage de connaissances, de valeurs et de langages communs.
Le diplôme du baccalauréat professionnel garantit que, au terme du cursus de formation, dans la logique du socle commun de connaissances et de compétences, le candidat est désormais capable :
- d'être autonome dans la construction et la mise en perspective de ses connaissances ;
- d'exprimer, en respectant autrui, un jugement et des goûts personnels ;
- de réfléchir sur soi-même et sur le monde ;
- de se confronter aux productions artistiques d'hier et d'aujourd'hui, d'ici et d'ailleurs ;
- d'affirmer ses choix.

Dans la perspective d'une poursuite d'études vers l'enseignement supérieur, l'enseignement du français assure la préparation aux exercices attendus dans la suite du cursus (synthèse, argumentation écrite), par la pratique constante de la lecture et de l'écriture sous des formes variées.

I. Finalités

L'enseignement du français dans les classes préparatoires au baccalauréat professionnel vise l'acquisition de quatre compétences :
- entrer dans l'échange oral : écouter, réagir, s'exprimer ;
- entrer dans l'échange écrit : lire, analyser, écrire ;
- devenir un lecteur compétent et critique ;
- confronter des savoirs et des valeurs pour construire son identité culturelle.

En lien avec les enseignements d'histoire, de géographie, d'éducation à la citoyenneté, de langues vivantes, d'arts appliqués, d'histoire des arts, l'enseignement du français participe à l'enrichissement de la culture commune par la connaissance de mouvements et d'œuvres, par la fréquentation de productions artistiques variées, par la pratique d'activités culturelles.
Parmi les pratiques culturelles, la lecture des textes littéraires offre à chacun une confrontation avec les idées, les valeurs, les sentiments qui ont marqué la pensée humaine. La médiation de la littérature permet une approche du monde et de soi essentielle dans un parcours de formation. Le lecteur est confronté aux diverses expériences humaines. Il enrichit dans l'espace du texte son expérience vécue et apprend à lire le monde : il participe aux débats moraux, politiques, philosophiques, esthétiques ; il découvre les mythes et les figures héroïques qui sous-tendent nos représentations du monde.
Les lectures de textes littéraires, complétées par d'autres formes de lecture et d'étude, tiennent une place importante dans le programme d'enseignement du français parce qu'elles sont le creuset d'une réflexion essentielle sur le monde et sur soi.

II. Démarches

Les quatre compétences visées par l'enseignement du français sont travaillées à partir des trois objets d'étude au programme de chaque année d'enseignement.
Pour la clarté de la présentation, la partie III ci-après propose en regard de chaque objet d'étude des capacités, des connaissances, des attitudes. Mais l'enseignement du français est un tout : la maîtrise de la langue orale et écrite, les compétences de lecture, d'expression orale et d'écriture, la construction de l'identité culturelle, sont transversales aux différents objets d'étude. C'est pourquoi les quatre compétences visées par l'enseignement du français sont travaillées de façon articulée et cohérente tout au long de la formation. Pour la même raison, des capacités, des connaissances, des attitudes peuvent figurer en regard de plusieurs objets d'étude.

LECTURE

Les objets d'étude donnent lieu à des activités de lecture nombreuses et variées : lectures de textes littéraires – relevant des différents genres, roman, nouvelle, théâtre, poésie, essai – et non littéraires, lectures d'images fixes ou en mouvement, d'œuvres picturales. Toutes les formes de lecture (œuvre lue et étudiée dans son intégralité, extraits étudiés dans un groupement de textes, parcours de lecture dans une œuvre, lecture cursive, lecture personnelle, lecture documentaire) sont pratiquées. Chaque objet d'étude permet de lire une œuvre longue et d'étudier un groupement de textes.
Des périodes ou des mouvements littéraires sont inscrits en référence de chaque objet d'étude, permettant la construction de connaissances littéraires et culturelles précises. Mais ces références ne constituent pas un cadre de lectures et d'activités exclusif qui interdirait la lecture de textes et l'étude d'œuvres appartenant à d'autres périodes ou à d'autres mouvements littéraires.

ORAL

Les objets d'étude permettent la pratique de l'expression orale sous forme de productions orales individuelles et collectives, spontanées et préparées, telles que l'exposé, l'entretien, l'interview ou le débat d'idées.

ÉCRITURE

Les objets d'étude conduisent à des pratiques d'écriture variées : écrit de travail et de mémorisation, écriture personnelle, écriture à partir de contraintes et de déclencheurs, écriture de commentaire, écriture d'argumentation (justification, réfutation, délibération).

LANGUE FRANÇAISE

Telle ou telle notion linguistique trouve une place naturelle dans un objet d'étude particulier, mais tous les objets d'étude mettent en jeu la pratique de la langue orale et écrite. Le travail sur la langue constitue un objectif majeur du cours de français : la maîtrise progressive des codes oraux et écrits est constamment recherchée, pour approfondir le lexique usuel et thématique, pour consolider les connaissances des règles de construction de la phrase et pour améliorer la production de textes organisés et cohérents.

HISTOIRE DES ARTS

L'enseignement de l'histoire des arts dans la voie professionnelle s'inscrit dans le prolongement du collège. Cet enseignement pluridisciplinaire (en lien notamment avec l'enseignement de l'histoire géographie, des arts appliqués et des langues vivantes) croise l'enseignement du français à propos des périodes, des domaines artistiques (arts du langage, arts du spectacle vivant, arts du visuel) ou des thématiques relevant du programme d'histoire des arts. Il permet de situer les œuvres abordées dans un contexte historique et culturel, et éclaire la compréhension des œuvres littéraires. Il élabore des corrélations autour d'une œuvre, d'un auteur, d'un thème ou d'un genre littéraire, en relation avec la thématique choisie par l'équipe pédagogique. C'est pourquoi les suggestions proposées plus loin en regard des objets d'étude ne sont qu'indicatives.
La fréquentation régulière d'œuvres artistiques permet aussi à l'élève d'exprimer des émotions, d'émettre un jugement personnel et critique. Il approfondit ainsi sa connaissance du monde et de soi.

TIC

L'enseignement du français prend sa part dans l'apprentissage des technologies de l'information et de la communication (TIC). Il se saisit de ces outils dans ce qu'ils ont de plus pertinent pour son propre contenu disciplinaire : traitement de texte (élaboration, amélioration, présentation, diffusion d'une production écrite), recherche documentaire (sur supports informatiques, audiovisuels et multimédias). L'enseignement du français concourt à la formation des capacités et des attitudes nécessaires dans l'univers des TIC : se repérer dans les ressources, tirer, hiérarchiser les informations, adopter une attitude critique et responsable vis-à-vis d'elles, adapter sa lecture au support retenu.

III. Organisation de l'enseignement

Le professeur organise son projet pédagogique annuel en abordant les objets d'étude dans l'ordre qui lui convient, et selon un nombre de séquences appropriées à son public. Il veille cependant à ce que chaque séquence n'excède pas six semaines.

La réflexion pour la classe de Seconde s'organise autour des interrogations présentées ci-dessous.

CONSTRUCTION DE L'INFORMATION

- Les médias disent-ils la vérité ?
- Comment s'assurer du bien-fondé d'une information ?
- Peut-on vivre sans s'informer ?

DES GOÛTS ET DES COULEURS, DISCUTONS-EN

- Les goûts varient d'une génération à l'autre. Ceux d'aujourd'hui sont-ils « meilleurs » que ceux des générations précédentes ?
- Comment faire partager ses goûts dans une démarche de dialogue et de respect ?
- En quoi la connaissance d'une œuvre et de sa réception aide-t-elle à former ses goûts et/ou à s'ouvrir aux goûts des autres ?

PARCOURS DE PERSONNAGES

- Les héros littéraires d'hier sont-ils les héros d'aujourd'hui ?
- En quoi l'histoire du personnage étudié, ses aventures, son évolution aident-elles le lecteur à se construire ?
- Les valeurs qu'incarne le personnage étudié sont-elles celles de l'auteur, celles d'une époque ?

Sommaire

Parcours de personnages

80 % D'EXPERTISE
20 % D'INTUITION
Courrier International
The Economist
LE MONDE EN 2009
CHEZ VOTRE MARCHAND DE JOURNAUX

Libération
16 PAGES SPÉCIALES
Lille, l'effet fête
Berlusconi relaxé
SOCIÉTÉ
Villepin rêve de CDD pour immigrés
MÉDIAS
Foot: Canal + paie le prix fort
Weekend
Médecine en couleur
La blog génération
De plus en plus d'internautes tiennent leur journal sur la Toile. Ils contestent et complètent les médias traditionnels, eux aussi séduits par le phénomène. Page 4
Pendant que vous perdiez du temps à hésiter d'autres perdaient 10 ans
EN EXCLUSIVITÉ CHEZ SEPHORA

LIRE ENTRE LES LIGNES NUMÉRO 5
Médias
Silence ! Les médias on bronze...
qui souffrent de l'été et ceux qui en profitent
Régis Debray
"Les politiques sont les domestiques des journalistes"
Otages
Pour ou contre le ramdam médiatique

Construction de l'information

Les médias disent-ils la vérité ?

Comment s'assurer du bien-fondé d'une information ?

Peut-on vivre sans s'informer ?

Les médias disent-ils la vérité ?

SOMMAIRE

CAPACITÉS

- Distinguer information, commentaire, prise de position.
- S'interroger sur le contexte de production d'une information, identifier les sources.
- Rendre compte à l'oral et à l'écrit d'un événement d'actualité présenté à travers différents médias.
- Rédiger un article de presse en tenant compte des contraintes d'un genre journalistique.
- Décoder les effets visuels dans la mise en scène de l'information.

ATTITUDES

- S'intéresser à l'actualité, lire la presse, regarder un journal télévisé, utiliser Internet et les multimédias.
- Être un lecteur actif et distancié de l'information.
- Adapter, dans l'approche du texte et de l'image, son attitude au support utilisé et à la finalité de la lecture.

AUDIO

Compléments sonores.

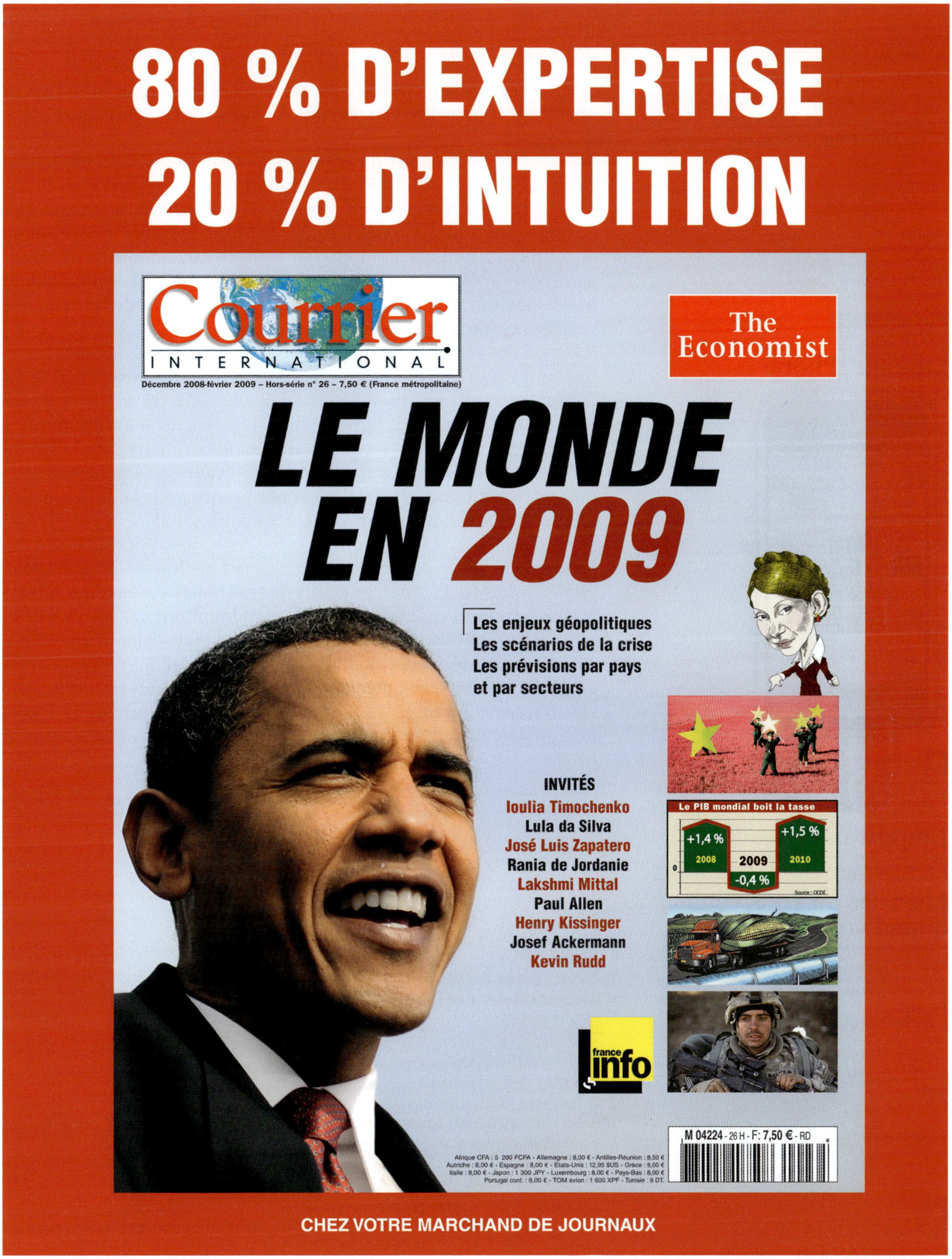

Écriture d'échauffement

Que pensez-vous du slogan « 80 % d'expertise 20 % d'intuition » qu'utilise le *Courrier international* pour caractériser sa démarche ? Quelles autres compétences et qualités attendez-vous des médias ?

Information et médias

Avant la lecture

Faites une liste de tous les médias que vous connaissez et classez-les du plus ancien au plus récent.

Document 1

L'histoire des médias est marquée par des évolutions techniques qui ont permis de modifier et d'améliorer les moyens de diffusion de l'information.

Le terme médias est d'invention récente, mais il recouvre des siècles d'histoire durant lesquels l'homme n'a cessé de chercher à améliorer sa relation avec autrui. Le langage parlé ne permettait qu'une communication limitée dans le temps et dans l'espace. Aussi lui a-t-il fallu, peu à peu, mettre au point des techniques, des inventions pour développer ses facultés de communication. Les médias sont des dispositifs techniques permettant aux hommes de transmettre l'expression de leur pensée. […]

L'essor de la presse quotidienne et périodique, dès le XVIIIe siècle en Europe, répond à un besoin croissant des citoyens d'être informés des affaires du monde. Avec l'invention de l'électricité et les innovations technologiques de la révolution industrielle, à partir de la fin du XIXe siècle, les médias prennent vie, se mécanisent. Par-dessus tout, plus aucun support matériel n'est nécessaire pour la diffusion des informations, celles-ci étant véhiculées par les ondes.

Le XXe siècle voit le perfectionnement de ces médias mécaniques (téléphone, télégraphe, cinéma) tandis que de nouveaux médias, dits de masse, suscitent l'adhésion du plus grand nombre : à l'âge d'or de la radio (1920-1940) succède bientôt celui de la télévision (1960-1990). Jusqu'à ce que le média aujourd'hui dominant soit lui-même concurrencé par les nouveaux médias ou médias numériques (Internet, jeux vidéo, réseaux locaux)… […]. Un nouveau média ne tue pas un média plus ancien, il vient en renforcer l'influence.

L. LALLEMAND et J.-M. OULLION, *Les Grandes Questions des médias*.

Document 2

Libé sur iPhone

Chargez les infos

Ouvrez le navigateur de votre iPhone, rendez-vous sur la page http://iphone.liberation.fr pour avoir le dernier Expresso servi toutes les 30 minutes. Vous chargez d'un seul coup l'intégralité les 12 derniers articles parus sur Libération.fr.

Emportez-les

Vous pouvez couper votre connexion et utiliser votre iPhone comme d'habitude, les informations chargées restent en mémoire, disponibles hors ligne partout où vous allez.

Lisez-les où vous voulez, quand vous voulez.

Où que vous alliez, il suffit d'ouvrir votre navigateur, votre Expresso y est stocké et vous suit toute la journée. Dans les transports, au café, ou chez le dentiste, que vous disposiez ou non d'une connexion à Internet. Et pour ne pas perdre le fil de l'actualité, rechargez à la demande votre Libé Expresso, les infos se mettent à jour automatiquement.

ATTITUDES

S'intéresser à l'actualité, lire la presse, regarder un journal télévisé, utiliser Internet et les multimédias.

À RETENIR

Les médias sont les différents moyens de diffusion de l'information qui permettent aux hommes de communiquer.

COMPRENDRE

1. À quoi sert un média ?
2. Retracez l'évolution des supports de transmission de l'information.
3. En vous appuyant sur le document 2, montrez que les médias les plus récents s'appuient sur les plus anciens et les intègrent.

ANALYSER

1. Expliquez la dernière phrase du texte.
2. En quoi les médias permettent-ils à l'homme d'améliorer sa relation avec les autres ?

ÉCRIRE

Rédiger un paragraphe faisant la promotion d'une nouvelle gamme de téléphones portables qui permettent d'écouter la radio, télécharger de la musique, regarder la télévision et lire le journal sur Internet.

ATTITUDE
Être un lecteur actif et distancié de l'information.

Oral

Débat : faites-vous confiance aux médias ?

CHOISIR UN RÔLE

Choisissez un des trois rôles suivants. (Vous ne devez pas nécessairement incarner un rôle proche de votre propre attitude.)

1) Vous avez une confiance absolue dans les médias : si une information est écrite, si la télévision la confirme, aucun doute : c'est vrai.

2) Vous êtes toujours méfiant(e) à l'égard des médias : on ne nous dit pas tout, certaines informations sont cachées.

3) Vous êtes nuancé(e) : les journalistes sont des professionnels, ils sont sérieux et consciencieux, mais peuvent aussi se tromper.

PRÉPARER DES ARGUMENTS

1. Lisez les affirmations et sélectionnez celles qui correspondent le mieux à votre rôle.

2. Rédigez d'autres phrases qui expliquent votre position par rapport aux médias.

A
Je regarde tous les soirs le même journal télévisé : j'ai confiance en son présentateur et je ne trouve pas utile de passer plus de temps à m'informer. En 30 minutes, j'ai un panorama complet de l'actualité, illustré de nombreuses images.

B
Les journalistes ont des règles qu'ils suivent : ils peuvent être sanctionnés et ne pas retrouver leur carte de presse.

C
Les médias sont complices du pouvoir. Ils ne donnent pas une vision objective de la vie politique et des problèmes sociaux.

D
Il n'y a pas de fumée sans feu dit le proverbe. Pour moi, cela s'applique aussi à l'information : si les journalistes le disent, s'il y a des images, c'est que l'information existe bien.

E
S'ils se trompent, les journalistes peuvent rectifier leurs erreurs. Il arrive parfois que le présentateur du 20 h corrige un propos erroné.

F
Les journalistes ont peur de déclencher des mouvements de panique dans l'opinion. Ils minimisent certains événements.

G
Il se passe beaucoup trop de choses pour que les médias nous disent tout : les journalistes trient et nous cachent certains faits.

CONFRONTER DES POSITIONS

Constituez des groupes dans lesquels les trois rôles sont également représentés. Discutez maintenant avec vos camarades en expliquant votre position à l'aide des arguments proposés ci-dessus et de ceux que vous aurez trouvés.

Informer, commenter et prendre position

Pour ou contre le loup ?

Les médias informent sur l'actualité mais également la commentent et diffusent des prises de position.
Le retour du loup en montagne est depuis les années 1990 un thème souvent traité dans les médias. On en parle à l'occasion des attaques de troupeaux et des changements de législation. Des points de vue tranchés s'expriment.

Texte 1 Informer

Dans cet article de l'été 2008, la journaliste fait le point sur le dispositif de protection des loups et d'indemnisation des bergers.

Dans les Alpes du Sud, la difficile coexistence entre éleveurs et loups

Ils ne possèdent que cinquante chèvres et cinq vaches, mais cela leur suffit pour vivre « correctement ». Jean-Claude Fabre et Hugues Fanouillaire fabriquent eux-mêmes les fromages que des connaisseurs viennent acheter à La Roria, leur ferme située dans le parc national du Mercantour. Les deux associés sont fiers de leur réussite, pas si fréquente dans les zones de montagne. Ils n'ont qu'un seul problème : le loup.
Dans la bergerie, un chevreau rendu boiteux par une morsure en témoigne : le prédateur a la dent dure. « La première attaque remonte à juin 2003 : six bêtes ont été tuées », relate Hugues Fanouillaire. Elles n'ont pas cessé depuis. « Leur comportement évolue, poursuit l'éleveur : au début, ils s'attaquaient aux bêtes malades ou isolées, la nuit. Maintenant, le loup attaque à tout moment, par jeu. Il tue quatre chèvres et n'en mange qu'une. Il sait qu'il a tous les droits. »
Quasiment exterminée au XIXe siècle et dans la première moitié du XXe, l'espèce *Canis lupus* est aujourd'hui strictement protégée au niveau international et européen. Abattre l'un de ses représentants constitue un délit qui peut conduire au tribunal. Le loup est revenu dans les Alpes françaises, depuis l'Italie, au début des années 1990. Quinze ans ont passé, mais la cohabitation avec les éleveurs est toujours aussi difficile. Hugues Fanouillaire l'affirme : « Des éleveurs qui sont pour le loup, je n'en connais pas. »
« Le problème de la cohabitation ne se pose pas seulement en France, mais dans le monde entier, avec les éléphants, les lions, les tigres, les chimpanzés ou les babouins qui ravagent les cultures, explique Christine Sourd, directrice adjointe des programmes de l'association écologiste WWF France. C'est en train de devenir une source de disparition d'espèces. »
[...] De 2004 à 2008, 5 millions d'euros ont été investis dans Life COEX, un plan visant à améliorer la coexistence entre agriculteurs et grands carnivores du sud de l'Europe. [...] Concrètement, le programme a permis d'aider à la pose de clôtures électriques pour protéger les troupeaux et d'introduire des chiens de gardiennage, les patous. L'été, des bénévoles sont venus surveiller les bêtes.

[...] Quel bilan tirer de ces mesures ? Du point de vue du loup, c'est un succès. L'espèce est dans un état de conservation favorable. [...] Du point de vue des éleveurs, le bilan est plus mitigé. Le gardiennage permet de limiter les prédations, mais pas de les supprimer. « La prédation zéro n'existera jamais, affirme Jean-Luc Borelli, responsable du programme Pastoraloup, qui forme les bénévoles au gardiennage. Politiquement, les éleveurs sont donc forcément opposés aux prédateurs. Mais techniquement, certains sont prêts à les tolérer, si les dommages restent supportables. »

GAËLLE DUPONT, *Le Monde*, 22 septembre 2008.

CAPACITÉ
Distinguer information, commentaire, prise de position.

COMPRENDRE

1. Qui est interrogé par la journaliste ?
2. Quels sont les points de vue en présence ?
3. La journaliste exprime-t-elle son opinion ?

Texte 2 Commenter

Dans cet article paru en 2004, alors que des manifestations avaient eu lieu dans toute la France pour protester contre l'abattage des loups, le journaliste Éric Fottorino, spécialiste des questions liées à l'agriculture, commente l'actualité.

À bon chien, bon loup

LES BREBIS ont beau marcher à pas de loup dans nos beaux alpages, voilà qu'elles sont encore et toujours un appât pour les loups, un appât de choix. [...] Pas plus tard que la semaine dernière, cent quarante brebis se sont ainsi jetées dans un ravin du côté de Beauvezer, dans les Alpes-de-Haute-Provence. Un saut de la mort en pleine nuit, pour échapper par le vide aux crocs de la bête sauvage [...]. Pour les éleveurs, ces attaques de loups sont vécues chaque fois comme des traumatismes. Et la décision du ministre de l'écologie, Serge Lepeltier, d'autoriser l'abattage exceptionnel de quatre prédateurs a été accueillie sans enthousiasme. Un geste mi-chèvre, mi-loup, si on peut dire. Depuis une décennie, qu'ils chassent seuls ou en meute, les loups tuent un nombre toujours plus impressionnant de moutons.

[...] Admettons que le loup puisse cohabiter avec les moutons. Que le pastoralisme soit compatible avec la présence d'une nature sauvage. Pour autant, si on laisse au brave compère l'arme de ses dents, il serait utile, sinon habile, qu'on lui oppose un adversaire digne de son rang de canines. On veut parler bien entendu du meilleur ami de l'homme, qui peut aussi devenir celui du mouton : on a nommé le chien. Pas n'importe quel toutou, cela va de soi.

Le chien de la situation – mais existe-t-il encore ? – serait plutôt du genre beauceron ou bas-rouge, un costaud sans peur ni reproche, sans peur du loup, évidemment. Car, ce qui nous chagrine, c'est d'entendre les bergers se plaindre, alors qu'ils ne gardent plus leurs bêtes la nuit. Pis, ils ne les placent plus d'office sous la protection de ces gardes du corps bâtis et dressés pour faire déguerpir les loups. Le métier de chien se perd. [...]

ÉRIC FOTTORINO, *Le Monde*, 23 juillet 2004.

Loup du Mercantour

CAPACITÉ
Distinguer information, commentaire, prise de position.

COMPRENDRE

1. Quelles solutions le journaliste propose-t-il pour régler le problème lié à la présence des loups ?
2. Dans cet article le journaliste est-il objectif ?

Texte 3 Prendre position

Guillaume Lebaudy, Marc Mallen et Audrey Pégaz-Fiorney sont ethnologues et connaissent bien le mode de vie des bergers. Ils sont en désaccord avec le point de vue présenté par Éric Fottorino. Ils prennent position dans le débat pour faire réfléchir sur les problèmes de l'élevage.

LA PHILOSOPHIE DANS LE TROUPEAU

Contrairement aux idées reçues, les bergers n'ont pas été passifs face au retour du loup. Depuis quelques années, ils protègent leurs brebis avec ces gros chiens blancs, les patous, ou montagnes des Pyrénées, qui donnent des sueurs froides aux touristes qui prétendent s'approcher des troupeaux. Ces molosses écartent aussi le loup, dans la mesure de leurs moyens et de leur dressage.

Pour empêcher la prédation, les bergers doivent-ils garder leurs bêtes la nuit ? Ce serait au détriment de la qualité de leur travail, car la conduite d'un troupeau – le jour – demande une attention soutenue et de longues heures de garde, auxquelles il faut ajouter le temps consacré aux soins vétérinaires.

Depuis une vingtaine d'années, les conditions de vie en alpage se sont améliorées. Pourtant, au terme de leur carrière, les bergers sont des hommes fatigués, aux genoux usés, aux mains déformées, au dos laminé par le travail. Comment imaginer que le retour du loup les contraigne à veiller nuit et jour ?

[...] La question de la prédation ne peut se réduire à cette équation comptable élémentaire : une brebis tuée égale une brebis indemnisée. Avoir une approche quantitative du problème, c'est négliger le travail de sélection de l'éleveur, balayer d'un revers de main la détresse des bergers et le stress des troupeaux (cause d'avortement) et finalement rendre responsable le loup, qui risque de payer très cher le kilo de viande d'agneau.

Sauver l'économie du mouton, c'est aussi sauver le loup. Revalorisons le produit principal de l'élevage ovin, l'agneau, animal non élevé en batterie, dont la viande est fondante. [...]

Abattre quatre ou cent loups ne constitue pas une réponse satisfaisante à la profonde crise identitaire qui traverse le monde pastoral, trop souvent manipulé par les syndicats de producteurs. Mais, si les bergers doivent accepter le loup dans les alpages, il faut en retour que la société reconnaisse la validité des cultures pastorales mondiales (nomades, transhumantes, sédentaires) en tant qu'expériences humaines. Soyons sages : comment peut-on être, à la fois, émerveillé par le retour du loup et insensible à la perte irrémédiable que constituerait la disparition des bergers ?

Manifestation des éleveurs au centre ville de Chambéry en 2004.

GUILLAUME LEBAUDY, MARC MALLEN, AUDREY PÉGAZ-FIORNET, *Le Monde*, 1er août 2004.

CAPACITÉ
Distinguer information, commentaire, prise de position.

À RETENIR

On distingue deux types d'article.

Les articles factuels qui rapportent objectivement et de façon neutre des faits.

Les articles de commentaire dans lesquels les journalistes expriment leur opinion.

COMPRENDRE

1. Pourquoi les auteurs du texte 3 contestent-ils le point de vue du texte 2 ? Quelle solution proposent-ils ?
2. Le débat entre Éric Fottorino et les trois ethnologues reflète-t-il tous les points de vue en présence ?

ÉCRIRE

Vous écrivez une lettre au journal, à faire paraître dans le courrier des lecteurs, défendant le point de vue suivant :
Les espaces naturels sont désormais des lieux de détente pour les touristes et la présence d'animaux sauvages peut à ce titre constituer un danger.

Les marques du point de vue : la modalisation

À RETENIR

La modalisation c'est l'art de nuancer son discours selon l'impression que l'on veut produire sur le destinataire. Repérer la modalisation, c'est reconnaître les marques du jugement de celui qui parle.

Les outils de la modalisation

Certains procédés permettent d'évaluer ce que l'on affiche en l'inscrivant plus ou moins dans le domaine du certain.
– Les adjectifs : *sûr, certain, inévitable, évident, douteux, incertain, vraisemblable, probable...*
– Les adverbes : *assurément, forcément, réellement, peut-être, probablement...*
– Les verbes : *assurer, affirmer, certifier, penser, croire, douter...*
– Le mode : le conditionnel.

Exercice 1

À l'aide de mots ou d'expressions de votre choix, renforcez l'expression de la certitude dans les phrases suivantes. Plusieurs solutions sont envisageables.

Exemple : David Ginola est le plus grand footballeur de tous les temps. → *David Ginola, c'est une évidence, est le plus grand footballeur de tous les temps.*

1. Fumer nuit à la santé.
2. Victor Hugo est le plus grand écrivain français.
3. L'aventure n'existe plus.
4. Les citadins respirent un air pollué.
5. La langue anglaise est dominante dans le monde des affaires.
6. Le chant est devenu un loisir populaire.

Exercice 2

Dans les phrases suivantes, quels sont les mots ou les tournures qui permettent de faire planer un doute sur l'information présentée ?

1. Les dinosaures auraient disparu à la suite de la chute d'une météorite.
2. D'après certains témoignages, l'ours des Pyrénées ne serait plus seul.
3. Le crash de l'Airbus, selon les experts, est à mettre sur le compte d'une panne moteur.
4. L'existence extraterrestre n'est sans doute pas près d'être établie.
5. Il n'est pas là : il se sera probablement perdu.
6. Il aurait remis cette attestation au secrétariat. Mais rien n'est moins sûr.

Exercice 3

Apportez aux énoncés suivants un degré d'incertitude. Vous prendrez soin de varier les procédés.

1. L'incendie est dû à un acte de malveillance.
2. On trouve des quantités de champignons dans les sous-bois, en automne.
3. Votre carte de bibliothèque vous sera retirée si vous ne rapportez pas les livres à temps.
4. Les enfants regardent trop la télévision.
5. La galanterie n'est plus ce qu'elle était.

Exercice 4

a) Lequel des deux paragraphes du texte exprime un point de vue subjectif ? À quels signes le voit-on ?
b) Réécrivez le deuxième paragraphe du texte en introduisant un degré d'incertitude par des moyens linguistiques divers.

On a beaucoup entendu parler, ces dernières années, de l'invasion des écrans de télévision par la violence. On a cité des chiffres établissant qu'un spectateur qui aurait regardé toute une semaine une chaîne comme M6 ou TF1 y aurait vu plusieurs centaines de meurtres, viols, agressions et tous genres. De tels chiffres n'ont pas manqué de soulever des inquiétudes dans le public, et dans la presse : les spectateurs, et surtout les jeunes spectateurs, plus vulnérables, seraient particulièrement menacés par cette exposition constante aux images violentes.

Un tel raisonnement pourrait, pour des esprits superficiels, sembler fondé. Pourtant, je ne partage pas les inquiétudes qui ont été exprimées au sujet de la violence à l'écran. Tout d'abord, je pense qu'il ne faut pas exagérer l'influence des films de fiction sur le spectateur : durant mon enfance, j'ai adoré les westerns, et je ne suis pas devenu ni shériff, ni chasseur de primes, ni Indien scalpeur de visages pâles. D'autre part, si la télévision montre des spectacles de violence, c'est qu'elle constitue un reflet de notre société ; nous vivons dans un monde violent, la télévision nous renvoie cette image de violence. Elle n'encourage pas la violence, elle la traduit en images.

Courrier des lecteurs, *La Semaine de Bigorre*, février 2008.

La chronique, un article subjectif

Emprunté à l'anglais, le mot *geek* désigne celui qui est passionné par un domaine précis. En général, le terme s'applique aux fans de nouvelles technologies, à ceux qui ne peuvent s'empêcher de posséder toutes les nouveautés dans ce domaine.

La chronique est un genre ancien. Régulière (mais rarement quotidienne), elle met en avant celui qui la tient. Le chroniqueur doit faire preuve de brio, d'originalité et souvent d'humour.

chronique

Ma vie de geek

par Antoine Besse

Éthique[1] des voleurs

J'avoue : je ne comprends pas le piratage sur Internet. Rassurez-vous, je ne vais pas me lancer dans une longue dissertation sur l'amoralité[2] du vol et du pillage artistique, position légèrement en porte-à-faux[3] alors qu'en toile de fond tourne sur mon PC une appli de peer to peer[4]. Non, simplement, je ne comprends pas ce qui pousse des gens à mettre en ligne, par exemple, le dernier épisode de *Lost* ou le film à succès du moment. Car ces petites choses qui se téléchargent à pleine vitesse sur votre belle ligne haut débit demandent un investissement en heures considérable. Vous avez vu le temps que ça prend d'envoyer 20 Mo de photos de vacances ? Alors, imaginez mettre à disposition les 4,7 Go du dernier *Indiana Jones* ou les 46 Go (!) de l'intégrale des Simpson... Sans compter qu'avant la mise sur le Web, le pirate s'attaquant à un film récent aura payé sa place pour assister à la projection, filmé l'écran, puis encodé le fichier, traité l'image... Pour les jeux, des programmeurs se coltinent le contournement des protections de plus en plus perfectionnées. Certains louent même des serveurs pour distribuer leur release[5]. Et tout ça pour quoi ? Même pas l'appât du gain, puisque ces pirates-là mettent gratuitement à disposition le fruit de leur rapine[6] électronique. Non, juste pour avoir été le premier à proposer tel album, telle série, afin de pouvoir s'en regorger une demi-journée sur des forums. Avant d'être détrôné par une nouvelle actu. Finalement, on retrouve là un peu le même esprit qui anime les bénévoles alimentant Wikipedia de leur savoir : le besoin, généreux en fait, de laisser une petite trace.

Phosphore, Bayard Jeunesse, novembre 2008.

1. **Éthique :** qui concerne la morale, c'est-à-dire la façon de se comporter.
2. **Amoralité :** ici synonyme d'immoralité, c'est-à-dire ce qui est condamnable d'un point de vue moral.
3. **Porte-à-faux :** en décalage.
4. **Peer to peer :** mode d'échanges de fichiers de client à client sans passer par un serveur (s'écrit aussi P2P).
5. **Release :** en anglais, version d'un logiciel.
6. **Rapine :** butin.

À RETENIR

Dans les médias, le chroniqueur est un spécialiste qui donne son avis dans son domaine de compétences ou une personnalité qui éclaire l'actualité selon un angle original. Il peut intervenir dans la presse écrite comme à la télévision.

CAPACITÉ
Distinguer information, commentaire, prise de position.

COMPRENDRE

1. À quelle personne s'exprime l'auteur ?
2. Pourquoi la photo de l'auteur figure-t-elle en haut de l'article ?
3. Quelle est la thèse de l'auteur sur le téléchargement illégal ?

ANALYSER

Quelles sont les caractéristiques de la chronique ?

L'expression de l'objectivité et de la subjectivité

Lexique

À RETENIR

- **L'objectivité** désigne le fait d'être impartial, neutre dans le discours que l'on tient sur une réalité.
- **La subjectivité** implique un point de vue personnel et critique dans le discours que l'on tient sur une réalité.

Ainsi l'objectivité est l'une des qualités du journaliste.

Exercice 1

Pour chacun de ces mots, donnez l'antonyme, c'est-à-dire le mot de sens opposé

1. Impartial ; **2.** Juste, justice ; **3.** Désintéressé ; **4.** Engagé ; **5.** Tolérant ; **6.** Objectif

Exercice 2

Répartissez les mots et expressions en deux listes, selon qu'ils expriment la neutralité ou l'engagement. Certains de ces mots sont péjoratifs. Lesquels ?

1. Impartial ; **2.** Sectaire ; **3.** Impliqué ; **4.** Prendre fait et cause ; **5.** Sans opinions ; **6.** Faire la part des choses ; **7.** Être au-dessus de la mêlée ; **8.** Avoir des convictions ; **9.** Militant

Neutralité : ....

Engagement : ....

Exercice 3

Pour chacun des types d'article de presse listés ci-dessous dites si l'objectivité est nécessaire. Puis définissez les articles pour lesquels l'objectivité n'est pas requise.

La brève : ....

L'éditorial : ....

La critique : ....

La chronique : ....

Le compte rendu : ....

L'entretien : ....

Le reportage : ....

L'enquête : ....

L'article d'information : ....

Le portrait : ....

Exercice 4

a) Relevez toutes les marques de subjectivité dans le résumé et dans la critique de ce film. Que remarquez-vous ?
b) En quoi consistent les éléments objectifs dans le deuxième texte ?
c) Pourquoi la subjectivité se justifie-t-elle dans ce type d'article ?

Résumé du film *Grève party*

M. Jean est un ancien dirigeant syndical des années soixante. Il est devenu libraire sur la place Sainte-Geneviève, à Paris. Un matin du mois de mai, il est sollicité par un ancien camarade de lutte, René. Depuis sa librairie, il organise au téléphone la grève des Messageries. La radio annonce une journée noire : paralysie des transports et manifestation générale. M. Jean attise la révolte et la montagne Sainte-Genevieve est au cœur du mouvement. Les habitants du quartier brandissent une banderole : « Nous voulons vivre une journée historique. »

Grève party, une pantomime passéiste

Situé dans une librairie du Quartier latin tenue par un ancien dirigeant syndical désabusé, sillonné par une poignée de figures hautes en couleurs convenues sur fond de journée d'action nationale, *Grève party*, lorgne vers la banderole : « Portrait doux-amer d'une génération flouée qui n'a pas renoncé à ses rêves tandis que se profile la relève au sein d'une jeune génération plus forte et plus lucide. » Ça se discute. Ce qui ne se discute pas, c'est l'absence de la moindre étincelle de cinéma dans cette pantomime gentillette et passéiste. Barmaid jouant les utilités, Micheline Presle en reste muette devant tant d'inutilité.
Film français de Fabien Onteniente, durée 1 h 26.

JEAN-MICHEL FRODON, *Le Monde*, 5 mars 1998.

CAPACITÉ
Rédiger un article de presse en tenant compte des contraintes du genre journalistique.

Écrire une chronique

OBJECTIFS

Sur le thème du téléphone portable au lycée, rédigez une chronique en vous laissant guider pas à pas.

DÉMARCHE

1. Trouver un angle journalistique

En vous basant sur l'ensemble des idées listées ci-contre et sur votre vécu, cherchez un angle journalistique pour votre chronique, c'est-à-dire une façon ciblée de poser le problème et d'y réfléchir.
Par exemple, vous pouvez choisir d'écrire votre article sur les dérives liées à l'usage du téléphone portable au lycée. En quoi sont-elles source de conflits ?

2. Structurer l'article

a) Trouvez le plan de votre article.
b) Cherchez une formule d'accroche, c'est-à-dire une phrase qui permette d'entrer dans le vif du sujet de façon stimulante.
c) Déterminez quelles idées vous allez développer, avec quels exemples à l'appui.
d) Imaginez une chute, c'est-à-dire une conclusion frappante, inattendue ou amusante.

Pour vous aider, vous pouvez observer comment le chroniqueur amène son sujet, enchaîne les idées et conclut, dans la chronique présentée page 18.

3. Trouver un titre incitatif

La chronique est un article subjectif dans lequel on apporte un commentaire et un point de vue. Le titre doit donc être plus incitatif qu'informatif. Il doit donner envie de lire l'article mais pas nécessairement en dévoiler entièrement le contenu. On peut y montrer de l'humour, jouer sur les mots.

Exemple de titre incitatif : Forfait lycée : 15 minutes d'utilisation pour 15 jours de confiscation.

4. Rédiger

Votre chronique fera une vingtaine de lignes.

A La plupart des lycéens ont un téléphone portable.

B De nombreux règlements intérieurs de lycée interdisent la présence des téléphones portables dans l'enceinte de l'établissement ; tous les règlements interdisent qu'ils soient allumés ou consultés en classe.

C Les lycéens revendiquent le droit de venir au lycée avec leur téléphone, même s'ils ne s'en servent pas, afin de pouvoir communiquer avec leurs proches dès la sortie des cours.

D Des confiscations de téléphone portable sont une pratique courante dans bien des établissements.

F Certains parents souhaitent, pour des raisons de sécurité, que leurs enfants ne se séparent pas de leur portable, afin de pouvoir les joindre à tout moment.

E Le fait de ne pas apporter son téléphone portable au lycée est une façon comme une autre de se passer d'un objet qui peut devenir une source de dépendance.

G Certains lycées proposent aux élèves des programmes pédagogiques à télécharger sur leur téléphone portable, par exemple des rappels linguistiques pour des élèves faisant un voyage de classe à l'étranger.

CONSEILS

La chronique est écrite à la première personne du singulier, car vous exprimez un point de vue personnel.
Le propos est anecdotique (vous citez des exemples précis, des petites histoires dont vous avez été témoin), si possible humoristique.
Les phrases sont courtes.
Les tournures sont actives et affirmatives.

Une fois votre texte écrit, vous vous relisez pour simplifier les constructions, enlever les répétitions et les fautes d'orthographe.

Le journalisme d'investigation au service de la vérité

Albert Londres (1884-1932) est un journaliste français et grand reporter. De 1914 à 1932, il n'a cessé de combattre les injustices et les inhumanités. Il décède de retour d'un reportage en Chine. Il laisse son nom à un prix qui récompense le meilleur reporter de la presse écrite, depuis 1933, et de la presse audiovisuelle, depuis 1985. Sa devise résume toujours aujourd'hui les ambitions du journalisme d'investigation : « Notre métier n'est pas de faire plaisir, non plus de faire du tort, il est de porter la plume dans la plaie. »

Document 1

En 1923, Albert Londres consacre, dans *Le Petit Parisien*, plusieurs articles au bagne de Cayenne, en Guyane française. La force de son témoignage fut telle que le gouvernement décida en septembre 1924 de supprimer cette institution inhumaine.

Enfin, me voici au camp ; là, c'est le bagne.

Le bagne n'est pas une machine à châtiment bien définie, réglée, invariable. C'est une usine à malheur qui travaille sans plan ni matrice[1]. On y chercherait vainement le gabarit[2] qui sert à façonner le forçat[3]. Elle les broie, c'est tout, et les morceaux vont où ils peuvent.

[...] Il y a la discipline incertaine mais implacable. Selon l'humeur, un vilain tour ne coûtera rien à son auteur ; le lendemain, l'homme ramassera une mangue, don de la nature au passant : ce sera le blockhaus[4]. Un réflexe, ici, est souvent un crime.

Il y a qui ne mangent pas à leur faim ; l'esprit peut se faire une raison, l'estomac jamais. Il y a les fers[5], la nuit, pour beaucoup, dans les cases ! Qu'ils en aient chacun d'après son mérite, nous ne le discutons pas, mais que ces hommes soient venus sur terre pour dormir cloués à une planche, on ne peut dire cela. Plus de neuf mille Français ont été rejetés sur cette côte et sont tombés dans le cercle à tourments. Un millier a su ramper et s'est installé sur les bords, où il fait moins chaud ; les autres grouillent au fond comme des bêtes, n'ayant plus qu'un mot à la bouche : le malheur ; une idée fixe : la liberté.

ALBERT LONDRES, *Au Bagne*, 1923.

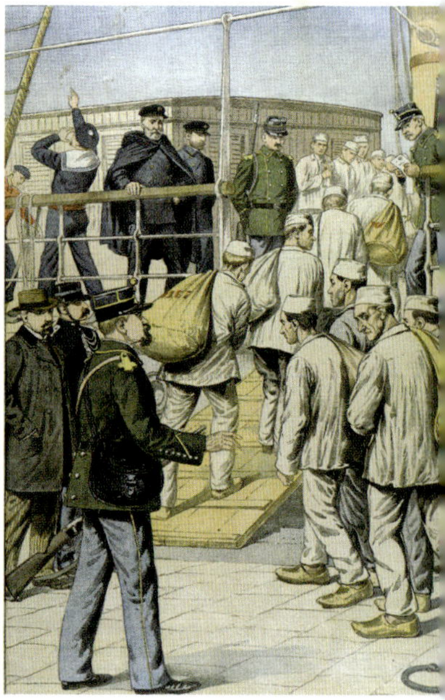

Embarquement de forçats pour la Guyane, 1904.

1. **Matrice :** ici au sens de moule ou structure.
2. **Gabarit :** modèle.
3. **Forçat :** criminel condamné au bagne.
4. **Blockhaus :** à l'époque, maison construite en troncs d'arbres, servant dans ce contexte de prison.
5. **Fers :** chaînes, menottes qui servent à enchaîner un prisonnier.

Joseph Kessel (1898-1979), est un journaliste engagé et reconnu. En marge de son travail de journaliste, il a écrit des romans s'inspirant de ses reportages (*Le Lion*, 1958 ; *Les Cavaliers*, 1967).

Document 2

Lors d'un voyage au Moyen-Orient, le journaliste Joseph Kessel découvre que l'esclavage existe encore. Il décide d'enquêter.

Dès lors, je voulus approfondir ce mystère. J'appris que des bâtiments de guerre anglais et français croisaient en permanence dans la mer Rouge pour saisir les boutres[1] chargés d'esclaves, que les gouvernements avaient donné l'ordre d'arrêter les trafiquants, de libérer les prisonniers. Je lus des brochures, des articles, des rapports.

Il ressortait de tout cela que la traite, mise hors la loi, traquée, existait comme aux temps antiques, et que le pays où elle se développait, c'est-à-dire le bassin de la mer Rouge, offrait à la surveillance de tels obstacles que l'on pouvait encore l'approcher dans son dur et simple appareil. Pourquoi, dès lors, ne pas essayer de le faire ?

Je parlai de mon projet au *Matin*[2]. Ce grand journal accepta tout de suite. Il me fournit l'appui financier et moral nécessaire. [...] Nous allions nous enfoncer dans des contrées sauvages peuplées de gens méfiants, et nous voulions approcher un commerce que tous voulaient cacher : ceux qui le poursuivent – pour ne pas en laisser soupçonner l'ampleur – et ceux qui en vivent – puisqu'il est interdit.

JOSEPH KESSEL, *Les Marchés d'esclaves*, 1930, repris en 1984, coll. « Grands reporters », Éd. 10/18.

1. **Boutre :** navire arabe à voiles.
2. ***Le Matin***, fondé en 1883, est un des journaux les plus lus en 1930.
3. **Les méharistes :** soldats montés à dos de dromadaires dressés, appelés « méharis ».

Document 3

Le photographe James Nachtwey au milieu des tirs entre combattants de l'ANC et partisans de l'Inkatha lors des premières élections libres en Afrique du Sud en 1994 (*Télérama*, n° 3059, 30 août 2008).

Le journalisme d'investigation (ou d'enquête) est un mode de fonctionnement à part dans la profession. Il se distingue par le temps consacré à un sujet, alors que la rapidité est plutôt la règle, mais aussi par les moyens qui lui sont consacrés (recherches plus longues, enquêtes, connaissance approfondie des faits, etc.). Ce travail peut aussi aboutir à un livre.

CAPACITÉ

S'interroger sur le contexte de production d'une information, identifier les sources.

COMPRENDRE

1. À quel sujet chacun des trois journalistes s'intéresse-t-il ?
2. Dans quelle région chacun des trois journalistes travaille-t-il ?
3. Quels dangers encourus par le photo-reporter illustre le document 3 ?

ANALYSER

Comment travaille chacun des journalistes ?

ÉCRIRE

Quel sujet pourrait vous donner envie de vous engager personnellement et d'enquêter ? Vous développerez votre réponse de façon argumentée en une vingtaine de lignes.

La manipulation des images

Avant la lecture
Cherchez dans le dictionnaire la définition du mot « manipulation ».

La manipulation des images est une constante dans l'histoire de la photographie. Contrairement à ce que l'on pourrait croire, elle ne date pas de la révolution numérique.

Télérama* : *Quand commence-t-on à « truquer » ?
Éric Deroo : Rien n'a changé depuis le début de la photographie. Sur les photos de la Grande Guerre[1], on supprimait les cadavres alliés et on augmentait ceux des ennemis. Pour illustrer le départ au front, joyeux, la fleur au fusil, on a utilisé des images de pioupious[2] confiants, souriants, partant pour des manœuvres deux ans auparavant. Des séquences de guerre ou de la vie quotidienne en campagne sont reconstituées en studio. Aux colonies, on trouve des photomontages représentant des scènes de chasse avec un tireur minuscule face à des animaux énormes, seule l'échelle des personnages créant l'illusion. [...]

Télérama* : *Quelle différence voyez-vous entre les trucages de jadis et les manipulations d'aujourd'hui ?
Éric Deroo : Avant, pour des raisons techniques, ces trucages et retouches étaient réservés à des professionnels, de même que la diffusion et la censure. Aujourd'hui, n'importe qui peut prendre une photo, la retravailler ou la falsifier, et la diffuser *via* Internet dans le monde entier. Du coup, et devant la force de certaines d'entre elles, on s'interroge sur leur authenticité, comme si le problème était nouveau. Mais avec une différence : la portée de cette interrogation est universelle et immédiate et produit des effets incontrôlables et rapides. Si chacun pense que toutes les photos sont manipulées, comment va-t-on voir et comprendre le monde ? Comment regarderons-nous ces images si on ne pense qu'en termes de propagande ? Voyez comment les images de l'armée américaine menant campagne en Irak n'intéressent plus personne. [...]

Entretien avec **ÉRIC DEROO**, « Une vision du monde de plus en plus factice », *Télérama*, n° 2846, 28 juillet 2004.

1. **Grande Guerre :** Première Guerre mondiale, 1914-1918.
2. **Pioupious :** simples soldats, dans l'infanterie.

1839 : mise au point de ce qui deviendra la photographie par Louis Daguerre.

Pioupious partant pour le front à Paris en 1914.

CAPACITÉ
Décoder les effets visuels dans la mise en scène de l'information.

COMPRENDRE
1. À quelles fins manipulait-on les images ?
2. D'après le deuxième paragraphe, quels changements le numérique a-t-il apportés au trucage de l'image ?

ANALYSER
Quel est le rôle d'Internet dans la diffusion des images ? Expliquez ce que cela change.

ÉCRIRE
Dans un paragraphe argumenté, vous expliquerez pourquoi on peut considérer l'image comme une preuve discutable des événements ou des faits photographiés.

Une image retouchée

Benito Mussolini, dit *il Duce*, « le Chef » (1883 -1945), est le fondateur du fascisme. Il impose sa dictature à l'Italie de 1922 à 1945. En 1939, il se lie au régime nazi d'Adolf Hitler. Pour Mussolini, contrôler son image est un impératif politique majeur.

ALAIN JAUBERT, *Le Commissariat aux archives : les photos qui falsifient l'histoire*, Éd. Bernard Barrault, 1986.

CAPACITÉ

Décoder les effets visuels dans la mise en scène de l'information.

ÉTUDIER L'IMAGE

1. Observez les deux photographies de Mussolini : quelles sont les différences ?
2. Quel est l'effet produit ?
3. Pourquoi le dictateur a-t-il fait retoucher la photographie ?

ÉCRIRE À PARTIR D'UNE IMAGE

Commentez les deux photographies. Dites ce qui s'est passé. Dites pourquoi retoucher des photographies est dangereux.

Le choix du cadrage

Avant la lecture

Tracez trois rectangles sur le document 1 afin de le recadrer de trois façons différentes.
En quoi avez-vous modifié l'effet produit par la photo ?

Document 1

Document 2

Alain Jouffroy est un écrivain et critique d'art de la seconde moitié du xxe siècle. Il nous livre dans ce texte une réflexion sur le cadrage comme manipulation du réel.

Dans une ruelle bordée de vieilles baraques, où des singes « sacrés » montaient sur les murs et les balcons dépenaillés[1], une ruelle particulièrement puante, particulièrement nauséeuse – odeur de crémation, de curry et de merde –, Wilfredo[2], souverain et distrait, tient l'œil dans l'objectif. Je considère à nouveau la ruelle mais, où que je me tourne, je ne vois qu'un grand désastre de poussière, des vieillards et des enfants rachitiques[3]. Surpris, et comme électrisé soudain à l'idée qu'il y ait quelque chose de spécial à filmer là, je demande à Wilfredo de me prêter sa caméra, pour « voir ». En regardant ce qu'il regardait, je fais cette découverte sensationnelle : à la place de murs couverts d'une crasse suintante de graisse, je vois dans l'oculaire[4] une image parfaitement cadrée, beige, gris-rose, jaune et or, où les vêtements jettent des flammes rouges et orange, et où les singes ajoutent une note « poétique » et fantasque extraordinaire. N'en croyant plus mes yeux, j'écarte mon œil de l'oculaire, et je me retrouve dans cette infecte ruelle de bidonville, à se flinguer trois fois par jour…

ALAIN JOUFFROY, *Lettre de l'Inde*, Éd. C. Bourgois.

1. **Dépenaillés :** mal entretenus, négligés.
2. **Wilfredo :** cameraman accompagnant Alain Jouffroy.
3. **Rachitique :** maladie de l'enfance qui empêche un développement normal de l'enfant
4. **Oculaire :** Système optique des caméras, où l'on place l'œil afin d'examiner l'image fournie par l'objectif.

CAPACITÉ
Décoder les effets visuels dans la mise en scène de l'information.

COMPRENDRE

Qu'est-ce qui caractérise le lieu décrit dans le document 2 ?

ANALYSER

Quelles sont les différences entre l'image cadrée par la caméra et le lieu décrit dans le document 2 ?

Cadrer pour donner du sens

En 1983, les États-Unis envahissent La Grenade (une île indépendante des Antilles) pour répondre à un coup d'État et renverser le gouvernement mis en place par l'armée.
Le photojournaliste Philip Jones Griffiths photographie l'irruption de la guerre dans la vie tranquille des habitants de l'île.

Document 1

Sur la photographie ci-dessus, c'est le cadrage qui permet de comprendre ce que signifie une présence militaire dans le quotidien.

Document 2

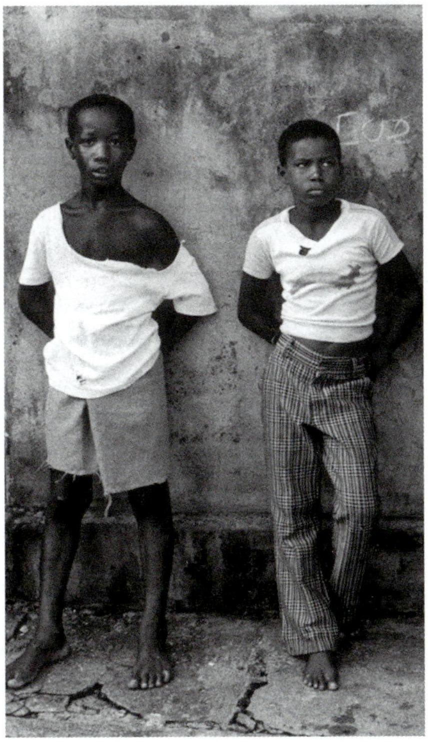

Philip Jones Griffiths (1936-2008) a été l'un des photographes les plus connus de l'agence Magnum. Il s'est notamment rendu célèbre par sa couverture de la guerre du Vietnam.

COMPRENDRE

1. Analysez l'attitude de chaque personnage dans le document 1. Que nous montre cette photo sur la façon dont peut-être vécue une occupation militaire ?
2. Comparez le document 1 avec le recadrage qui en est fait dans le document 2. Que remarquez-vous ?
Le document 2 dégage-t-il la même atmosphère que le document 1 ?
3. Quelle autre façon de recadrer la photo aurait-on pu choisir ? Quel aurait été l'effet obtenu ? En quoi cette photo aurait-elle eu moins de sens et d'impact que celle du document 1.

ÉCRIRE À PARTIR D'UNE IMAGE

Rédigez la légende de chaque photo.

Quand l'erreur mène à la désinformation

Régulièrement, des erreurs se produisent dans le traitement que font les journalistes de l'information. Une erreur restée célèbre est celle de Timisoara. Alors que la dictature roumaine de Ceausescu est l'objet d'une forte contestation à la fin des années 1980, des opposants font croire à des massacres et montrent notamment de faux charniers. Les journalistes relayent l'information sans la vérifier. Alors qu'il y eut en fait moins de 150 morts à Timisoara, certains médias en annoncèrent 70 000.

Texte 1 Un article entâché d'erreurs

Le 21 décembre 1989, un article du *Monde* se fait l'écho des rumeurs de massacres à Timisoara.

La sanglante répression menée par le régime Ceausescu

Sans avoir de confirmations formelles du nombre des victimes trois jours après l'émeute de Timisoara – qui semble se propager à d'autres villes roumaines, – le bilan s'alourdit, selon des témoignages concordants et dignes de foi qui font état de plusieurs centaines de morts.

Un médecin roumain demeurant à Graz (sud de l'Autriche) qui est rentré lundi 18 décembre, a parlé d'un « véritable massacre » dimanche dernier à Timisoara lorsque des miliciens roumains ont ouvert le feu sans avertissement sur les manifestants. « Un char qui a littéralement pourchassé les manifestants en fuite a écrasé sous mes yeux une femme d'une quarantaine d'années », raconte ce témoin interrogé par l'agence autrichienne APA.

Après ces scènes d'horreur qui ont eu lieu entre le début d'après-midi et la soirée, « les rues, a-t-il dit, étaient couvertes de sang et de vêtements déchirés ». [...]

Un Autrichien d'origine roumaine, M. Gerald Beckmann, qui s'est rendu pendant le week-end à Timisoara pour rendre visite à sa famille, a réussi à contacter la télévision autrichienne et a confirmé avoir été témoin de « scènes inimaginables de chasse aux manifestants qui lui ont fait penser à un véritable pogrom ».

Selon lui, des camions de l'armée transportaient des « mètres cubes de cadavres dans les fosses communes ». « Je crains que leur nombre dépasse le chiffre de mille », a-t-il dit. Selon lui, le feu a été ouvert sur les manifestants également à partir d'hélicoptères surveillant la ville. [...]

Un médecin de Timisoara a confirmé à l'agence autrichienne Kathpress, par téléphone, qu'il y avait « environ quatre cents morts », mais que ce bilan « s'alourdira sensiblement » du fait que « des centaines de blessés n'ont que peu de chances de survivre ». Ce médecin a lancé un appel pour une aide aux hôpitaux de Timisoara, qui « manquent de tout ». « Nous n'avons même pas assez de coton », a-t-il dit. Selon lui, la situation, déjà extrêmement tendue à Timisoara, est aggravée par le fait que tous les magasins sont fermés et la population menacée de famine.

BARYLI WALTRAUD, *Le Monde*, le 21 décembre 1989.

Soulèvement de la population roumaine en décembre 1989.

Texte 2 Les raisons d'une erreur en chaîne

Vingt ans après, Laurent Joffrin décrypte l'engrenage qui a mené à la désinformation lors de l'affaire de Timisoara. Il minimise la portée de cette erreur spectaculaire.

Dans l'affaire de Timisoara, ville roumaine rendue célèbre par les manifestations qui s'y déroulèrent au moment de la chute du régime communiste, la télévision a diffusé à tort les images de cadavres alignés devant une morgue qu'on a présentés en commentaire comme des victimes de la *Securitate*, la redoutable police politique du régime Caeusescu. Le lendemain, on s'apercevait de la supercherie : les cadavres avaient été déterrés et disposés dans un champ par un groupe d'habitants qui voulaient attirer l'attention sur les brutalités policières du régime. Naïvement, certains reporters avaient cru l'histoire que des hommes et des femmes éplorés leur avaient racontée. Au même moment, on apprenait que le nombre des victimes des affrontements à Timisoara avait été largement exagéré (par des sources citées par les journalistes et non par les journalistes eux-mêmes). L'ensemble fit apparaître la révolution roumaine comme le lieu de manipulations variées qui jetaient un doute sur l'ensemble des information provenant du pays.

LAURENT JOFFRIN, *Média paranoïa*, Médiathèque, Éd. du Seuil/Presses de Sciences Po, 2009.

Certaines affaires dans lesquelles la presse a relayé des informations fausses sont restées célèbres. Ce fut notamment le cas après l'explosion de la centrale nucléaire de Tchernobyl, lorsqu'on fit croire que le nuage radioactif avait évité le territoire français.

Manifestation à Bucarest, en 1989.

CAPACITÉ
S'interroger sur le contexte de production d'une information, identifier les sources.

À RETENIR
On parle de désinformation lorsque les journalistes, de façon involontaire ou consciente, véhiculent une version erronée des faits sur lesquels ils ont enquêté.

COMPRENDRE
1. Dans le texte 1, à quoi voit-on que le journaliste n'est pas certain des faits qu'il rapporte ?
2. Dans le texte 2, comment Laurent Joffrin explique-t-il l'engrenage de la désinformation ?

ÉCRIRE
Cherchez toutes les raisons qui peuvent amener un journaliste à se tromper ou à être trompé et expliquez comment les médias peuvent éviter ces erreurs.

Comment s'assurer du bien-fondé d'une information ?

SOMMAIRE

CAPACITÉS

- Distinguer information, commentaire, prise de position.
- S'interroger sur le contexte de production d'une information, identifier les sources.
- Rendre compte à l'oral et à l'écrit d'un événement d'actualité présenté à travers différents médias.
- Rédiger un article de presse en tenant compte des contraintes d'un genre journalistique.
- Décoder les effets visuels dans la mise en scène de l'information.

ATTITUDES

- S'intéresser à l'actualité, lire la presse, regarder un journal télévisé, utiliser Internet et les multimédias.
- Être un lecteur actif et distancié de l'information.
- Adapter, dans l'approche du texte et de l'image, son attitude au support utilisé et à la finalité de la lecture.

AUDIO

Compléments sonores.

SAMEDI 11 ET DIMANCHE 12 DÉCEMBRE 2004 ◆ PREMIERE EDITION N° 7336 ◆ WWW.LIBERATION.FR

Libération

La blog génération

De plus en plus d'internautes tiennent leur journal sur la Toile. Ils contestent et complètent les médias traditionnels, eux aussi séduits par le phénomène. **Page 4**

MARC ABEL

16 PAGES SPÉCIALES

PATRICK TOURNEBOEUF - TENDANCE FLOUE

Lille, l'effet fête

Lille 2004 a pris fin. Bilan d'une année d'activités culturelles, dont les retombées profitent à la ville. **Cahier central**

Berlusconi relaxé

Le président du Conseil a été acquitté des accusations de corruption de magistrats. La mise au pas de la justice italienne est entérinée. **Page 2**

SOCIÉTÉ

Villepin rêve de CDD pour immigrés P. 17

MÉDIAS

Foot: Canal + paie le prix fort P. 21

Week-end

Médecine en couleur

Des médicaments différents pour les Noirs et pour les Blancs? Polémique aux Etats-Unis. **Et aussi:** tango à Buenos Aires PP. 38 À 47

M 00135 - 1211 - F: 1,20 €

IMPRIMÉ EN FRANCE /PRINTED IN FRANCE Antilles, Réunion, Guyane 1,70 €, Allemagne 1,80 €, Autriche 2,30 €, Belgique 1,20 €, Cameroun 1200 CFA, Canada $ 3,25, Côte-d'Ivoire 1200 CFA, Danemark 17 Kr, Espagne 1,70 €, Etats-Unis 3 $, Finlande 2,30 €, Gabon 1200 CFA, Grande-Bretagne 1,20 £, Grèce 1,85 €, Irlande 2 €, Israël 13 NIS, Italie 1,70 €, Luxembourg 1,20 €, Maroc 12 Dh, Norvège 22 Kr, Pays-Bas 1,80 €, Portugal continental 1,70 €, Sénégal 1200 CFA, Suède 22 Kr, Suisse 2,5 F, Tunisie 1,6 DT.

Écriture d'échauffement

Si vous teniez un blog sur votre lycée, quels événements récents de la vie de votre établissement raconteriez-vous ?

Comment un événement devient-il une information ?

Avant la lecture

Quels événements occupent les « unes » de l'actualité ces jours-ci ? Quels événements occupaient les « unes » de l'actualité de la semaine dernière ? Commentez.

Document 1

Le principe du travail journalistique semble à première vue très simple. La Terre est une planète où il se passe toujours énormément d'événements qui méritent d'être connus. Les journalistes vont voir ces choses et les racontent. [...] Qu'est-ce qu'une chose qui se passe ? En principe, l'événement naît lorsque la norme se casse. Le fil de la normalité ploie souvent devant un fait qui étonne, détonne par rapport à la règle. Mais les malheureux qui sont tués et les avions qui s'écrasent sont encore trop nombreux pour qu'un journal les contienne tous. Un tri va donc s'opérer dans la masse des informations susceptibles d'être publiées.

FLORENCE AUBENAS et MIGUEL BENASAYAG, *La Fabrication de l'information*, Paris, Éd. La Découverte et Syros, coll. « Sur le vif », 1999.

Document 2

Besancenot convoqué par la police Page 12

0,80 € N° 2595 www.aujourdhui.fr VENDREDI 16 JANVIER 2009

Aujourd'hui en France

Nos conseils pour votre Livret A

Après une valse-hésitation à la tête de l'Etat, le taux de rémunération du Livret A a finalement été ramené à 2,5 %. Notre journal vous aide à y voir clair. Pages 2 et 3

Hier, le QG de l'ONU bombardé.

Gaza entre guerre et espoir Page 13

ANTISEMITISME
Nouvelle tentative d'incendie contre une synagogue Page 15

FOOTBALL
Les confidences de Barthez Pages 18 et 19

Les miraculés de l'Airbus

New York, hier, l'Airbus A-320 de US Airways.

Après avoir manqué son décollage, un Airbus A-320 est tombé hier dans l'Hudson, à New York. Tous les passagers ont pu être évacués de la carlingue, qui flottait sur les eaux glacées. Page 14

« Une » d'*Aujourd'hui en France* du 16 janvier 2009.

CAPACITÉ
S'interroger sur le contexte de production d'une information, identifier les sources.

COMPRENDRE

1. D'après le document 1, pourquoi tous les événements ne peuvent-ils être présentés dans le journal ?
2. Dans le document 2, quels sont les faits qui « étonnent » ?

ANALYSER

1. Expliquez cette phrase : « l'événement naît lorsque la norme se casse ».
2. Pourquoi le tri est-il un aspect important du travail journalistique ?

ÉCRIRE

Faites la liste des événements importants qui se sont produits dans votre ville depuis la rentrée. Citez-en un dont on a parlé dans la presse locale ou nationale. Expliquez pourquoi il a retenu l'attention des journalistes.

ATTITUDE
S'intéresser à l'actualité, lire la presse, regarder un journal télévisé, utiliser l'Internet et les multimédias.

Oral

Débat : les lycéens et la presse

PRÉPARATION

• **Lisez ce texte qui définit le rapport qu'entretiennent les lycéens avec la presse.**

Ils s'intéressent à ce qui se passe autour d'eux, dans le monde, dans leur pays, dans leur région, dans leur ville. Ils veulent s'informer, se faire leur opinion, comprendre les événements et en discuter. Ils regardent la télévision, écoutent la radio. Ils lisent les journaux quand ils sont à leur portée : dans les écoles, les trains, les bus et les métros pendant la semaine, à la maison le dimanche, sur Internet à tout moment.
Mais ils trouvent que la presse écrite les boude en ne leur prêtant pas assez d'attention : « Pourquoi les journaux ne parlent-ils pas de ce qui nous intéresse dans l'actualité ? Pourquoi sont-ils si obscurs et difficiles à lire ? »

JEANNE EMMANUELLE HUTIN, *Dimanche Ouest-France*, « Les lycéens et la presse », Éditorial du 23 novembre 2008.

DÉFINIR SA POSITION PAR RAPPORT AUX MÉDIAS

• **Répondez aux questions ci-dessous pour définir le lecteur de presse que vous êtes.**
– Vous reconnaissez-vous dans le portrait des lycéens fait dans le premier paragraphe ? Expliquez pourquoi.
– La presse est-elle une source d'information importante pour vous ?
– Faites votre profil de lecteur : quand lisez-vous la presse ? Pendant combien de temps ? Quelle presse ? Pour y chercher quel type d'infos ?

ENRICHIR SA RÉFLEXION

• **En fonction de votre profil, constituez des groupes autour des mêmes habitudes. Et, collectivement, réfléchissez aux questions soulevées par l'article.**
– Quels sujets faudrait-il aborder pour intéresser les lycéens ?
– Comment pourrait-on améliorer la présentation de la presse pour la rendre accessible aux lycéens ?

METTRE EN COMMUN POUR ALLER PLUS LOIN

Organisez ensuite une table ronde au cours de laquelle chaque groupe, par la voix d'un seul rapporteur, proposera des pistes pour réconcilier la presse et les lycéens.

Analyser une « une »

Comprendre la construction d'une « une »

Les Jeux olympiques (JO) organisés par la Chine en 2008 ont créé la polémique. Beaucoup considéraient que ce pays avait encore du chemin à faire pour respecter les droits de l'homme. Pourtant, les moyens déployés et la magie du sport ont pu faire oublier les désaccords politiques. Au moment de la cérémonie d'ouverture, la presse était divisée.

Document 1

Ligue 1 Lorient démarre la saison face au Mans *En sport*

L'Automobile L'essai de l'Audi Q5 *Cahier central*

TV Magazine Le supplément télévision du samedi

Le Télégramme Auray 0,95 €

N° 19.632 SAMEDI 9 AOÛT 2008

LES JEUX ENTRENT EN PISTE À PÉKIN

Grandiose. 91.000 spectateurs, trois heures de spectacle, feux d'artifice… La Chine a impressionné le monde, hier, avec une cérémonie d'ouverture des Jeux olympiques qui a défié tous les records. C'est désormais aux athlètes de faire leurs preuves et de battre d'autres records… sportifs cette fois-ci. *En sports*

BOUT DU MONDE
CROZON RALLUME LA FLAMME
Les Têtes Raides, Camille ou encore Emir Kusturica ont ouvert, hier soir, une nouvelle édition du Bout du monde. Pour chacun des trois jours du festival (qui se joue à guichets fermés), près de 20.000 personnes sont attendues sur le site. Ce soir, les festivaliers ont rendez-vous avec, entre autres, Hubert-Félix Thiéfaine & Paul Personne ou encore Bernard Lavilliers. *Pages 2 et 3*

PONTIVY Centre ville BRADERIE de 9h à 19h Samedi 9 août

LORIENT
ON A ÉCHANGÉ NOS BATEAUX !
Pour les vacances, l'échange de maisons, on connaît. L'échange de bateaux, lui, est plus confidentiel. Le Lorientais Bruno Maschelin et deux de ses amis ont créé un site internet pour mettre les plaisanciers en relation. *Dernière page*

SAINT-AVÉ
IL POSAIT DES PIERRES SUR LA VOIE FERRÉE
Page 10

DRÔME
LE PETIT LOUIS SAIN ET SAUF
Page 5

CAUCASE
L'OSSÉTIE DU SUD S'EMBRASE
Les affrontements entre la Géorgie et la Russie continuaient, hier, pour le contrôle de la région géorgienne rebelle d'Ossétie du Sud, dans le Caucase. Il y aurait déjà au moins 1.400 morts.
Page 4

Le Télégramme, samedi 9 août 2008.

Analyser une « une »

Comparer des « unes »

Document 2

Russie-Géorgie : la guerre
Après l'offensive géorgienne en Ossétie, Moscou envoie les chars Page 8

SAMEDI 9 ET DIMANCHE 10 AOÛT 2008 | PREMIÈRE ÉDITION N° 8479 | www.liberation.fr

Libération

Cahier été
Fender ou Gibson : le duel du jour. Et aussi les séries, le quiz, la BD... 8 pages centrales

Vaine courbette à Pékin

Avant la gigantesque cérémonie d'ouverture des JO, Nicolas Sarkozy a tenté de réchauffer les relations franco-chinoises. Page 2

Le président français avec son homologue chinois, Hu Jintao, et sa femme hier à Pékin.

Libération, samedi 9 et dimanche 10 août 2008.

Document 3

4,50 € SAMEDI 9 - DIMANCHE 10 AOÛT 2008 - N° 19 914 - www.lefigaro.fr

VIOLENTS COMBATS ENTRE LA RUSSIE ET LA GÉORGIE DANS LE CAUCASE
PAGE 7 ET NOTRE ÉDITORIAL PAGE 15

LES TRÉSORS DE LA BANDE DESSINÉE
DÉCOUVREZ LE N° 9, CUBITUS AU PRIX EXCEPTIONNEL DE 5,50 €

LE FIGARO MAGAZINE
LES CHINOIS ...et nous

LE FIGARO

Le rêve d'une nuit d'été

La cérémonie d'ouverture des Jeux olympiques de Pékin a brillé de mille feux ● Récit illustré du spectacle et de la présentation des délégations *Pages 2 et 3* ● La journée de Nicolas Sarkozy en Chine *Page 4* ● Escrime, judo et tir au programme des premières épreuves *Pages 5 et 6*

L'inquiétude sur la conjoncture économique fait chuter l'euro

L'EURO a fortement reculé hier, s'échangeant, en fin de journée, à peine au-dessus de 1,50 dollar, son plus bas niveau depuis le 29 février dernier. Les marchés financiers ont continué à réagir aux déclarations de Jean-Claude Trichet. Le président de la BCE a prévenu, jeudi, qu'il fallait s'attendre à un fort ralentissement de la conjoncture en Europe. Dans la foulée, le pétrole a accentué son repli : le brent est repassé sous les 115 dollars le baril. Il a perdu plus de 20 % au cours des trois dernières semaines. ▶ ÉCONOMIE *Pages 17 et 19*

L'État se mobilise contre les pollueurs des mers et des plages

LE MINISTRE de l'Écologie, Jean-Louis Borloo, a annoncé hier un renforcement de la surveillance aérienne pour lutter contre les dégazages sauvages au large des plages françaises. Des avions Polmar II et III, capables de repérer dans la nuit les traces d'une pollution maritime, vont survoler le littoral. Ces derniers jours, plusieurs minimarées noires, constituées de carburant ou de déchets divers, ont été repérées en Méditerranée. *Page 10*

LE FIGARO DE L'ÉTÉ

Les inédits du « Figaro » : Tobias Wolf PAGE 16
Chaque jour, un grand écrivain étranger offre une nouvelle et se glisse dans les pas d'Homère.

Les bonnes feuilles de la rentrée littéraire PAGE 26
Découvrez douze écrivains en avant-première. Aujourd'hui, Jean-Marie Blas de Roblès.

Notre concours patrimoine insolite PAGE 32
Un million d'euros de prix pour ce grand jeu de l'été. Aujourd'hui, l'énigme n° 36.

Le secret des grandes griffes : Tod's PAGE 28
Le créateur du mocassin à picots lance Lulb, l'escarpin star de la collection hiver 2008-2009.

RENDEZ-VOUS
La météo *Page 32*
Le carnet du jour *Pages 13 et 14*
Les annonces immobilières *Page 29*
Les jeux de l'été *Page 31*
Les programmes de la télévision *Page 30*
Toute l'actualité en direct sur lefigaro.fr

DÉBATS ET OPINIONS
L'éditorial de Pierre Rousselin Guerre dans le Caucase *Page 15*
La chronique d'Alexandre Adler *Page 15*
Débats Le cœur des villes, grand oublié des pouvoirs publics François Rivière Président du jury du Concours national des villes *Page 15*

MASTERPIECE BY POMMERY

Le Figaro, samedi 9 et dimanche 10 août 2008.

La « une » est la vitrine de la presse écrite. Sa moitié supérieure, avec les informations qu'elle met en valeur, joue un rôle décisif dans sa diffusion, certains journaux étant présentés pliés en deux dans les points de vente.

CAPACITÉ

Décoder les effets visuels dans la mise en scène de l'information.

LIRE L'IMAGE

1. Analyser l'image choisie dans les documents 1 et 3 : que représente-t-elle ? Quelle image des JO donne-t-elle ?
2. L'image est cadrée différemment dans les documents 1 et 3. Pourquoi ?
3. Quel est le choix fait dans le document 2 ? Quel point de vue sur les JO cette « une » souligne-t-elle ?
4. Pourquoi est-il important d'avoir plusieurs sources d'information ?

ÉCRIRE À PARTIR DE L'IMAGE

Choisissez une des photos publiées en « une » et écrivez un article d'une dizaine de lignes sur les JO.

LECTURE

Les sources du journaliste

Avant la lecture
À votre avis, où un journaliste trouve-t-il ses informations ?

Le bien-fondé d'une information est lié à la fiabilité des sources du journaliste. Construire une information fondée demande beaucoup de professionnalisme et n'est pas plus facile avec les nouvelles technologies, comme le montre l'interview de François Ernenwein, rédacteur en chef de *La Croix* et de *la-Croix.com*

François Ernenwein, lisant la presse.

Quelles sources le journaliste consulte-t-il pour avoir accès à l'information ? Comment se documente-t-il ?

François Ernenwein : Les journalistes disposent avant même tout travail d'enquête à proprement parler d'un flot important d'informations dans lesquelles, en fonction de leurs publics, ils effectuent un tri, une hiérarchisation.

Toutes les institutions, les entreprises, les associations ont un lien avec les médias qu'elles alimentent en informations.

Par ailleurs la plupart des journaux disposent de centres de documentation. Les médias concurrents leur fournissent aussi en continu des informations. Il n'est pas faux de dire que les médias travaillent ensemble.

Les agences de presse servent d'alerte[1]. Elles assurent un maillage[2] mondial. Elles sont un outil indispensable du travail journalistique aujourd'hui. Elles répondent ainsi dès les premières lignes aux questions essentielles : qui, où, quand, quoi ?

Les sources du journaliste ont-elles changé ces dernières années ?

F. E. : Le développement d'Internet et les échanges d'informations accessibles sur la Toile ont profondément changé la donne. Ce foisonnement[3] ne peut être une source en lui-même. C'est une richesse formidable. Mais il faut savoir trier.

Sa façon d'exploiter les sources est-elle différente ?

F. E. : La multiplication des sources et des informations dans une société ouverte rend encore plus difficile le travail de vérification des informations. La tendance est de recourir à des sources de plus en plus nombreuses pour vérifier l'information. Recouper sans cesse en élargissant le champ des investigations.

Quelles précautions prend-on lorsque les sources sont essentiellement des témoignages ?

F. E. : On ne se contente jamais d'une source unique. On cherche à recouper le plus possible les informations par des points de vue différents. On vérifie que la perception d'un événement par plusieurs personnes n'est pas dictée par une seule.

Quel usage les journalistes d'information font-ils d'Internet dans la préparation de leurs enquêtes et de leurs articles ?

F. E. : C'est un immense centre de documentation. Et avec un peu de métier, il est possible de savoir où se trouve l'information fiable[4]. Mais Internet ne suffit pas en lui-même pour fournir la matière essentielle d'un article. Si c'est déjà sur Internet, où serait la part de création journalistique, la valeur ajoutée ?

NRP Lycée, mars 2008.

1. **Servent d'alerte :** elles sont les premières à signaler une information importante.
2. **Maillage :** réseau.
3. **Foisonnement :** abondance.
4. **Fiable :** à laquelle on peut se fier, qui est crédible.

CAPACITÉ
S'interroger sur le contexte de production d'une information, identifier les sources.

COMPRENDRE

1. Quelles sont les différentes sources du journaliste ?
2. Pourquoi les agences de presse sont-elles importantes ?
3. Quelles sont les évolutions du travail du journaliste avec Internet ?

ANALYSER

Pourquoi F. Ernenwein dit-il que les journalistes ne sont pas des experts ?

ÉCRIRE

À partir de ce texte, résumez les étapes du travail d'un journaliste.

Le journaliste au travail

La question de la protection des sources est essentielle pour les journalistes. La loi précise que « tout journaliste, entendu comme témoin sur des informations recueillies dans l'exercice de son activité, est libre de ne pas en révéler l'origine ».

Dans l'extrait ci-dessous, Étienne Davodeau évoque le rôle des syndicats maison[1] des petites entreprises, solidaires des patrons. Un de ces syndicats maison a réussi à convaincre de jeunes salariés qui ont été licenciés de participer à une manifestation de soutien à leur patron dans l'espoir d'être réintégrés. Un journaliste enquête.

ÉTIENNE DAVODEAU, *Les Mauvaises Gens*, Éd. Delcourt, 2005.

1. Les syndicats maison : ils ne sont pas affiliés aux centrales syndicales nationales. Ce sont des organisations locales.

CAPACITÉ
S'interroger sur le contexte de production d'une information, identifier les sources.

LIRE L'IMAGE

1. Pourquoi le journaliste recueille-t-il ce témoignage sur les lieux de la manifestation ?
2. Pourquoi ce travail de terrain est-il indispensable ?
3. Quelle étape du travail journalistique cette planche de BD décrit-elle ?

ÉCRIRE À PARTIR D'UNE IMAGE

Le représentant du syndicat maison s'interpose pour empêcher le journaliste de faire son travail. Racontez la scène en développant le dialogue entre le syndicaliste et le journaliste.

De la dépêche à l'article

Les étapes du travail journalistique

De la dépêche à l'article informatif, puis de l'article informatif à l'article d'analyse, l'information se précise et la réflexion s'approfondit.

Les agences de presse mettent en ligne sur leurs sites de courts articles élaborés par leurs journalistes à partir des dépêches. Vous pouvez les consulter sur http://www.afp.com/afpcom/fr et http://reuters.com

Texte 1 La dépêche de l'AFP

Le 16 février 2009, deux détenus s'évadent de prison. Voici le texte de la dépêche de l'AFP.

Évasion de Moulins : les otages libérés, les deux détenus toujours en fuite.

16/02 5 h 26

Deux détenus de la prison centrale de Moulins, dans l'Allier, dont un condamné à la perpétuité, se sont évadés dimanche après-midi à l'aide d'explosifs et en prenant deux gardiens en otage dans leur cavale en voiture, avant de les relâcher en région parisienne dans la soirée.

THIERRY ZOCCOLAN, AFP, le 16 février 2009.

Texte 2 Un article à chaud

Le lendemain de l'évasion, le journal *Libération* publie un article consacré à ce fait divers spectaculaire.

Prison ◆ À Moulins, deux hommes ont fui hier, prenant en otages pendant quelques heures deux surveillants.

Explosion au parloir, deux détenus s'évadent

MOULINS correspondance

C'est un habitué de la belle qui s'est échappé, hier après-midi de la centrale de Moulins-Yzeure (Allier). Christophe Khider, 37 ans, condamné à la réclusion criminelle à perpétuité en 1999 pour un braquage qui avait mal tourné avec la mort d'un otage, s'est évadé en compagnie d'un autre détenu, Top El Hadj, 28 ans. Christophe Khider a été condamné à 15 ans de réclusion en 2007 pour une tentative d'évasion ratée de la prison de Fresnes (Val-de-Marne). Le 27 mai 2001, il avait tenté de s'échapper en hélicoptère mais cette tentative s'était achevée par une fusillade sur le toit de la prison et par une prise d'otages. Christophe Khider devait également être jugé mercredi au tribunal correctionnel de Moulins pour une tentative d'évasion de la centrale de Lannemezan, le 9 mai 2006. [...]

Un important dispositif de gendarmerie était mobilisé devant la maison d'arrêt de la prison centrale de Moulins hier soir. Aucune trace de l'évasion à l'explosif n'était visible depuis l'extérieur des bâtiments. La direction de la prison et l'administration pénitentiaire à Paris se sont quant à elle refusées à tout commentaire.

La précédente tentative d'évasion à Moulins remonte à 2003 où de l'explosif avait déjà été utilisé pour détruire une porte blindée. Quelques mois plus tard, un stock de pentrite avait été découvert dans un boîtier électrique. Puis encore 160 grammes lors de la fouille d'un détenu. « On a longtemps demandé de retourner le stade de la prison au bulldozer pour en avoir le cœur net. Du plastic, il y en a sûrement encore dans la taule », tempête un gardien.

ÉRIC MOINE, *Libération*, le 16 février 2009.

Texte 3 À distance des faits, un article d'analyse

Trois jours après l'évasion, les deux évadés ont été arrêtés.
Le journal *Libération* revient sur l'événement.

L'évasion face à l'absence d'avenir

Allongement des peines et durcissement de la vie en prison poussent les détenus à des tentatives désespérées.

ANALYSE

Un « acte de guerre ». C'est ainsi que le directeur de l'administration pénitentiaire Claude d'Harcourt qualifie l'évasion de Christophe Khider et d'Omar Top El Hadj de la centrale de Moulins-Yzeure (Allier). Lors d'une conférence de presse organisée hier, il a donné le ton de la riposte : « mettre en œuvre les meilleurs mécanismes de surveillance et de contrôle pour que cela ne se reproduise pas ». Mais les évasions de prison sont déjà rarissimes (5 en 2008, 12 en 2007, 11 en 2006, 12 en 2005), et les évadés presque toujours repris. Est-il alors nécessaire de durcir encore les conditions des détenus ? Est-ce la seule piste de réflexion face à l'allongement de la durée des peines, qui encourage ces tentatives désespérées ? Peut-on faire semblant d'ignorer que pour ces hommes condamnés à la perpétuité de fait, l'évasion est la seule chance de sortie réelle ?

Voilà un bon moment que, face à ces questions, la réponse de l'administration pénitentiaire se résume à une spirale sécuritaire. Année après année, les efforts consacrés au renforcement des contrôles sont toujours plus importants, au détriment de ceux pour la réinsertion. Deux nouveaux établissements ultrasécuritaires ouvriront leurs portes en 2012, à Alençon (Orne) et Vendin-le-Vieil (Pas-de-Calais). « Les fouilles se durcissent et deviennent de plus en plus humiliantes pour les détenus et leurs familles, les portes des cellules en maison centrale ne sont plus ouvertes pendant la journée, les déplacements se réduisent… En filigrane se construit une prison qui enferme toujours plus, et prépare toujours moins à la sortie », relève Patrick Marest, porte-parole de l'Observatoire international des prisons.

ODILE MILLOT, *Libération*, 18 février 2009.

À RETENIR

La dépêche est le point de départ du travail journalistique. C'est un texte court diffusé par les agences de presse qui donne l'information à l'état brut.

Les journalistes élaborent ensuite des **articles informatifs** à l'aide de documentation, d'interviews et d'enquêtes qui précisent l'information donnée dans les dépêches.

Enfin lorsque l'événement est lié à une question de société, les journalistes poussent plus loin la réflexion dans des **articles d'analyse** qui mettent l'information en perspective et en débat.

CAPACITÉ

Distinguer information, commentaire, prise de position.

COMPRENDRE

1. Quelles informations le journaliste a-t-il recueillies après la lecture de la dépêche (texte 1) pour écrire son article (texte 2) ?
2. Dans le texte 3 des informations nouvelles nous sont communiquées. Lesquelles ? À partir de quelles sources la journaliste a-t-elle travaillé ?

ANALYSER

À quoi voit-on qu'on est passé de l'information au commentaire entre le texte 2 et le texte 3 ?

ÉCRIRE

Lisez cette dépêche et dites ce qu'un journaliste doit faire pour écrire un article sur ce sujet.
« Hier, en fin d'après-midi, des manifestants se sont réunis à la gare de St-Germain-en-Laye pour protester contre les dysfonctionnements de la ligne A du RER, la plus fréquentée au monde. Ils ont dressé des tentes et indiqué que leur action est illimitée. »

Comment construit-on un journal télévisé ?

Avant la lecture

Dites ce que vous trouvez intéressant ou frustrant dans le journal télévisé. (Précisez de quelle chaîne vous parlez.)

À la télévision comme dans la presse écrite et à la radio, les journaux sont préparés de façon collective. Des séances de concertation permettent de trier et de hiérarchiser les informations qui seront présentées.

• **La conférence de prévision.** Une fois par semaine, le rédacteur en chef et les chefs de service (politique, économie, international, sport, etc.) répertorient des faits d'actualité prévisibles pour pouvoir lancer un travail élaboré. Hormis la « nécrologie »[1] d'une personnalité que l'on sait très âgée ou malade, il peut s'agir d'un événement programmé (une visite d'un chef d'État, des élections dans tel ou tel pays, etc.) ou d'une actualité périodique [...]. Les journalistes s'efforcent alors de trouver des angles de traitement originaux.

Conférence de rédaction.

• **La conférence de rédaction.** Pour le 19/20, elle a lieu deux fois par jour, à 10 h 00 et à 15 h 00. Cette instance de concertation et de décision réunit, autour du rédacteur en chef responsable du choix final [...], de nombreux professionnels, notamment le présentateur [...], le réalisateur, les chefs de service, l'équipe d'édition qui assure la mise en œuvre du travail technique et éditorial, un coordinateur des échanges avec les rédactions régionales... La conférence établit le sommaire de l'édition en préparation : elle liste les sujets qui seront développés, avec la durée et le type de traitement [...]. Toutes ces données sont notées dans le « conducteur » du journal.

Les reportages nécessitent un montage des images et du son.

• **Le conducteur.** Ce document essentiel, qui sert de fil conducteur pour le journal, a la forme d'un tableau informatisé qui précise l'ordre, le titre, l'auteur, la provenance, la durée de traitement des sujets, les documents annexes dont on a besoin (cartes, schémas, vignettes indiquant le nom et la fonction d'un intervenant, etc.). [...] Ce conducteur peut être modifié à tout moment, y compris en cours de diffusion du journal, si une nouvelle information importante « tombe » ou si un reportage n'est pas prêt au moment du bouclage.

RENÉ PAULIN, HÉLÈNE POUYFAUCON, « Un journal télévisé : le 19/20 », *Télédoc* hors série, SCÉRÉN CNDP, janvier 2007.

1. **Nécrologie :** notice biographique consacrée à une personne décédée.

La régie.

CAPACITÉ
S'interroger sur le contexte de production d'une information, identifier les sources.

COMPRENDRE

1. Quelles sont les différentes personnes qui participent à un journal télévisé ?
2. À quels moments se retrouvent-elles ? Pour quoi faire ?

ÉCRIRE

Vous souhaitez faire un petit journal télévisé pour votre lycée sur Internet. Vous écrivez une lettre au proviseur de votre établissement en précisant les moyens techniques qui seraient nécessaires.

Lexique de l'information et des médias

Lexique

À RETENIR

Un champ lexical représente l'ensemble des mots groupés autour d'une même notion.
Des mots tels que : *information, chaîne, éditorial, presse*, etc. font partie du champ lexical des médias.

Exercice 1

Mettez en relation les mots de la première colonne avec les médias qu'ils désignent. Attention : certains mots peuvent se rapporter à plusieurs médias.

Journal •	
Éditorial •	• Presse écrite
Faits divers •	
Abonnement •	
Manchette •	• Radio
Émission •	
Site •	
Chaîne •	• Télévision
Blog •	
Fréquence •	
Information •	• Internet
Connection •	

Exercice 2

Pour chacun de ces médias, indiquez :
a) quelle est sa nature,
b) quelle est sa vocation principale.

Le Monde •		
Skyrock •	• Presse écrite •	
TF1 •		• Informer
Elle •		
NRJ •	• Radio •	
France Inter •		
Le Figaro •		
L'Équipe •	• Télévision •	• Divertir
CNN •		

Exercice 3

Expliquez le sens de ces mots et expressions dans le contexte de l'information et des médias et utilisez-les dans une phrase :

La « une » : ....

Chaîne cryptée : ....

Décrochage régional : ....

Tranche horaire : ....

Conducteur : ....

Modérateur : ....

Correspondant à l'étranger : ....

Exercice 4

Associez dans la liste d'articles ci-dessous les titres qui correspondent aux rubriques suivantes :

Économie – Politique – Culture – Sport – Société – Médias

1. Une aide d'État exceptionnelle pour soutenir le secteur automobile sinistré
2. Olivier Besancenot lance un nouveau parti, à la gauche de la gauche
3. Le XV de France diminué par des blessures à répétition
4. Les chaînes de télévision en recul face à la concurrence d'Internet
5. Hausse de la fécondité en France : la natalité ne craint pas la crise
6. Le festival d'Avignon met le théâtre anglais à l'honneur

Exercice 5

Le vocabulaire de la presse est très imagé.
Lisez le texte. Puis donnez le sens courant de chacun des mots et expliquez-les dans le domaine de la presse.

Brève : ....

Rivière : ....

Écho : ....

Mouture : ....

L'écriture journalistique vise à informer le lecteur et à susciter son intérêt. Les différents articles et leur habillage répondent à ces impératifs. La brève est l'article informatif le plus court. Les brèves qui traitent d'un même thème peuvent être regroupées, c'est ce qu'on appelle une rivière. Le filet est un article informatif à peine plus long que la brève mais qui renseigne sur le comment ? et le pourquoi ? L'écho est une information brève à caractère anecdotique et parfois humoristique. La mouture est un regroupement d'informations diverses dans un même article.

Des médias alternatifs pour un journalisme citoyen

Avant la lecture

Citez tous les moyens de s'informer disponibles sur Internet que vous connaissez.

Le nom Rue89.com a été choisi en hommage à deux dates : 1789 et 1989. Ces références à la Révolution française, à la chute du mur de Berlin et à la « rue » comme lieu de protestation désignent le site comme un lieu d'information alternatif, différent.

RUE89.COM, RUBRIQUE « QUI SOMMES-NOUS ? »

Créé par des journalistes, dont plusieurs sont issus de *Libération*, ce site se concentre sur les sujets qui font parler, jaser, débattre, dans tous les domaines, de la politique au sport, en passant par les nouvelles technologies, la culture ou l'environnement. Nous rêvons que Rue89 devienne peu à peu le point de référence obligé pour tous ceux qui ne veulent pas se contenter de consommer l'information et se passionnent pour la confrontation d'idées.

Le site est ouvert sur le reste du monde. Il ne se contente pas de critiquer, il est toujours à la recherche de solutions et se propose d'aider à leur mise en œuvre (rubrique « Passage à l'acte »). Il fait une large place à la photo et à la vidéo.

Son contenu repose sur le travail en commun de trois cercles :

▶ **une rédaction,** composée de journalistes expérimentés et de jeunes reporters : elle assure l'organisation du contenu du site et une bonne partie de sa production ;

▶ **un cercle de spécialistes,** de passionnés et de témoins qui apportent leurs regards et leurs lumières sur l'actualité ;

▶ **le troisième cercle** est celui des internautes eux-mêmes, qui participent à la vie de Rue89 par leurs commentaires mais aussi en soumettant des articles, des liens vers d'autres sites, des photos et des vidéos. La rue est à vous !

Source : Rue89.com

CAPACITÉ

S'interroger sur le contexte de production d'une information, identifier les sources.

COMPRENDRE

1. Quelles sont les informations dont Rue89.com veut rendre compte ?
2. D'après le texte, quels sont les différents rédacteurs possibles de l'information sur Rue89.com ?
3. Quelles sont les différences entre Rue89.com et la presse traditionnelle ? Pourquoi peut-on dire que Rue89.com relève du « journalisme citoyen » ?

ÉCRIRE

Rédigez une lettre d'une vingtaine de lignes à destination de la rédaction de Rue89.com. Vous expliquerez les motivations qui vous poussent à proposer votre candidature en tant que journaliste-blogueur et direz sur quel type de sujet vous vous proposez d'intervenir.

À RETENIR

Le journalisme citoyen peut être rattaché à ce qu'on appelle plus globalement les « médias alternatifs » qui, dès les années 1970, ont proposé, dans la presse puis à la radio, des informations en toute liberté par rapport aux grands médias.

Phrases personnelles, phrases impersonnelles

À RETENIR

Dans la **phrase personnelle,** on sait qu'une personne en particulier émet l'idée exprimée : elle apparaît sous la forme d'un pronom « je » ou d'un nom « Thomas ».

Dans la **phrase impersonnelle,** le sujet est un « il » impersonnel, c'est-à-dire sans référent. Ce « il » impersonnel peut être sujet d'un verbe impersonnel *(il pleut)* ou d'une construction impersonnelle *(il arrive que je me trompe).*

Exercice 1

Complétez les phrases.

1. Il faut...
2. Il se peut...
3. Il est possible...
4. Il arrive que...
5. Il semble que...
6. Il reste que...

Exercice 2

Toutes ces phrases impersonnelles transmettent un ordre ; on dit qu'elles sont injonctives. Transformez les en phrases injonctives personnelles, de manière à employer le pronom « je ».

Exemple : Il est interdit de se baigner. → Je t'interdis de te baigner.

1. Il est interdit d'entrer sur ce chantier.
2. Il faut frapper avant d'entrer.
3. Il est souhaitable de ne pas fumer.
4. Il est obligatoire que vous attachiez vos ceintures.

Exercice 3

Relevez dans les phrases suivantes le ou les verbes essentiellement impersonnels, c'est-à-dire ceux qui ne peuvent s'employer qu'à la forme impersonnelle.

1. Il neige depuis le début du mois de décembre.
2. Il faut absolument dire la vérité.
3. Il arrive que les médias nous cachent la vérité.

Exercice 4

Soulignez les phrases impersonnelles.

1. Il est plus nécessaire d'étudier les hommes que les livres.
2. Il est venu trop tard.
3. Ils se croient tout permis.
4. Ils n'acceptent pas notre proposition.
5. Il n'est rien de plus naturel ni de plus trompeur que de croire qu'on est aimé.

Exercice 5

a) Relevez les phrases introduites par les pronoms il/ ils.
b) Lesquelles sont personnelles ? impersonnelles ?
c) Expliquez pourquoi la forme impersonnelle est employée.

Pendant l'hiver 1998, le cyclone « Mitch » ravage le Honduras. Une vague de journalistes afflue sur les lieux juste après la catastrophe, décrit un pays en plein drame, l'insuffisance des secours et publie des bilans faisant état d'environ 7 000 morts. Tout le monde est content : on a pu mettre le cyclone sous une jauge et en plus celle-ci révèle un chiffre important. Pour un reporter, il est toujours plus valorisant de travailler sur une « grosse histoire » que sur une petite et une évaluation à plusieurs zéros garantit le spectaculaire. Quelques semaines passent, et l'émotion s'apaise. [...] Certains envoyés spéciaux se souviennent maintenant que « finalement, ils n'ont pas vu tant de morts que ça ». Alors soudain, nouveau cyclone, mais dans la presse cette fois. Et si les chiffres avaient été gonflés ?
[...] Un élu local dans son village ravagé reconnaît très simplement avoir réévalué le nombre des victimes à la hausse. Au micro, il raconte sans fioritures comment il a calibré son message pour les médias : « On m'a demandé combien il y avait eu de victimes dans ma zone. J'ai pensé qu'il fallait donner un chiffre terrible, pour que les journalistes se déplacent, voient les dégâts et que les secours arrivent. Sans cela, j'avais peur que rien n'arrive. »

FLORENCE AUBENAS et MIGUEL BENASAYAG, *La Fabrication de l'information*, La Découverte, coll. « Sur le vif », 1999.

Village dévasté après le passage de l'ouragan Mitch, 1998.

Peut-on vivre sans s'informer ?

SOMMAIRE

CAPACITÉS

- Distinguer information, commentaire, prise de position.
- S'interroger sur le contexte de production d'une information, identifier les sources.
- Rendre compte à l'oral et à l'écrit d'un événement d'actualité présenté à travers différents médias.
- Rédiger un article de presse en tenant compte des contraintes d'un genre journalistique.
- Décoder les effets visuels dans la mise en scène de l'information.

ATTITUDES

- S'intéresser à l'actualité, lire la presse, regarder un journal télévisé, utiliser Internet et les multimédias.
- Être un lecteur actif et distancié de l'information.
- Adapter, dans l'approche du texte et de l'image, son attitude au support utilisé et à la finalité de la lecture.

AUDIO

Compléments sonores.

Écriture d'échauffement

Dans quels domaines éprouvez-vous le besoin d'être informé (société, sciences et techniques, sports, politique, culture, international)?

LECTURE DE DÉCOUVERTE

L'information, pilier de la vie sociale

Le vote est un moment clé de la vie démocratique. Or le citoyen, pour pouvoir remplir son devoir civique, a besoin d'être éclairé. Les informations qui lui parviennent par les médias lui permettent de se faire une opinion et de faire un choix réfléchi au moment du vote.

Savoir, c'est pouvoir.

C'est vrai pour la fonction citoyenne. À l'heure du vote, moment fondateur de la démocratie, l'électeur va-t-il se prononcer en fonction de son humeur ou de ses seuls intérêts immédiats ? Va-t-il se contenter de faire confiance à un candidat qu'il connaît ? Va-t-il opter pour un programme complexe touchant aux divers aspects de la vie en commun, constituant parfois, comme cela a été dit, un « projet de société » ? Quel que soit le poids des facteurs individuels (réseau de relations, connaissances personnelles…), sa capacité d'évaluation est tributaire[1] des médias, de ce qu'ils lui permettent de percevoir de la commune, de la région, du pays, de l'Europe et de la planète entière. C'est aussi vrai pour la vie commune au jour le jour, dans ses aspects les plus ordinaires. La connaissance de l'état de la société, et de ses évolutions, facilite l'insertion de chacun dans le tissu social pour les démarches les plus banales.

FRANÇOIS-XAVIER ALIX, *Pour une éthique de l'information*, Paris, L'Harmattan, 1997

1. **Tributaire :** dépendante.

Élections : un choix difficile.

CAPACITÉ

Être un lecteur actif et distancié de l'information.

COMPRENDRE

1. Comment comprenez-vous la phrase « Savoir, c'est pouvoir » ?
2. Qu'apportent les médias lorsqu'il s'agit de voter ?
3. Qu'apportent les médias dans la vie sociale ?

ANALYSER

1. Sans l'information apportée par les médias, sur quoi reposeraient les choix électoraux ?
2. Pourrait-on, d'après le texte, se passer des médias et exercer pleinement sa citoyenneté ? Quel est le lien entre information et démocratie ?

ÉCRIRE

Qu'attendez-vous des médias dans votre vie quotidienne ? Vous expliquerez votre position dans un texte argumenté.

À RETENIR

La pluralité de l'information est fondamentale dans le fonctionnement démocratique. Elle est la garantie pour le citoyen d'avoir différentes sources d'information et donc de pouvoir confronter des avis contraires.
Si l'information passe sous le contrôle de l'État, une connaissance fiable des faits n'est plus possible et l'opinion est manipulée.

ATTITUDE
S'intéresser à l'actualité, lire la presse, regarder un journal télévisé, utiliser Internet et les multimédias.

Débat : l'information qui nous marque

CHOISIR UN ÉVÉNEMENT

Voici quelques-uns des événements marquants des dix dernières années. Choisisssez celui qui retient votre attention ?

Inondations à la Nouvelle-Orléans suite au passage de l'ouragan Katrina, août 2005.

le nouvel Observateur

EURO L'AN 1
NAISSANCE D'UN CONTINENT

SIMENON-FELLINI
LE DIALOGUE SECRET
Vingt ans de correspondance inédite

Passage à l'euro, janvier 2001.

Drogues
Roselyne Bachelot dope la prévention Page 16

Formule 1
Trois projets pilotes pour accueillir le Grand Prix Page 10

Besancenot
Le patron de Taser et des policiers en garde à vue pour espionnage Page 12

MERCREDI 15 OCTOBRE 2008 | PREMIÈRE ÉDITION N°8536 | www.liberation.fr

Libération

Cinéma
Coluche par de Caunes
Rencontres avec Leos Carrax et Dennis Hopper. Et toutes les sorties. Pages 25 à 31.

Comment les Français vivent la crise

A peine apaisée la tourmente financière fait sentir ses effets dans la vie quotidienne. Voyage au cœur de l'économie réelle.

Naissance : choisir un **prénom chic**... ou pas Page 19

En 2008, une crise financière sans précédent déclenche une récession.

Alain Bernard gagnant du 100 mètres aux JO de Pékin, août 2008.

DÉFENDRE SON CHOIX

1. Préparez un argumentaire rapide pour démontrer l'importance de l'événement que vous jugez le plus marquant en répondant aux questions ci-dessous.
– Quelle est l'importance de cet événement dans le monde ?
– Quels sentiments ou réflexions vous inspire cet événement ?
– Quelles chances cet événement a-t-il de rester durablement dans les mémoires ?

2. Présentez vos arguments à vos camarades et confrontez-les avec leurs points de vue.

Quand une information réjouit la planète entière

L'élection du candidat démocrate Barack Obama à la présidence des États-Unis d'Amérique a été un événement planétaire. Le 5 novembre 2008, les journaux usent des superlatifs pour manifester la joie qui entoure ce changement.

Document 1

1,20 € MERCREDI 5 NOVEMBRE 2008 - N° 19 980 - www.lefigaro.fr - France métropolitaine uniquement

LE FIGARO

12 PAGES SPÉCIALES

ÉDITION DE 6 HEURES

HISTORIQUE

PAGES 2 À 13 ET NOTRE EDITORIAL PAGE 21

L'espoir

Ainsi est l'Amérique. Admirable !

Capable d'élire un Noir à la Maison-Blanche alors que 87 % du corps électoral est composé de Blancs et de Latinos et qu'il y a à peine trente ans la ségrégation raciale empoisonnait les États du Sud.

Mais désormais Barack Obama n'est pas seulement l'élu du peuple américain, il est par procuration une sorte de président mondial désigné par acclamation avant même le verdict des urnes.

C'est dire l'espoir qu'engendre cette élection alors même que le nouveau président va devoir relever un triple défi d'une difficulté à nulle autre pareille.

Le défi économique avant tout puisque la débâcle bancaire financière et boursière plonge le monde dans l'abime de la récession.

Il faudra qu'Obama réussisse la relance américaine, prélude au redémarrage de l'économie mondiale, et qu'il accepte la définition de nouvelles règles de l'économie et de la finance, n'en déplaise aux libéraux frénétiques, hostiles en fait à la régulation.

Le défi terroriste ensuite, qui pourrit la planète de Bagdad à Kaboul sans épargner Islamabad, Tel-Aviv et n'importe quelle capitale européenne. Il faudra que le nouveau président retire ses troupes d'Irak sans créer le chaos, renforce la pression en Afghanistan sans déstabiliser le Pakistan, ouvre la négociation avec Téhéran sans faire de concession sur le nucléaire militaire, encourage une paix israélo-palestinienne sans mettre en danger l'État juif, renforce la coopération économique avec la Chine sans inquiéter la Russie ni le Japon, traite l'Europe comme un partenaire sans céder à l'isolationnisme ni au protectionnisme.

Le défi écologique enfin, car les énergies fossiles s'épuisent et la planète est au bord de l'asphyxie. Il faudra que l'ancien sénateur de l'Illinois s'ouvre au monde en participant activement à un plan de sauvetage de l'environnement et à une modification des rapports entre les pays riches du Nord et les pays pauvres du Sud.

Certaines bonnes âmes européennes découvriront vite avec effroi que Barack Obama est un défenseur farouche des intérêts économiques américains, un partisan déterminé de la peine de mort, un adversaire résolu du mariage homosexuel.

Il sera tout simplement le 44e président des États-Unis, porteur d'un immense espoir car chargé d'éclairer enfin ce XXIe siècle si mal engagé avec le 11 Septembre et la déroute de l'économie mondiale.

ÉTIENNE MOUGEOTTE

T 00108 - 1105 - F: 1,20 €

Toute l'actualité en direct sur lefigaro.fr

Le Figaro, 5 novembre 2008.

Jesse Jackson : pasteur noir américain, militant pour les droits des Noirs. Il a essayé, avant Obama, d'accéder aux élections présidentielles américaines.

Martin Luther King : pasteur noir américain (1929-1968). Il a lutté pour les droits des Noirs et contre la pauvreté. Prix Nobel de la paix en 1964, il est assassiné en 1968.

Document 2

Éditorial

PAR LAURENT JOFFRIN

« Yes, he can »

L'avenir a changé de camp. Pendant plus de vingt ans, les conservateurs[1] l'avaient annexé. Ils viennent de le perdre. On a célébré la victoire d'un homme qui représente les parias[2] de l'histoire américaine, l'irruption d'un messager du siècle nouveau, métissé, globalisé, où l'Occident ne sera plus au centre du monde.
On a eu cent fois raison. Les larmes du révérend Jesse Jackson, qui voit le rêve de son modèle, Martin Luther King, prendre chair sous ses yeux embués resteront dans la mémoire de tous les réprouvés. Terre de la discrimination et de la relégation[3], les États-Unis ont fait un grand pas vers la rédemption[4]. [...] L'homme sera-t-il à la hauteur de son destin ? Il en a en tout cas le talent. Yes, he can...

LAURENT JOFFRIN, *Libération*, 6 novembre 2008.

1. **Conservateurs :** les républicains et les démocrates hostiles au changement.
2. **Parias :** personnes mises à l'écart, méprisées de tous.
3. **Relégation :** fait d'être mis à l'écart
4. **Rédemption :** fait de se racheter, de revenir au bien.

CAPACITÉ
Décoder les effets visuels dans la mise en scène de l'information.

COMPRENDRE

1. Quelle image de Barack Obama a été choisie dans le document 1 ? Pourquoi ?
2. Quels espoirs le document 2 souligne-t-il?
3. Expliquez la première phrase du document 2.

ANALYSER

1. Quelles sont les émotions véhiculées par le document 2 ?
2. Pourquoi cette information a-t-elle réjoui les journalistes quelles que soient leurs convictions politiques ?

ÉCRIRE

À votre tour, exprimez-vous sur cet événement. Avez-vous partagé l'enthousiasme général ?

Les mots de reprise et de cohérence textuelle

À RETENIR

S'assurer de la cohérence d'un texte, c'est vérifier que l'information qu'il véhicule progresse sans contradiction.

Les pronoms, qui permettent la reprise de certains mots, assurent cette continuité du discours tout en évitant les répétitions inutiles.

Exercice 1

Dans la seconde phrase, remplacez le(s) mot(s) répété(s) par le pronom adapté.

Exemple : Maurice a raté son examen. Normal : Maurice n'avait pas révisé. → *Maurice a raté son examen. Normal : il n'avait pas révisé.*

1. Julie et sa sœur ont acheté le quotidien. Julie et sa sœur l'ont lu en moins d'une heure.
2. Virginie, Emma, Mathilde et Annie se sont installées en Normandie. Virginie, Emma, Mathilde et Annie se plairont en Normandie, j'en suis sûr.
3. André est parti en Autriche. Je ne sais pas quand André reviendra d'Autriche.
4. La plupart des habitants de la région évitent cette vallée. Je ne sais pas pourquoi la plupart des habitants de la région agissent ainsi.

Exercice 2

Que remplace le pronom de reprise en gras dans ces phrases ?

Exemple : Jacques vient d'annuler sa réservation. ***Cela*** *m'étonne beaucoup* (le pronom *cela* désigne le fait d'annuler la réservation).

1. Les musiciens viennent se présenter pour la répétition. Trois d'entre **eux** doivent cependant être de retour avant la nuit.
2. Ces pâtisseries semblent bien appétissantes. **Laquelle** préfères-tu ?
3. Tu me demandes si les concurrents sont là ? Oui, **tous** sont arrivés.
4. Le salaire des footballeurs de l'Inter de Milan offre matière à débat. En effet, **certains** y semblent décidément trop payés.

Exercice 3

a) Rattachez chacun des mots de reprise en gras à leur antécédent.
b) Répartissez ces mots en trois colonnes selon qu'il s'agit de pronoms personnels, de pronoms démonstratifs ou de pronoms indéfinis.

Il est impossible, dans notre malheureux globe, que les hommes vivant en société ne soient pas divisés en deux classes, **l'une** de riches qui commandent, **l'autre** de pauvres qui servent ; et **ces deux** se subdivisent en mille, et ces mille ont encore des nuances différentes. […] Tous les pauvres ne sont pas malheureux. **La plupart** sont nés dans cet état[1], et le travail continuel les empêche de trop sentir leur situation ; mais quand ils **la** sentent, alors on voit des guerres, comme **celle** du parti populaire[2] contre le parti du sénat à Rome, celles des paysans en Allemagne, en Angleterre, en France. Toutes ces guerres finissent tôt ou tard par l'asservissement du peuple, parce que les puissants ont l'argent, et que l'argent est maître de tout dans un État.

VOLTAIRE, « Égalité », in *Dictionnaire philosophique*, 1764.

1. **État** : condition. 2. **Celle du parti populaire, etc.** : allusion à une série de révoltes populaires.

Exercice 4

Quels pronoms reprennent les noms *journaliste*, *dépêches*, *information* dans le deuxième paragraphe du texte ?

On veut informer vite au lieu d'informer bien. La vérité n'y gagne pas.
On ne peut donc raisonnablement regretter que les articles de fond prennent à l'information un peu de la place qu'elle occupe si mal. Une chose du moins est évidente : l'information telle qu'elle est fournie aujourd'hui aux journaux, et telle que ceux-ci l'utilisent, ne peut se passer d'un commentaire critique. C'est la formule à laquelle pourrait tendre la presse dans son ensemble.
D'une part, le journaliste peut aider à la compréhension des nouvelles par un ensemble de remarques qui donnent leur portée exacte à des informations dont ni la source ni l'intention ne sont toujours évidentes. Il peut, par exemple, rapprocher dans sa mise en page des dépêches qui se contredisent, et les mettre en doute l'une l'autre. Il peut éclairer le public sur la probabilité qu'il est convenable d'attacher à telle information, sachant qu'elle émane de telle agence ou de tel bureau à l'étranger.

Camus à « Combat », Éd. Gallimard, 2002.

Quand l'information n'est pas un droit

Ces pays où l'on ne peut pas s'informer

Les sociétés modernes sont envahies par l'information. Ce mouvement s'est amplifié avec les supports numériques. Pourtant la liberté de s'informer n'est pas assurée partout. Dans de nombreux pays du monde, le droit à l'information est bafoué parce qu'il est considéré comme une menace par des régimes dictatoriaux.

Document 1 Les atteintes à la liberté de la presse

« La liberté de la presse dans le monde », *Rapport annuel de Reporters sans frontières* 2009.

Manifestation de moines bouddhistes contre le gouvernement militaire birman, en 2008.

Document 2 Un pays où on ne peut pas s'informer : la Birmanie

BIRMANIE L'ACCÈS À INTERNET LIMITÉ

En Birmanie, depuis plus de 24 heures, il est de nouveau impossible de se connecter à des sites internationaux, a indiqué vendredi un responsable des télécoms d'État. « Les utilisateurs d'Internet ne peuvent accéder qu'à des sites locaux. Pour les sites web et les e-mails avec l'étranger, l'Internet ne fonctionne pas depuis 8 heures du matin jeudi », a dit ce responsable de l'entreprise publique Myanmar Teleport. « La passerelle de connexion est en panne » et « nous ne savons pas encore quand elle sera rétablie », a-t-il ajouté, sans autre précision.
Fin septembre, le régime militaire birman avait violemment réprimé un mouvement de protestation populaire emmené par des moines bouddhistes. La principale liaison Internet avait alors été coupée, limitant considérablement le flot d'informations et d'images en provenance de Birmanie.

D'après agence LCI.fr, 25 février 2009.

À RETENIR

« La libre communication des pensées et des opinions est un des droits les plus précieux de l'homme ; tout citoyen peut donc parler, écrire, imprimer librement, sauf à répondre de l'abus de cette liberté dans les cas déterminés par la loi. » (*Déclaration des droits de l'homme et du citoyen*, 1789)

CAPACITÉ

S'intéresser à l'actualité, lire la presse, regarder un journal télévisé, utiliser Internet et les multimédias.

COMPRENDRE

1. Sur le document 1, les pays dans lesquels le droit à l'information est remis en question apparaissent en rouge et noir. Quelles régions sont concernées ?
2. D'après le document 2, en quelles circonstances la Birmanie coupe-t-elle les liaisons Internet ? Pourquoi ?

Document 3 Quand la propagande se substitue à l'information

C'est en accompagnant son épouse qui travaillait pour Médecins sans Frontières que Guy Delisle a découvert la Birmanie. Il fait, dans son album, une description précise du quotidien dans ce pays dictatorial. Pour montrer la manipulation de l'information, il reprend des documents réels, sans forcer la caricature.

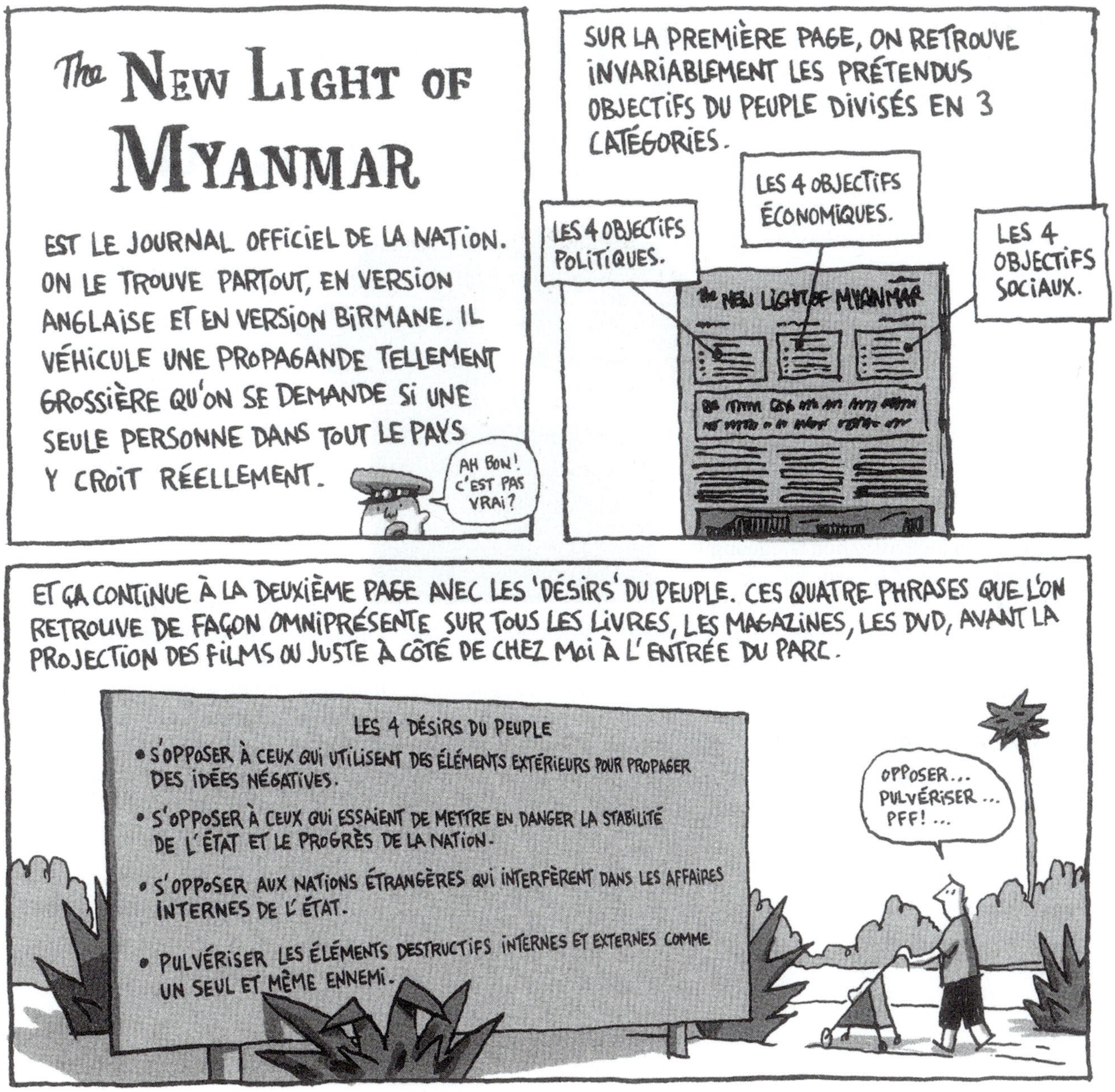

GUY DELISLE, *Chroniques birmanes*, Shampooing, 2007.

La Birmanie est un pays d'Asie du Sud-Est. C'est aujourd'hui une des dictatures les plus dures au monde. Le nom officiel du pays, reconnu depuis 1988 par l'ONU, est le Myanmar.

CAPACITÉ
Rédiger un article de presse.

COMPRENDRE

1. D'après la deuxième vignette, quelles sont les caractéristiques de l'information en Birmanie ?
2. Quels supports le gouvernement birman utilise-t-il pour contrôler les esprits ? Qu'est-ce qui peut étonner ?

ÉCRIRE

À partir de cet exemple, expliquez quels sont les enjeux de l'information sous un régime de dictature.

Avant la lecture

De quelles atteintes aux droits de l'homme la Chine se rend-elle coupable ?

Document 4 Les blogs une forme de résistance

En Chine, le droit à l'information est menacé par la censure. Mais grâce à Internet, il existe des moyens de diffuser des informations et des points de vue.

Zola citoyen-reporter

Le zèle du blogueur

Une émeute paysanne, un scandale écologique, un séisme… Le jeune Zola accourt, enquête, interroge et raconte tout sur Internet.

Le métier de citoyen-reporter n'est pas de tout repos, surtout quand il faut l'inventer en marchant : Zhou Shuguang, alias « Zola » (ou Zuola en chinois), 27 ans, en sait quelque chose. Sa bataille contre la censure est épique[1] : il lui a fallu héberger son blog à l'étranger, déjouer, en créant un accès sécurisé, la Grande Muraille virtuelle qui bloque la lecture des sites indésirables en Chine, et redoubler d'imagination pour se faire connaître dans la jungle du Net chinois. […]

Zola sait qu'il est une proie facile : sa photo est partout sur son blog – il se photographie au premier plan des endroits qu'il visite. Sa « marque de fabrique » est un logo le représentant, casque de cheveux noirs, nez droit et lunettes, qu'il imprime en sérigraphie sur des tee-shirts et des autocollants. Chacun peut suivre ses pérégrinations quotidiennes grâce aux SMS (une demi-douzaine par jour) qu'il envoie […].

Plus qu'un blog d'ailleurs, très précisément « la plate-forme personnelle d'information de Zhou Shuguang » […] chronique le quotidien des petites gens entraînées dans le grand chambardement chinois[2]. Son credo est exposé sur son blog. Il croit à la liberté de la presse, seule garante de la défense des droits. Il se dit cabotin[3], toujours prêt à susciter la controverse, mais c'est, dit-il, pour mieux attirer l'attention sur certaines questions.

BRICE PEDROLETTI, *Le Monde*, 7-8 août 2008.

1. **Épique :** héroïque.
2. **Le grand chambardement chinois :** l'évolution accélérée de la société chinoise.
3. **Cabotin :** qui aime se mettre en avant.

Bien que Zhou Shuguang ait choisi son pseudonyme en référence au footballeur Gianfranco Zola et non à Émile Zola, il revendique, aujourd'hui, sa filiation avec celui-ci.

ATTITUDE

S'intéresser à l'actualité, lire la presse, regarder un journal télévisé, utiliser Internet et les multimédias.

COMPRENDRE

1. Quelles difficultés Zola a-t-il dû affronter pour s'exprimer sur son blog ?
2. Pourquoi la transparence est-elle pour lui une arme ?
3. Quels sujets intéressent Zola ?

ANALYSER

Pourquoi Zola représente-t-il un danger pour le pouvoir chinois ?

ÉCRIRE

Expliquez dans un paragraphe argumenté pourquoi le blog se prête bien à la résistance des citoyens dans certains pays.

Voix active, voix passive

À RETENIR

On appelle « voix » les formes que prend le verbe pour exprimer le rôle du sujet dans l'action.

À la voix active, le sujet fait l'action.
Exemple : *Pierre mange du pain.*

À la voix passive, le sujet subit l'action.
Exemple : *Le pain est mangé par Pierre.*

Les transformations de la voix active à la voix passive :
– Le sujet de la voix active « Pierre » devient le complément d'agent « par Pierre » à la voix passive.
– Le complément du verbe « du pain » de la voix active devient le sujet à la voix passive.
– Le verbe passe d'une forme simple « mange » (présent) à la voix active à une forme composée « est mangé » (passé composé) à la voix passive.

Exercice 1

Dans les phrases passives suivantes, identifiez le sujet de l'action ; puis transformez-les en phrases actives.

Exemple : Les récoltes ont été durement éprouvées par la grêle (sujet de l'action : la grêle). → *La grêle a durement éprouvé les récoltes.*

1. L'opinion publique a été bouleversée par l'annonce de cette catastrophe.
2. Les fans de ce groupe n'ont pas été déçus par le concert de la semaine dernière.
3. Des régions entières ont été inondées par la montée des eaux.
4. Après avoir été battue trois à un par l'Autriche, l'équipe nationale est l'objet de critiques.
5. C'est par le plus grand des hasards qu'il a été retrouvé par ses parents.

Exercice 2

Pour chaque phrase, choisissez dans la liste le complément d'agent qui s'impose.

1. En 1805, la bataille d'Austerlitz fut glorieusement remportée par…
2. La Nouvelle-Calédonie a été découverte par…
3. La face sud du mont Blanc est souvent gravie par…
4. Le but est marqué contre son camp par…
5. Le locataire trop bruyant a été violemment pris à partie par…

Gravure du XIXe siècle montrant des chercheurs d'or en Californie.

A) … la gardienne de l'immeuble
B) … les guides de Chamonix
C) … le défenseur de Manchester United
D) … l'explorateur anglais James Cook
E) … l'empereur Napoléon Ier

Exercice 3

Lisez attentivement ce texte. Qu'est-ce qui nuit à sa lisibilité ? Réécrivez-le à la voix active.

La volonté de la France d'introduire avec la Commission européenne un contentieux devant l'OMC a été annoncée par le ministre de l'Agriculture, Michel Barnier. Et ce après que l'augmentation des droits de douane sur le roquefort a été décidée par les autorités américaines. Les importations de bœuf aux hormones américain ont été interdites par la France. Les rétorsions américaines ont été déclenchées par cette politique restrictive. Mais il a été bien précisé par le ministre que la France ne reculerait pas.

Exercice 4

a) Soulignez les formes verbales passives.
b) Réécrivez le texte en mettant à la voix active les verbes à la voix passive. Comparez les deux versions : que remarquez-vous ?
c) Pourquoi l'écriture journalistique privilégie-t-elle la voix active ?

La fièvre de l'or

C'est le 24 janvier 1848, à Sutter's Mill, dans l'actuel État de Californie (États-Unis), que de l'or fut découvert par James Marshall, alors qu'il installait le moulin de sa scierie près d'un cours d'eau. Des paillettes brillantes furent tirées du lit de la rivière ; et, immédiatement, des échantillons furent portés à un expert, qui ne fut pas long à identifier le métal précieux. Marshall voulut, dans un premier temps, que sa découverte soit gardée secrète : ses projets d'exploitation forestière pouvaient être ruinés par l'arrivée de milliers de curieux ; mais la nouvelle ne tarda pas à se répandre – et, à partir de là, tout alla très vite. L'information fut divulguée dès le mois d'août par le *New York Herald*, et elle fut confirmée quelques mois plus tard par le président des États-Unis en personne. Aussitôt, le pays fut submergé par des vagues d'immigrants venus de tous les horizons.

Montrer n'est pas informer

Avant la lecture

Connaissez-vous des émissions de télévision qui font de vous des voyeurs ?

Caméra de surveillance dans une rue de Londres.

Dans *E-den*, Mikaël Ollivier et Raymond Clarinard imaginent ce que pourrait devenir notre société dans un avenir proche.
Le héros du roman, Goran, est un jeune homme ordinaire. Il est grand consommateur des programmes de télévision dans lesquels on montre des événements sans les analyser, faisant du téléspectateur un voyeur.

Ce soir, j'ai bien passé une heure à regarder *Euro Live* sans zapper. J'adore voir ces images de caméras de surveillance en direct des grandes villes d'Europe. Ce qui est excitant, c'est qu'il peut toujours se passer quelque chose.
Une fois, ils diffusaient les vues du périphérique de Milan, en Italie, et soudain, une voiture a déboîté. En un instant, il y avait dix voitures les unes dans les autres, de la fumée, du verre pilé partout. J'en avais fait un bond sur le canapé, le cœur battant à cent à l'heure. Ça se passait au même moment en Italie, et je l'avais vécu comme si j'y étais, en direct à la télé.
Ce soir, alors qu'ils diffusaient des images des quartiers chauds de Munich où il ne se passait rien, le commentateur est intervenu pour dire qu'on allait immédiatement à Marseille où une attaque à main armée venait de débuter. Et en une seconde, Munich a laissé la place aux caméras de surveillance d'un supermarché dans lequel trois types cagoulés, flingues à la main, menaçaient la caisse principale. Une minute plus tard, des plans d'hélicoptère montraient la police qui cernait le secteur. C'était mieux que n'importe quel film puisque c'était vrai et en direct. La police a donné l'assaut au bout de vingt minutes, juste après les pubs. Ils ont abattu deux des voleurs et ont arrêté le troisième. Le commentateur en a perdu sa voix tellement il a crié au moment où les troupes d'assaut ont commencé à tirer dans le tas.

MIKAËL OLLIVIER et RAYMOND CLARINARD, *E-den*, Éd. Thierry Magnier, 2004.

Londres, une ville sous surveillance.

ATTITUDE
Être un lecteur actif et distancié de l'information.

COMPRENDRE

1. Quelle est l'attitude du héros face au programme qu'il regarde ?
2. Comment les images diffusées sur la chaîne sont-elles choisies ?
3. Pourquoi la police donne-t-elle l'assaut juste après la pub ?

ANALYSER

1. Peut-on dire qu'*Euro Live* est une chaîne d'information ? Justifiez votre réponse par une argumentation précise.
2. Pourquoi une chaîne de télévision comme *Euro Live* est-elle plus dangereuse que l'absence de toute information ?

L'homme peut-il vivre sans la télévision ?

Selon Médiamétrie, en 2006, 97,4 % des foyers français étaient équipés d'au moins un téléviseur, ce qui fait de la télévision un média incontournable. S'en passer est un choix marginal auquel l'association « Casseur de pub » invite en organisant une semaine sans télévision.

Campagne pour une « semaine sans TV »

Casseurs de pub, 2007.

ATTITUDE
Être un lecteur actif et distancié de l'information.

COMPRENDRE
1. Par quoi l'affiche suggère-t-elle de remplacer la télévision ?
2. Qu'est-ce qui caractérise la vie sans la télévision ?

ANALYSER
Comment s'informer sans télévision ?

ÉCRIRE
Cette campagne attaque la télévision, pourtant elle est omniprésente dans notre vie. Quels sont les programmes dont vous ne pourriez pas vous passer ? Vous développerez votre réponse dans un texte argumentatif d'une vingtaine de lignes appuyé sur des exemples concrets.

CAPACITÉ
Rédiger un article de presse en tenant compte des contraintes d'un genre journalistique.

Écrire un portrait

OBJECTIFS

Sur le thème de l'artiste préféré, rédigez un portrait en vous laissant guider pas à pas.

Les artistes (chanteurs, peintres, couturiers, architectes, etc.) sont souvent interviewés dans les médias, mais sont aussi présentés au public sous la forme de portraits filmés ou écrits. Certains journaux ont ainsi régulièrement une rubrique portrait, comme c'est le cas du quotidien *Libération* dont la dernière page est toujours réservée à cette présentation d'une personne plus ou moins célèbre, qui fait l'actualité du jour.

Anaïs.

DÉMARCHE

1. Choisir le sujet

Vous devez disposer pour cela de plusieurs photos et d'une ou plusieurs interviews de cet artiste. Vous les rechercherez sur Internet.

2. Préparer la documentation

Vous sélectionnez les photos qui vous semblent donner l'image la plus juste de cet artiste. Vous en choisirez une pour illustrer votre article.
Vous prenez des notes à partir des interviews que vous avez trouvées et vous répondez si vous le pouvez aux questions suivantes :
a) Quel a été son parcours ?
b) Quelles ont été ses sources d'inspiration ?
c) Qui sont ses modèles ?
d) En quoi consiste son actualité ?
e) Quels sont ses principaux traits de caractère ?
f) Quels sont ses goûts ?

3. Préparer le portrait physique

À partir des photos que vous avez choisies, vous rédigez des éléments de caractérisation physique de votre artiste préféré : tenue, attitude, gestes, regard, expression du visage, etc.

4. Structurer l'article

Tous les éléments du puzzle sont réunis. Vous devez maintenant structurer votre article en prévoyant les différentes étapes. Voici un exemple de trame (concevez la vôtre en l'adaptant à la documentation dont vous disposez) :
- phrase d'accroche
- ce qui fait l'actualité de l'artiste
- courte caractérisation physique
- ses traits de caractère
- son parcours (citations)
- ses modèles
- le lien entre son actualité et son parcours (citation).

5. Trouver un titre

Votre titre doit résumer en quelques mots la personnalité de votre artiste préféré.

6. Rédiger

Votre portrait fera une vingtaine de lignes.

VOCABULAIRE

Traits de caractère

têtu	calme	coopérant
gai	énergique	prudent
sûr de soi	gentil	pessimiste
créatif	optimiste	impulsif
négatif	rebelle	chaleureux
persuasif	impatient	drôle
aimable	autoritaire	pensif
enthousiaste	organisé	sociable
affable	timide	réservé
ouvert	dynamique	vigoureux
enjoué	sérieux	déterminé
suspicieux	vif	

Julien Doré.

Diam's.

Ayo.

Grand Corps Malade.

VOCABULAIRE

Le portrait

Les cheveux
Courts. Longs. Raides. Ondulés. Bouclés. Crépus. Blonds. Bruns. Chatains. Roux.

Les yeux
Brillants. Sombres. En amande. Grands. Petits.

L'allure du corps
Élancé. Souple. Grand. Frêle. Mince. Svelte. Trapu. Élégant. Musclé.

CONSEILS

Le portrait est écrit à la troisième personne du singulier.
Les phrases sont courtes.
Les tournures sont actives et affirmatives.
Une fois votre texte écrit, vous vous relisez pour simplifier les constructions, enlever les répétitions et les fautes d'orthographe.

Quand l'information devient fiction

Du fait divers à la fiction

Avant la lecture

Qu'est-ce qu'un fait divers ? Trouvez une définition et des exemples.

Texte 1

Le fait divers entretient des liens particuliers avec la fiction. Il peut inspirer un roman, un film ou encore une bande dessinée.
L'abandon de marins, laissés sans salaire et sans moyens de subsistance par des armateurs sans scrupule à bord de différents cargos amarrés en France, notamment en 1995 et 1996, a inspiré Jean-Claude Izzo.

Neuf marins abandonnés à Sète depuis un an

Neuf marins russes sont immobilisés depuis un an en rade de Sète à bord d'un navire, le Stainless Lord, appartenant au groupe Adriatic Tanker (deuxième groupe grec en nombre de bateaux) de l'armateur[1] grec Panagis Zissimatos. Un an de galère pour Victor, Serguéi, Alexandre et les autres, une année de dure séparation d'avec leurs familles. Sans ressources, sans salaires, ils tiennent grâce à la solidarité sétoise. Le Secours populaire, l'association « Les amis des marins », l'aumônier[2] Julien Garcia, l'avocat Jacques Escarguel, la CGT des marins, de nombreux particuliers. C'est donc le 19 janvier 1995 que ce navire battant pavillon panaméen entrait dans le port de Sète, en provenance d'Alger, avec sa cargaison d'oléagineux. Il ne devait mouiller[3] que deux ou trois jours, mais une agence marseillaise en litige avec l'armateur l'a fait saisir. L'équipage s'est ainsi retrouvé pris au piège, coincé à bord et sans ressource puisque certains salaires ne sont pas payés depuis août 1994. L'armateur, propriétaire de quatre-vingt-dix autres navires, ne semble pas s'émouvoir de cette situation.

ELOY MARTINEZ, *L'Humanité*, 6 février 1996.

1. **Armateur :** personne qui exploite un navire, qu'elle en soit propriétaire ou locataire.
2. **Aumônier :** homme d'Église qui a la charge d'un établissement (école, prison) ou d'un corps (armée).
3. **Mouiller :** jeter l'ancre, faire escale.

Le port de Sète.

COMPRENDRE

1. Quelle est la situation des marins rapportée par l'article ?
2. En quoi cette situation peut-elle inspirer un récit ?

Jean-Claude Izzo (1945-2000) poète et écrivain est surtout connu pour sa trilogie marseillaise dont le premier volet *Total Khéops* paraît en 1995. Le deuxième *Chourmo* est publié en 1996. Deux ans plus tard paraît le troisième volet *Solea*.

Texte 2

Le romancier Jean-Claude Izzo a tiré des faits divers liés aux marins abandonnés un roman, publié en 1997, dont voici un extrait de la postface.

Il est habituel de le dire, un roman est une œuvre de fiction. L'histoire que l'on vient de lire ne déroge[1] pas à cette règle. Elle a été totalement imaginée par l'auteur, et les personnages sont aussi purement imaginaires. Reste la réalité, bien sûr. Ces drames que connaissent de plus en plus fréquemment les marins dans divers ports de France. De Marseille à Rouen, nombre de cargos sont coincés à quai, aujourd'hui encore. Les équipages, souvent étrangers, vivent à bord dans des conditions très difficiles, malgré une solidarité qui ne fait jamais défaut. Je tenais, ici, à saluer leur courage, et leur patience.

JEAN-CLAUDE IZZO, *Les Marins perdus*, Éd. Flammarion, 1997.

1. **Déroge :** échappe.

COMPRENDRE

1. Quel est le sujet du roman de Jean-Claude Izzo ?
2. Pourquoi Jean-Claude Izzo a-t-il choisi de raconter cette histoire ?

COMPRENDRE

1. Quel est le cadre spatio-temporel du récit ?
2. En vous appuyant sur les actions et les pensées du personnage, précisez son état d'esprit.
3. Comment l'auteur rend-il, dans ses choix stylistiques (vocabulaire, syntaxe), l'état d'abandon des personnages ?

ÉCRIRE

Imaginez la suite du texte en racontant le déroulement d'une journée type des marins à bord. Vous pouvez introduire de nouveaux personnages, tout en respectant les choix narratifs (narrateur omniscient, récit au passé).

Texte 3

Voici l'incipit, c'est-à-dire le début, du roman de Jean-Claude Izzo, *Les Marins perdus*.

Marseille, ce matin-là, avait des couleurs de mer du Nord. Diamantis avala, vite fait, un Nescafé dans la salle commune déserte, puis il descendit sur le pont, en sifflotant *Besame mucho*, l'air qui lui venait le plus souvent à l'esprit. Le seul qu'il sût siffler aussi. Il sortit une Camel d'un paquet froissé, l'alluma et s'appuya au bastingage[1]. Diamantis, ça ne le gênait pas, ce temps. Pas ce jour-là, en tout cas. Depuis le réveil, il avait le moral poissé dans la grisaille.

Il laissa son regard errer sur la mer, vers le large, pour tenter de repousser ce moment où, comme chacun des marins de l'*Aldébaran*, il lui faudrait prendre une décision. Décider, ce n'était pas son fort. Depuis vingt-cinq ans, il se laissait porter par la vie. D'un cargo à un autre. D'un port à un autre.

Le ciel virait à l'orage, et, au loin, les îles du Frioul n'étaient plus qu'une tache sombre. C'est à peine si on distinguait l'horizon. Une vraie journée sans avenir, pensa Diamantis. Sans oser se dire que cette journée ressemblait aux précédentes. Cinq mois qu'ils étaient là, les marins de l'*Aldébaran*. À quai, relégués au bout des six kilomètres de la digue du Large. Loin de tout. Sans rien à faire. Et sans fric. À attendre un hypothétique repreneur de ce foutu cargo.

L'*Aldébaran* était arrivé à Marseille le 22 janvier. De La Spezia, en Italie. Pour charger deux mille tonnes de farine à destination de la Mauritanie. Tout allait bien. Trois heures après, le tribunal de commerce avait bloqué le navire, en garantie des dettes contractées par leur armateur, Constantin Takis, un Chypriote. Depuis, plus personne n'avait eu de nouvelles de lui. « Un sacré fils de pute », avait simplement dit Abdul Aziz, le capitaine de l'*Aldébaran*.

JEAN-CLAUDE IZZO, *Les Marins perdus*, Éd. Flammarion, 1997.

1. **Bastingage :** garde-corps sur le pont d'un bateau.

Quand l'information devient fiction

Du fait divers à la fiction

Document 4

Le livre de Jean-Claude Izzo a, à son tour, inspiré un auteur de bande dessinée.

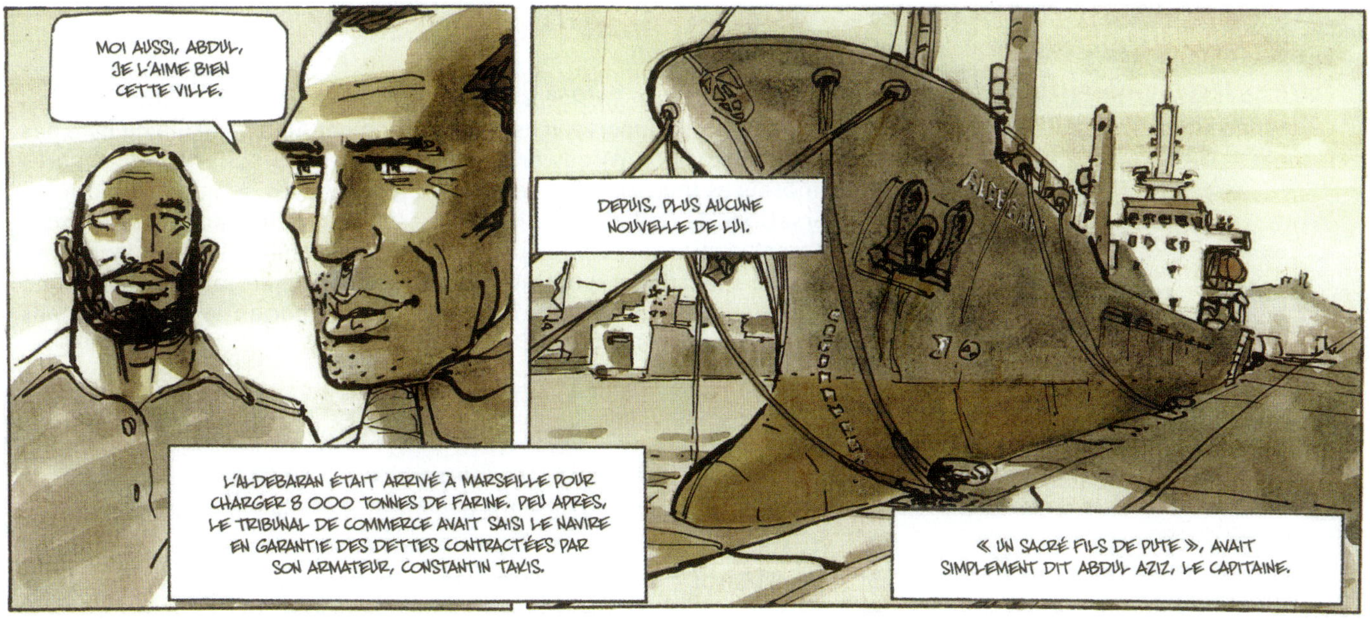

CLÉMENT BELIN, *Les Marins perdus*, Éd. Futuropolis, 2008.

COMPRENDRE

1. En vous appuyant sur une étude précise du dessin (traits, couleurs, points de vue), vous direz quelle est l'atmosphère mise en place par les trois premières vignettes.
2. Cette première planche rend-elle l'atmosphère du roman ? Qu'apporte-t-elle de plus ?
3. L'idée d'abandon est-elle présente ? Expliquez votre réponse.

Document 5

En 2003, Claire Devers a transposé au cinéma le roman de Jean-Claude Izzo.

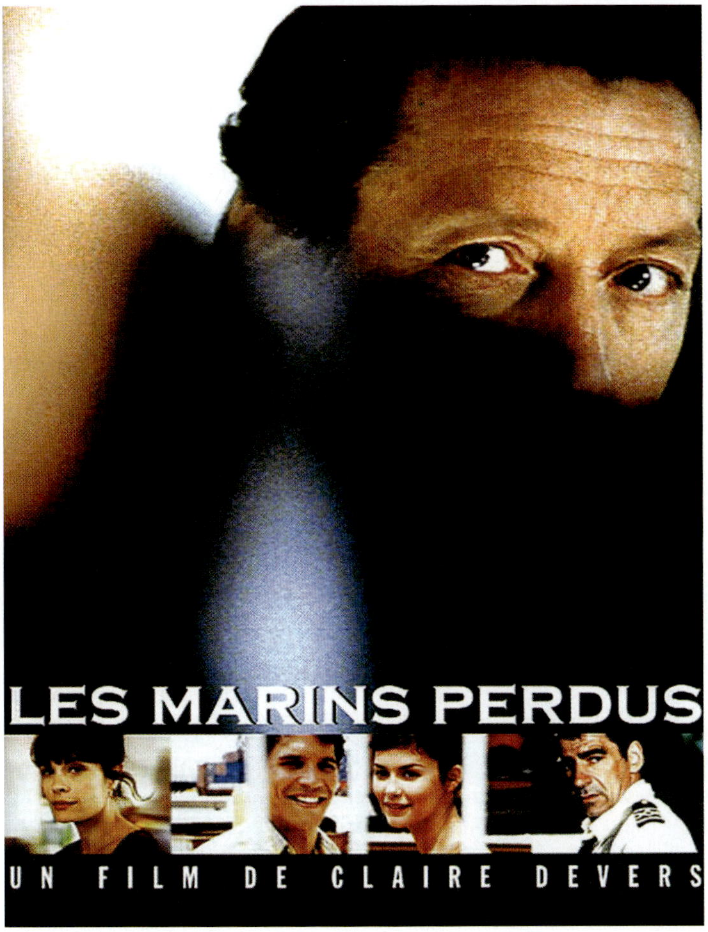

ÉCRIRE

Imaginez la première scène du film *Les Marins perdus*. Vous présenterez brièvement cette première scène en imaginant les personnages, le lieu, le moment et en décrivant l'action. S'il y a des dialogues, ils sont rédigés au style indirect.

À RETENIR

Les faits divers sont des événements d'une importance secondaire qui touchent au quotidien. Ils sont parfois tragiques, parfois plus anodins.

Des journalistes au service de la vérité

CAPACITÉ
Être un lecteur attentif et distancié de l'information

Les Hommes du Président

Le film *Les Hommes du Président* sort dans les salles en 1976, quatre ans après les faits réels qu'il rapporte. Il est l'adaptation par Alan J. Pakula du livre des deux journalistes Bob Woodward et Carl Bernstein qui sont parvenus, après de nombreuses investigations et malgré les menaces, à mettre au jour les malversations de l'administration du président républicain Richard Nixon, notamment la mise sur écoute du Parti démocrate pendant la campagne présidentielle de 1972. Nixon, pourtant brillamment réélu, devra démissionner en 1974. L'affaire dite du Watergate est une des plus importantes démonstrations du pouvoir de la presse.

1. Le synopsis

Au cours de la campagne présidentielle de 1972, à Washington, la police surprend cinq cambrioleurs au Q. G.[1] du Parti démocrate, le Watergate. Journalistes du *Washington Post*, Bob Woodward et Carl Bernstein sont chargés d'enquêter sur cette affaire. Grâce à leur opiniâtreté[2], ils remontent la filière et obtiennent les révélations d'un personnage haut placé qu'ils baptisent « Deep Throat »[3]. Il apparaît que de nombreux « hommes du Président » sont impliqués, et bientôt Richard Nixon lui-même est mis en cause par le journal.

Larousse.fr

1. Q. G. : quartier général.
1. Opiniâtreté : acharnement, détermination.
2. Deep Throat : en français, « Gorge profonde ». La véritable identité de cet informateur n'a été connue qu'en 2005.

QUESTIONS

1. Quel est le point de départ de l'affaire du Watergate ?
2. Quels en sont les enjeux politiques ?
3. À partir du synopsis, quels sont les différents ingrédients du film qui relèvent du genre policier ?

2. L'affiche

L'affiche du film de 1976 met en avant les deux journalistes du *Washington Post*, Carl Bernstein, incarné par Dustin Hoffman (à gauche), et Bob Woodward, interprété par Robert Redford (à droite).

QUESTIONS

1. Qu'est-ce qui, sur l'affiche, permet de piquer la curiosité du spectateur ? Expliquez le titre du film. En quoi est-il ambigu ?
2. Observez la position des personnages : quel commentaire vous inspire-t-elle ?

3. Une enquête à hauts risques

Nous sommes en juin 1972. Bob Woodward est un journaliste embauché récemment au *Washington Post*. Il est chargé de couvrir un fait divers : l'immeuble du Watergate, quartier général du Parti démocrate, a été cambriolé. Il s'aperçoit rapidement qu'il s'agit d'une affaire politique plus complexe qu'un simple cambriolage. Carl Bernstein, joué par Dustin Hoffman, va l'aider en lui apportant son expérience journalistique.

Des méthodes de travail traditionnelles...

Les deux journalistes du *Washington Post* sont au travail. Ils n'hésitent pas à passer des dizaines de coup de téléphone pour recueillir informations et témoignages.

Alors que la télévision retransmet la cérémonie d'investiture du président Nixon, en janvier 1973, les journalistes poursuivent leur enquête.

... aux méthodes d'investigation

Un drapeau rouge sur le balcon de Bob Woodward sert de signal pour provoquer une rencontre avec « Deep Throat », le mystérieux informateur.

Pour protéger ses sources, Bob Woodward retrouve « Deep Throat » la nuit dans des parkings sombres.

QUESTION

À partir du film *Les Hommes du Président*, montrez que le journaliste d'investigation prend des initiatives parfois risquées.

Une victime de la réclame

Surtout connu pour avoir écrit les vingt romans qui constituent *Les Rougon-Macquart*, Zola fut aussi journaliste, auteur de contes et de nouvelles, critique d'art. Ces textes courts sont un espace de liberté pour l'écrivain qui laisse libre cours à sa fantaisie et à son humour.

Le XIXe siècle est marqué par une diffusion accrue, massive de la presse, rendue possible par la concentration urbaine, les progrès de l'alphabétisation et ceux des techniques d'impression. L'habitant des villes est soumis à une sollicitation de l'écrit (presse, affiche, prospectus) qui lui assure information et distraction. La publicité prend également son essor et trouve dans ces supports de puissants moyens de diffusion de son message.

J'ai connu un brave garçon qui est mort l'année dernière, et dont la vie a été un long martyre.

Claude, dès l'âge de raison, s'était tenu ce raisonnement : « Le plan de mon existence est tout tracé. Je n'ai qu'à accepter aveuglément les bienfaits de mon âge. Pour marcher avec le progrès et vivre parfaitement heureux, il me suffira de lire les journaux et les affiches, matin et soir, et de faire exactement ce que ces souverains guides me conseilleront. Là est la véritable sagesse, le seule félicité possible. » À partir de ce jour, Claude prit les réclames[1] des journaux et des affiches pour code de sa vie. Elles devinrent le guide infaillible qui le décidait en toutes choses ; il n'acheta rien, n'entreprit rien qui ne lui fût recommandé par la grande voix de la publicité.

C'est ainsi que le malheureux a vécu dans un véritable enfer.

*

Claude avait acquis un terrain fait de terres rapportées, où il ne put bâtir que sur pilotis[2]. La maison, construite selon un système nouveau, tremblait au vent et s'émiettait sous les pluies d'orage.

À l'intérieur, les cheminées, garnies de fumivores[3] ingénieux, fumaient à asphyxier les gens ; les sonnettes électriques s'obstinaient à garder silence ; les cabinets d'aisance[4], établis sur un modèle excellent, étaient devenus d'horribles cloaques[5] ; les meubles, qui devaient obéir à des mécanismes particuliers, refusaient se s'ouvrir et de se fermer.

Il y avait surtout un piano mécanique qui n'était qu'un mauvais orgue de Barbarie, et un coffre-fort incrochetable et incombustible[6] que des voleurs emportèrent tranquillement sur leur dos par une belle nuit d'hiver.

*

Le malheureux Claude ne souffrait pas seulement de ses propriétés, il souffrait dans sa personne.

Ses vêtements craquaient en pleine rue. Il les achetait dans ces maisons qui annoncent un rabais considérable pour cause de liquidation.

Je le rencontrai un jour complètement chauve. Il avait eu idée de changer ses cheveux blonds pour des cheveux noirs, toujours guidé par son amour du progrès. L'eau qu'il venait d'employer avait fait tomber ses cheveux blonds, et il était enchanté, parce que, disait-il, il pouvait maintenant faire usage d'une certaine pommade qui lui donnerait, à coup sûr, une chevelure noire deux fois plus épaisse que son ancienne chevelure blonde.

Je ne parlerai pas de toutes les drogues qu'il avala. De robuste qu'il était, il devint maigre et essoufflé. C'est alors que la réclame commença à l'assassiner. Il se crut malade, il se traita selon les excellentes recettes des annonces et, pour que la médication fût plus énergique, il suivit tous les traitements à la fois, se trouvant très embarrassé devant l'égale quantité d'éloges décernés à chaque drogue.

*

La réclame ne respecta pas plus son intelligence. Il emplit sa bibliothèque des livres que les journaux lui recommandèrent. La classification qu'il adopta fut des plus ingénieuses : il rangea les volumes par ordre de mérite, je veux dire selon le plus ou le moins de lyrisme des articles payés par les éditeurs. Toutes les sottises et toutes les infamies contemporaines s'entassèrent là. Jamais on ne vit pareil amas de turpitudes. Et Claude avait eu soin de coller, sur le dos de chaque volume, la réclame qui le lui avait fait acheter.

Lorsqu'il ouvrait un livre, il savait ainsi à l'avance l'enthousiasme qu'il devait témoigner ; il riait ou il pleurait suivant la formule. À ce régime, il devint complètement idiot.

*

Le dernier acte de ce drame fut navrant. Claude, ayant lu qu'un somnambule guérissait tous les maux, s'empressa d'aller le consulter sur les maladies qu'il n'avait pas. Le somnambule lui offrit obligeamment de le rajeunir en lui indiquant le moyen de n'avoir plus que seize ans. Il s'agissait simplement de prendre un bain et de boire une certaine eau.

Il avala la drogue, se plongea dans le bain, et il s'y rajeunit si absolument, qu'au bout d'une demi-heure, on l'y trouva étouffé.

Même après sa mort, Claude fut la victime des annonces. Par testament, il avait voulu être enseveli dans une bière[7] à embaumement instantané, dont un droguiste venait de prendre le brevet. La bière, au cimetière, s'ouvrit en deux, et le misérable cadavre glissa dans la boue et dut être enterré pêle-mêle avec les planches rompues de la caisse.

Son tombeau, en carton-pierre et en similimarbre, détrempé par les pluies du premier hiver, ne fut bientôt plus sur sa fosse qu'un tas de pourriture sans nom.

ZOLA, « Une victime de la réclame », 1874.

1. **Réclame :** publicité.
2. **Bâtir sur pilotis :** construire une maison sur des piliers ou autres structures qui l'isolent du sol.
3. **Fumivores :** dispositifs pour évacuer la fumée.
4. **Cabinets d'aisance :** toilettes.
5. **Cloaques :** lieux insalubres, égouts.
6. **Incombustible :** qui résiste au feu.
7. **Bière :** cercueil.

QUESTIONS

1. Sur quels aspects de la vie du personnage les journaux et leurs réclames ont-ils une incidence ?
2. Quel exemple montre qu'il existe une confusion entre information et publicité ?
3. Cette « victime de la réclame » est-elle seulement guidée par son amour du progrès ? Quelles sont ses autres motivations ?
4. Que dénonce Zola dans le fonctionnement de la presse et de la publicité à la fin du XIXe siècle ?

ÉCRIRE

À votre tour, imaginez les enchaînements catastrophiques de la vie d'une victime actuelle de la presse et de la publicité.

Évaluation 1

La leçon de journalisme de Jon Stewart

Son « Daily Show », une parodie de journal télévisé où les invités politiques se bousculent, a fait du comédien l'un des « journalistes » les plus populaires des États-Unis. Interviewer corrosif, pourfendeur sarcastique du conformisme de la presse, Jon Stewart restera comme le comique de l'absurde des années Bush.

Depuis huit ans, Jon Stewart fait concurrence à la presse dans son « Daily Show » quotidien, une parodie de journal télévisé, diffusée à 23 heures sur la chaîne câblée *Comedy Central*. C'est une sorte de vrai-faux condensé des nouvelles du jour qu'il décline avec une mine entendue, histoire de souligner les contradictions et la manière des médias mainstream[1] d'absorber les vérités officielles. Les invités politiques s'y bousculent, pour cinq minutes d'interview entrecoupée des reparties du maître de cérémonie, de Bill Clinton à Barack Obama et Pervez Musharraf[2] auquel il a servi du thé, ce qui a été considéré comme trop d'égards pour un dictateur.

Selon le *Project for Excellence in Journalism*, un organisme d'étude de la presse, le « Daily Show » a appris aux Américains à « développer une pensée critique » à l'égard des médias. Jon Stewart, lui, est devenu l'égal des grands noms du journalisme. L'an dernier, le *Pew Research Center*, un autre institut réputé, a interrogé les Américains : « Quel est le journaliste que vous admirez le plus ? » Jon Stewart est arrivé en quatrième position, à égalité avec les « vrais » présentateurs de NBC, CBS et CNN. Howard Kurtz, le critique média du *Washington Post*, a voulu savoir s'il se prend pour un « vrai » journaliste. « Pas du tout, répondit Jon Stewart. C'est vous qui vous prenez pour des vrais journalistes. »

Le « Daily Show » est généralement enregistré à New York. À l'occasion des conventions démocrate et républicaine, Jon Stewart s'est expatrié et le public de province a pu assister à l'émission. À Saint Paul, les places pour le show avaient été mises en circulation en avril. En vingt minutes, le stock était écoulé. Dans le public, figurent des jeunes, principalement, mais aussi quelques notables, et des parents, comme Jeff Peterson : « Mon fils s'estime informé avec le Daily Show. Moi, j'ai quand même besoin de quelques autres sources. »

Quand Jon Stewart paraît, surprise ! L'homme est assez simple, presque timide. Il a toujours le même air consterné, comme s'il s'excusait d'être obligé de faire rire de ces choses insupportables que sont Guantanamo (il s'aide de la marionnette Gitmo), ou les écoutes téléphoniques sur des citoyens américains.

CORINE LESNES, *Le Monde*, 31 octobre 2008.

1. **Mainstream :** grand public.
2. **Pervez Musharraf :** président de la République pakistanaise de 2001 à 2008.

Compétences de lecture (10 points)

1. Qu'est-ce qui différencie cette émission d'un journal télévisé ?
2. Quel est l'intérêt de cette émission ?
3. Quels sujets d'actualité l'animateur aborde-t-il ?
4. Expliquez la phrase : « Mon fils s'estime informé avec le Daily Show. Moi, j'ai quand même besoin de quelques autres sources. »
5. À quels médias, émissions, chroniques du paysage journalistique français peut-on comparer le « Daily Show » ?

Compétences d'écriture (10 points)

Expliquez dans un paragraphe argumenté pourquoi des émissions humoristiques sur l'actualité peuvent aiguiser l'esprit critique des spectateurs et quels en sont néanmoins les dangers.

Évaluation 2

Nouveaux médias

La communication mobile constitue le point d'aboutissement d'une transformation de longue durée de l'espace public et de l'espace privé. L'espace privé est devenu le lieu principal de loisirs, de consommation de la musique et des spectacles (dits à domicile). Cet espace a lui-même éclaté en plusieurs petites cellules juxtaposées. Mais le repli sur l'espace privé ne veut pas dire la disparition de l'espace public. Déjà, dans les années cinquante, aux États-Unis, le cinéma en plein air ou *drive in* constituait un cas intéressant d'articulation entre ces deux espaces. Les adolescents sortaient leurs petites amies dans leur première voiture. Sans quitter leur automobile, ils passaient de la bulle sonore de l'autoradio à la bulle visuelle du cinéma. Aujourd'hui, le «baladeur», le téléphoniste mobile [...] transporte son espace privé avec lui. Il est dans la foule anonyme et branché sur la musique qu'il aime, il est absent de son domicile, de son bureau et en télécommunication potentielle avec le monde entier. La messagerie aussi associe espace privé et espace public, le messageur est à la fois chez lui et au milieu d'un réseau de conversations qui n'a plus d'enracinement géographique. [...] Le baladeur du XXIe siècle reste seul, il ne communique pas avec les passants mais avec des tiers connectés.

PATRICE FLICHY, *Une histoire de la communication moderne*, Éd. La Découverte, 1991.

Compétences de lecture (10 points)

1. Quels sont les nouveaux médias cités dans ce texte ?
2. Quels médias apparus depuis 1991 ne sont pas cités ? Relèvent-ils de la même analyse ?
3. Quel impact le fait de pouvoir communiquer et accéder aux médias sur la voie publique a-t-il sur la sociabilité ?
4. Pourquoi la sociabilité immédiate s'en trouve-t-elle atrophiée ?
5. Quels problèmes pose l'accès ininterrompu à l'information ?

Compétences d'écriture (10 points)

Rédigez une courte histoire dont l'argument est le suivant :
Régis monte dans une rame de métro bondée et tente de continuer à regarder une émission de télévision sur son téléphone portable. Il porte ses écouteurs et n'entend pas les commentaires des autres passagers qui peuvent suivre l'image mais sans le son.

Thématique : Arts, information, communications

Interactivité et générativité

Un nouveau mode de vie et de pensée est en train d'apparaître avec les images numériques : l'art vidéo bouscule notre traditionnel rapport au récit, l'art par ordinateur (le *Net art*) qui lui a succédé introduit des univers artificiels générant des images sur lesquelles nous pouvons agir.

NAM JUNE PAIK (1932-2006), *Pre Bell Man*, hauteur d'environ 400 cm, 2007, Francfort, Museum für Kommunikation.

Le public, récepteur d'informations

Enregistrer l'environnement visuel et sonore

Devant le musée de la poste et de la télécommunication de Francfort, se trouve un étrange chevalier dont le corps est constitué de postes de télévision. Les écrans allumés diffusent chacun une image fixe, différente. La statue a été dressée là comme signal.

Parfois, une caméra enregistre notre image, ou celle d'un passant, qui apparaîtra subrepticement sur l'un des écrans du cavalier-robot. Très sensible à son environnement, cette production, en quelque sorte, phagocyte notre image, à notre insu. Notre participation est donc obligatoire. Nous devenons lui, par l'image vidéo.

QUESTIONS

1. Quel rôle joue cette statue devant un musée ?
2. Qu'est-ce qui est réalité, qu'est-ce qui est image ?

Recueillir des informations pour nous les faire ressentir

Dans le cadre de sa série intitulée *La Mécanique des émotions*, Maurice Benayoun a consulté à distance, grâce à Internet, les sites de 3 200 villes situées dans le monde entier. Il a classé l'impression qu'ils lui fournissaient en trois types d'émotions : *excited*, *anxious*, *nervous*. Ces données ont ensuite été transférées sur un globe dégonflé de la Terre dont le relief est déterminé par ces intensités émotionnelles symbolisées par des couleurs, jaune, rouge et noir. En palpant les reliefs ainsi définis, le visiteur provoque une vibration qui génère en lui une semblable émotion. *Still Moving* signifie que ce volume inerte est encore en instance de mouvement.

QUESTION

Dans quelle mesure cette production peut-elle être revendiquée comme étant d'ordre artistique ?

MAURICE BENAYOUN (né en 1957), *Still Moving (Acte 14 de « La Mécanique des émotions »)*, 2008.

Le public, générateur d'images

S'immiscer dans une action

L'installation comprend deux écrans juxtaposés de 80 x 60 cm avec un socle situé devant. Quand nous approchons et que nous déplaçons notre main sur le socle, deux mains apparaissent sur les écrans, l'une d'homme, l'autre de femme. Ces mains s'avancent l'une vers l'autre, se touchent, s'étreignent, se caressent, tant que nous bougeons notre main. Mais arrive le moment où les mains ne répondent plus à nos sollicitations. Le temps s'arrête, l'image se fige.

QUESTION

Quelle différence établissez-vous entre la réalité et ce qu'on appelle « réalité virtuelle » ?

GRÉGORY CHATONSKY (né en 1971), *Se toucher toi*, œuvre interactive, 2004.

Transmettre un rythme

Le visiteur entre dans une salle obscure. Il branche son MP3 sur les prises mises à sa disposition. Il entend ainsi sa musique amplifiée. Apparaissent alors sur un écran des femmes, lesquelles dansent sur le rythme de la musique qu'on entend. Ces images avaient été préalablement enregistrées puis diffusées *via* Internet par de jeunes adolescentes américaines qui se sont filmées avec leur webcam ; elles ont dansé en suivant une chorégraphie très proche, en s'inspirant les unes des autres, et ont diffusé ces images sur Youtube. À présent elles semblent danser pour nous. C'est Chatonsky qui a récupéré ces vidéos. Ainsi, l'auditeur a l'impression de générer sur sa propre musique le mouvement rythmique des danseurs.

QUESTION

Dans cette installation, qui détient véritablement le pouvoir, le visiteur ou les jeunes danseuses ?

GRÉGORY CHATONSKY, *Dance with me*, ordinateur, écran LCD, mini-jack mâle, enceintes, 2007.

TICE **B2i lycée**

2.3 J'utilise les documents et les logiciels dans le respect des droits d'auteur et de propriété

Rédiger une revue de presse en utilisant des informations en ligne

1. À l'aide d'un moteur de recherche, rendez vous sur trois sites d'information en ligne (par exemple, les sites des journaux *Le Monde, Libération, Le Figaro, Le Parisien, Ouest-France*, etc. ou encore des sites de la presse quotidienne de votre région).

2. Choisissez une information traitée sur les trois sites choisis. Réunissez les différents articles et lisez-les.

3. Rédigez un paragraphe qui sera lu devant la classe. Il devra rendre compte de l'information en soulignant les éléments apportés par chacun des médias. Précisez à chaque fois le média source utilisé.

Atelier d'écriture

Journalistes et lycéens

1. Reportage vidéo

Parmi les lieux suivants de votre lycée : ateliers, gymnase, CDI, salle des profs, choisissez-en un et rédigez en quelques lignes un projet de reportage que vous pourrez présenter à votre proviseur dans le but d'obtenir l'autorisation et les moyens de réaliser ce tournage. Aidez-vous de l'exemple proposé et réutilisez dans votre propre projet les mots en gras.

Projet de reportage sur la cantine

Ce reportage nous entraîne dans les coulisses de la cantine du lycée.

Il s'ouvre sur des **gros plans** de lycéens qui disent chacun en une courte phrase ce que représente pour eux la cantine.

La **séquence suivante** est tournée dans les cuisines pendant la préparation du repas. Une **voix off** explique combien de personnes travaillent aux cuisines, à quelles heures et avec quelles missions.

Le reportage se poursuit par une **interview** du cuisinier qui explique comment il compose les menus.

La **dernière séquence** est réalisée pendant le service. Les élèves se servent et commentent leur choix. La voix off explique ce qu'on pourrait modifier pour rendre ce lieu plus populaire.

2. Interview

Vous interrogez un de vos camarades sur son projet professionnel.
1) Vous réalisez un guide d'entretien en dix questions en vous appuyant sur l'encadré ci-contre
2) Vous interrogez votre camarade en prenant des notes.
3) Vous transcrivez votre entretien et cherchez un titre approprié.
4) Vous rédigez trois ou quatre lignes d'introduction que vous insérez entre le titre et la transcription de l'entretien.

Palefrenier, une vocation réfléchie

Avant l'âge de 8 ans Adeline voulait être pâtissière et hôtesse de l'air. Puis elle a compris qu'il fallait choisir. Mais depuis, elle ne s'intéresse plus ni aux gâteaux ni aux avions, et elle a décidé de devenir palefrenier. Sa vocation a été confortée par plusieurs jobs d'été lors desquels elle a fait ses preuves. Même si elle a encore du mal à respecter des horaires stricts, elle est appréciée pour ses qualités de patience et de ténacité.

GUIDE D'ENTRETIEN

- Ses modèles dans le monde du travail
- Les métiers qu'il/elle a eu envie d'exercer enfant
- Les raisons qui l'ont attiré vers ce secteur professionnel
- Ses expériences professionnelles
- Son meilleur souvenir professionnel (stage, job d'été)
- Son pire souvenir professionnel (stage, job d'été)
- Ce qu'il/elle attend de son travail
- Ce qu'il/elle se voit faire professionnellement dans cinq/dix ans
- Sa principale qualité professionnelle
- Son pire défaut dans une situation de travail

3. Scoop au lycée

Un des événements suivants se produit dans votre lycée. Vous êtes le premier sur les lieux. Rédigez l'article qui relate l'événement de votre choix.

• Événement 1
Le maire de votre ville est venu inaugurer le nouveau gymnase. Mais il s'est trompé de date. Lorsqu'il arrive, rien n'est prêt pour le recevoir.

• Événement 2
Amélie Nothomb est venue présenter son dernier roman en compétition pour le Goncourt des lycéens. Une élève qui a particulièrement aimé son livre vient lui en parler. Mais, inhibée par sa timidité, elle ne trouve pas les mots.

• Événement 3
L'équipe d'un quotidien régional ou d'une télévision locale est venue réaliser un reportage dans le cadre de la Semaine de la presse au lycée. Ils cherchent un angle journalistique. Mais un événement inattendu se produit sur lequel ils vont pouvoir greffer leur reportage.

4. Faits divers

Listez des faits divers anodins de la vie quotidienne du lycée en donnant à ces petits textes une forme courte et percutante.

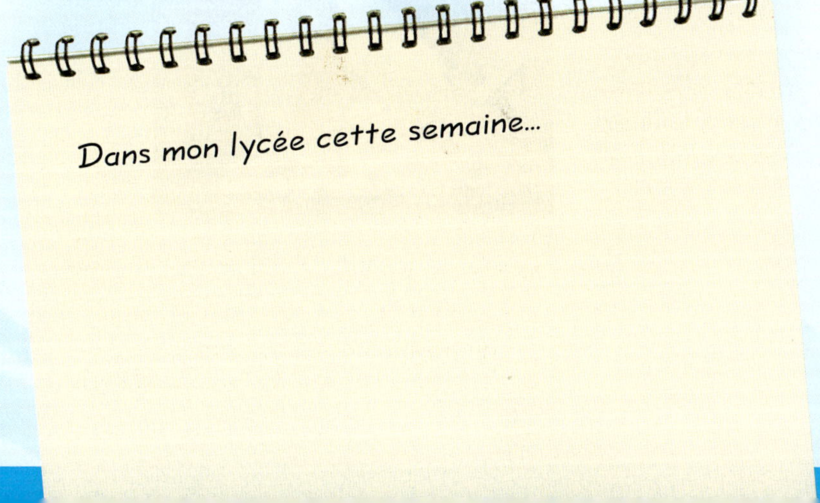

5. Chronique sportive

Vous tenez la chronique des sports dans le journal du lycée. Rédigez un article sur un des sujets ci-dessous.

a) Le parcours d'une équipe de sports collectifs de votre lycée engagée dans une compétition départementale ou régionale.
b) Portrait d'un de vos camarades qui a une pratique sportive en club en dehors du lycée.
c) Les sports préférés des élèves dans le cadre scolaire.

Si c'était chez ta grand'mère tu trouverais ça comment?

Des goûts et des couleurs, discutons-en

Les goûts varient d'une génération à l'autre. Ceux d'aujourd'hui sont-ils « meilleurs » que ceux des générations précédentes ?

Comment faire partager ses goûts dans une démarche de dialogue et de respect ?

En quoi la connaissance d'une œuvre et de sa réception aide-t-elle à former ses goûts et/ou à s'ouvrir aux goûts des autres ?

Les goûts varient d'une génération à l'autre. Ceux d'aujourd'hui sont-ils « meilleurs » que ceux des générations précédentes ?

SOMMAIRE

CAPACITÉS

- Analyser et interpréter une production artistique.
- Exprimer à l'oral et à l'écrit une impression, un ressenti, une émotion.
- Construire une appréciation esthétique à travers un échange d'opinions, en prenant en compte les goûts d'autrui.
- Situer une production artistique dans son contexte, identifier les canons qu'elle sert ou qu'elle dépasse.

ATTITUDES

- Être conscient de la subjectivité de ses goûts.
- Être curieux de différents langages artistiques.

AUDIO

Compléments sonores.

NICOLAS POUSSIN,
L'Enlèvement des Sabines, vers 1633-1634.

PABLO PICASSO,
L'Enlèvement des Sabines, 1962

Écriture d'échauffement

En 1962, Picasso « réécrit » *L'Enlèvement des Sabines* de Nicolas Poussin (1633). Quel tableau préférez-vous ? Qu'apporte cette « réécriture » à l'original ?

Qu'est-ce qu'une génération ?

Avant la lecture

Des adultes vous disent parfois : « C'est bien de votre génération ! » Que signifie cette expression ?

Le journaliste Frédéric Gaussen réfléchit à ce qui définit une génération. Il essaie de comprendre ce qui fait que toutes les personnes d'une même tranche d'âge se sentent quelque chose en commun.

Le mot « génération » peut désigner les gens ayant eu une expérience historique commune particulièrement frappante. Ainsi parle-t-on de la génération de la guerre de 1914 ou de la Résistance ou de celle de Mai 1968. On peut aussi identifier la génération à une classe d'âge : tous les gens ayant eu vingt ans dans les années 50 ou 70. On peut enfin penser à l'expérience familiale : la génération des enfants, par opposition à celle des parents et des grands-parents. Trois approches qui entraînent en fait des définitions et des contenus bien différents.

Pour qu'un événement crée une génération, il faut qu'il ait un caractère global (qu'il touche pratiquement tous les individus d'un même âge), qu'il soit assez prolongé pour avoir le temps de marquer et suffisamment éprouvant pour que chacun ait de bonnes raisons de s'en souvenir. C'est pourquoi une guerre fait particulièrement bien l'affaire. Mais ces conditions ne sont pas suffisantes. Il faut aussi que « cet événement fondateur[1] » fasse l'objet ensuite d'une célébration collective, que le souvenir en soit entretenu et magnifié. C'est l'interprétation posthume[2] de l'événement qui fait une génération, plus que l'événement lui-même. [...]

La génération à caractère sociologique est, à l'inverse, beaucoup plus vaste et englobe, à la limite, tous les individus nés à la même époque et ayant eu les mêmes expériences scolaires et enfantines. Plus tard, ils s'apercevront en effet qu'il y a entre eux une relation invisible faite du même air respiré, d'émotions partagées à l'écoute des mêmes airs, au souvenir des mêmes danses et des mêmes coiffures. « De notre temps... », c'est-à-dire lorsque nous étions jeunes ensemble, lorsqu'on vibrait aux mêmes choses, qu'on pleurait devant les mêmes visages.

FRÉDÉRIC GAUSSEN, *Le Monde*, 15 novembre 1981.

1. **Événement fondateur :** un événement qui a servi de fondement, de point de départ, de socle à des courants d'idées, à des modes, à des tendances culturelles.
2. **Posthume :** signifie « après la mort de », ici c'est l'interprétation donnée après que l'événement a eu lieu.

ATTITUDE
Être conscient de la subjectivité de ses goûts.

COMPRENDRE

1. Le terme « génération » peut recouvrir trois situations différentes. Lesquelles ?
2. Sur quoi repose la relation invisible qui relie tous ceux qui appartiennent à une même génération sociologique ?

ANALYSER

Quels événements du XXe siècle, que l'auteur ne cite pas, ont fabriqué des générations ?

ÉCRIRE

« Plus tard, ils s'apercevront en effet qu'il y a entre eux une relation invisible faite du même air respiré, d'émotions partagées à l'écoute des mêmes airs, au souvenir des mêmes danses et des mêmes coiffures. »

À partir de ces signes de ralliement, rédigez un court paragraphe dans lequel vous caractérisez votre génération, en précisant les goûts et les émotions qui vous rassemblent.

ATTITUDE
Être conscient de la subjectivité de ses goûts.

Oral

Débat : expliquer ses goûts et en discuter

CHOISIR UN RÔLE

• Choisissez un des trois rôles suivants. (Vous ne devez pas nécessairement incarner un rôle proche de votre propre sensibilité ou de vos goûts.)

1. Vous êtes un(e) « gothique ».

2. Vous êtes un(e) « emo ».

3. Vous êtes un(e) « skateur/se ».

PRÉPARER DES ARGUMENTS

1. Lisez les discours ci-dessous et choisissez ceux qui collent le mieux à votre rôle.

A Une fois l'an, vers la mi-juillet, nous nous réunissons pour un énorme pique-nique, à l'ombre des grands arbres afin de préserver ce teint pâle qui est notre signe de ralliement.

B Je ne me sens concerné ni par Tokio Hotel ni par la tektonik qu'on rattache pourtant au courant auquel j'appartiens.

C Ma tenue vestimentaire se caractérise surtout par des vêtements amples.

D Des jeunes de ma mouvance se font faire des piercings ou portent des converses à pâquerette pour montrer leur appartenance à notre groupe.

E On me prête un intérêt exclusif pour le hip-hop et le rap. En fait j'écoute aussi bien du rock et du punk.

F Je porte des vestes à clous et à piques, mais pas au lycée, parce que le règlement intérieur stipule que ça peut être dangereux.

2. Rédigez d'autres phrases qui expliquent les goûts de votre personnage et les justifient au-delà de la caricature qui en est faite par les adultes.

CONFRONTER DES POSITIONS

Formez des groupes (chaque rôle devant y être également représenté) et discutez avec vos camarades qui ont choisi les autres rôles. Essayez de leur expliquer les goûts de votre personnage et de leur faire comprendre sa vision des choses en vous appuyant sur les arguments que vous avez définis à l'étape précédente.

LECTURE

Conflits de générations : parents et enfants, quand tout les oppose

Avant la lecture

Citez des pièces de Molière que vous connaissez.

Molière (1622-1673) écrit *Le Malade imaginaire* à la fin de sa vie. Dans cette pièce qui rencontra un vif succès, il règle ses comptes avec la médecine de son temps en ridiculisant Argan qui se croit malade et s'entoure de médecins. Molière mourra sur scène en interprétant le rôle d'Argan.

Le théâtre de Molière est révélateur des conflits de générations au XVIIe siècle. Il montre que l'affrontement parents-enfants n'a rien de nouveau.
Dans *Le Malade imaginaire*, Molière dénonce la façon dont les pères imposent à leurs enfants des mariages forcés. Dans l'extrait qui suit, Argan a choisi pour Angélique, sa fille, un mari médecin, Thomas Diafoirus. Béline, la belle-mère d'Angélique, soutient son mari. Toinette, la servante, est consciente de l'injustice.

ARGAN. – M'amour, voilà le fils de monsieur Diafoirus.

THOMAS DIAFOIRUS *commence un compliment qu'il aurait étudié, et, la mémoire lui manquant, ne peut continuer* – Madame, c'est avec justice que le ciel vous a concédé le nom de belle-mère, puisque l'on voit sur votre visage…

BÉLINE. – Monsieur, je suis ravie d'être venue ici à propos, pour avoir l'honneur de vous voir.

THOMAS DIAFOIRUS. – Puisque l'on voit sur votre visage… puisque l'on voit sur votre visage… Madame, vous m'avez interrompu dans le milieu de ma période[1], et cela m'a troublé la mémoire.

MONSIEUR DIAFOIRUS. – Thomas, réservez cela pour une autre fois.

ARGAN. – Je voudrais, ma mie[2], que vous eussiez été ici tantôt.

TOINETTE. – Ah ! Madame ! vous avez bien perdu de n'avoir point été au second père, à la statue de Memnon, et à la fleur nommée héliotrope[3].

ARGAN. – Allons, ma fille, touchez dans la main de Monsieur, et lui donnez votre foi[4], comme à votre mari.

ANGÉLIQUE. – Mon père.

ARGAN. – Eh bien ! Mon père ? Qu'est-ce que cela veut dire ?

ANGÉLIQUE. – De grâce, ne précipitez pas les choses. Donnez-nous au moins le temps de nous connaître, et de voir naître en nous, l'un pour l'autre, cette inclination[5].

THOMAS DIAFOIRUS. – Quant à moi Mademoiselle, elle est déjà toute née en moi ; et je n'ai pas besoin d'attendre davantage.

ANGÉLIQUE. – Si vous êtes si prompt, Monsieur, il n'en est pas de même de moi ; et je vous avoue que votre mérite n'a pas encore assez fait d'impression dans mon âme.

ARGAN. – Oh ! bien, bien ; cela aura tout le loisir de se faire quand vous serez mariés ensemble.

ANGÉLIQUE. – Eh ! mon père, donnez-moi du temps, je vous prie. Le mariage est une chaîne où l'on ne doit jamais soumettre un cœur par force ; et, si Monsieur est honnête homme, il ne doit point vouloir accepter une personne qui serait à lui par contrainte.

THOMAS DIAFOIRUS. – Nego consequentiam[6], Mademoiselle ; et je puis être honnête homme et vouloir bien vous accepter des mains de Monsieur votre père.

ANGÉLIQUE. – C'est un méchant moyen de se faire aimer de quelqu'un, que de lui faire violence.

THOMAS DIAFOIRUS. – Nous lisons des anciens, Mademoiselle, que leur coutume était d'enlever par force, de la maison des pères, les filles qu'on menait marier, afin qu'il ne semblât pas que ce fût de leur consentement qu'elles convolaient[7] dans les bras d'un homme.

ANGÉLIQUE. – Les anciens, Monsieur, sont les anciens ; et nous sommes les gens de maintenant. Les grimaces ne sont point nécessaires dans notre siècle ; et, quand un mariage nous plaît, nous savons fort bien y aller, sans qu'on nous y traîne. Donnez-vous patience ; si vous m'aimez, Monsieur, vous devez vouloir tout ce que je veux.

1. **Période :** discours, phrase.
2. **Ma mie :** ma chère.
3. Toinette fait allusion ironiquement au compliment ridicule que Thomas Diafoirus a présenté à Angélique dans la scène précédente pour lui demander sa main.
4. **Donnez votre foi :** donnez votre engagement.
5. **Inclination :** sentiment amoureux.
6. Expression en latin qui signifie : Je conteste ce raisonnement.
7. **Convolaient :** se mariaient.
8. ***Distinguo* :** faisons la distinction, ***concedo* :** je reconnais, ***nego* :** je conteste. Thomas Diafoirus s'exprime en latin comme il est d'usage chez les médecins qui masquent leur incompétence par une apparence d'érudition.
9. **Frais émoulu :** sort tout juste.
10. **Il vous donnera toujours votre reste :** il aura toujours le dernier mot.

Les affrontements sont souvent violents entre parents et enfants. Dans le théâtre de Molière, Les enfants sont soumis aux ambitions de leurs parents.

THOMAS DIAFOIRUS. – Oui, Mademoiselle, jusqu'aux intérêts de mon amour exclusivement.

ANGÉLIQUE. – Mais la grande marque d'amour, c'est d'être soumis aux volontés de celle qu'on aime.

THOMAS DIAFOIRUS. – *Distinguo*, Mademoiselle : dans ce qui ne regarde point sa possession, *concedo*, mais dans ce qui la regarde, *nego*[8].

TOINETTE. – Vous avez beau raisonner ; Monsieur est frais émoulu[9] du collège ; et il vous donnera toujours votre reste[10]. Pourquoi tant résister, et refuser la gloire d'être attachée au corps de la Faculté ?

BÉLINE. – Elle a peut-être quelque inclination en tête.

ANGÉLIQUE. – Si j'en avais, Madame, elle serait telle que la raison et l'honnêteté pourraient me la permettre.

ARGAN. – Ouais ! je joue ici un plaisant personnage !

MOLIÈRE, *Le Malade imaginaire*, acte II, scène 6.

Le Malade imaginaire, mise en scène de Gildas Bourdet, Théâtre de la Criée, Marseille, 2001.

À RETENIR

La comédie est, à l'origine, un genre théâtral qui a pour principale visée le **divertissement** du public. Les personnages caricaturaux qu'elle met en scène font rire par leurs ridicules.

À l'époque classique, au XVIIe siècle, le genre prend ses distances avec les extravagances de **la farce** et met en scène des situations plus réalistes. Les **comédies de caractère** décryptent les défauts humains (l'avarice, l'hypocondrie, la prétention, la misanthropie).

Les **comédies de mœurs** dénoncent les travers de l'organisation sociale (la famille, l'éducation, la place de la religion, l'inefficacité de la médecine).

CAPACITÉ

Exprimer à l'oral et à l'écrit une impression, un ressenti, une émotion.

COMPRENDRE

1. Pourquoi Angélique refuse-t-elle de se marier ?
2. Pourquoi Argan lui a-t-il choisi ce mari ?
3. En quoi Thomas Diafoirus aggrave-t-il la situation ?
4. Expliquez la phrase : « Le mariage est une chaîne où l'on ne doit jamais soumettre un cœur par la force. »

ÉCRIRE

Dans un court paragraphe, exposez votre sentiment dominant à la lecture de cette scène (amusement, indignation, étonnement, sympathie pour tel ou tel personnage, etc.), et développez des arguments pour faire comprendre votre ressenti.

Une génération novatrice : la Pléiade

Avant la lecture

Qu'est-ce qu'être novateur, à votre avis ?

Dans son histoire littéraire en bande dessinée, Catherine Meurisse croque la Pléiade.

CATHERINE MEURISSE, *Mes hommes de lettres*, Éd. Sarbacane, 2008.

CAPACITÉ

Situer une production artistique dans son contexte, identifier les canons qu'elle sert ou qu'elle dépasse.

COMPRENDRE

1. Trouvez des mots de la famille de « manifeste » et expliquez-les.
2. Quelles idées le manifeste de la Pléiade contient-il ?
3. Comment peut-on justifier le titre du manifeste ?

ANALYSER

Quelle différence faut-il faire entre la digestion et l'imitation des textes de l'Antiquité (vignette 5) ?

ÉCRIRE

Créez cinq mots composés nouveaux et employez-les dans un paragraphe afin d'en faire comprendre le sens.

À RETENIR

Aux périodes de rupture dans l'histoire littéraire et culturelle, les écrivains et les artistes rédigent souvent des textes dans lesquels ils expliquent leur conception créative, montrent ce qu'elle a de nouveau et parfois contestent leurs prédécesseurs.
Ces textes sont des manifestes littéraires.

La Pléiade

▪ Qu'est-ce que la Pléiade ?

La Pléiade est un groupe de poètes humanistes, grands lecteurs de poésie antique et défenseurs de la langue française, qui ont traduit des textes antiques et écrit leurs propres œuvres en français.

▪ Comment s'est créée cette école littéraire ?

Quatre jeunes poètes et amis, qui avaient suivi ensemble les cours du professeur Dorat, décidèrent de former un groupe pour défendre leurs idées et leurs textes. Leur chef, Pierre de Ronsard, créa la « Brigade » en 1549. En 1553, trois autres poètes se joignant au groupe, celui-ci prit le nom de la constellation aux sept étoiles : la Pléiade.

▪ Quelles formes poétiques seront défendues par la Pléiade ?

Les deux formes poétiques préférées des poètes de La Pléiade sont l'ode et le sonnet. Composée sans contraintes formelles de strophes rythmées, l'ode célèbre les dieux, les hommes ou l'amour. Pratiquée par les auteurs grecs et latins, elle avait disparu quand Ronsard la fait entrer dans la littérature française, détrônant la chanson héritée du Moyen Âge.

Le sonnet, quant à lui, répond à des normes plus précises. Très en vogue au XVIe siècle, il est pratiqué par les poètes de la Pléiade à la suite des poètes de la Renaissance italienne.

Étienne Jodelle

Pontus de Tyard

Pierre de Ronsard

Joachim Du Bellay entend prouver que la nouveauté de la poésie de la Pléiade vient du retour aux auteurs antiques dont elle imite la créativité. Le but de la Pléiade est d'élever la langue française au rang des langues littéraires comme le latin, le grec ou le toscan.

Lis donc et relis premièrement, ô Poète futur, feuillette de main nocturne et diurne[1] les exemplaires grecs et latins : puis me laisse toutes ces vieilles poésies françaises [...]. [...] Chante-moi ces Odes, inconnues encore de la muse[2] française [...]. Garde[3] que ce genre de poème soit éloigné du vulgaire, enrichi et illustré de mots propres et épithètes non oisifs [...]. Sonne-moi ces beaux Sonnets, non moins docte[4] que plaisante invention italienne, conforme de nom à l'Ode et différente d'elle seulement pour ce que le Sonnet a certains vers réglés et limités ; et l'Ode peut courir par toutes manières de vers librement.

DU BELLAY, *Défense et Illustration de la langue française*, 1549, extrait du chapitre 4 du Livre II.

1. **Feuillette de main nocturne et diurne :** lis jour et nuit.
2. **Muse :** inspiration.
3. **Garde :** veille.
4. **Docte :** savante.

Retrouvez les différents aspects de la doctrine de la Pléiade dans cet extrait.

LES POÈTES DE LA PLÉIADE

Antoine de Baïf

Rémy Belleau

Jaochim Du Bellay

Rupture et renouvellement : les réécritures

Ridan réécrit « Heureux qui, comme Ulysse »

Joachim Du Bellay (1522-1560) fit un voyage en Italie en 1553 qu'il vécut comme un exil douloureux. Après avoir célébré la beauté et le prestige de Rome, il laissa libre cours à sa nostalgie dans des poèmes qu'il regroupa en 1558 sous le titre *Les Regrets*. « Heureux qui, comme Ulysse... » est un des plus émouvants poèmes du recueil et le plus connu.

Texte 1

En 2007, le chanteur Ridan réécrit et met en musique le poème de Joachim Du Bellay, « Heureux qui comme Ulysse ». Dans le texte de la chanson, ci-dessous, les vers du sonnet d'origine apparaissent en bleu.

Heureux qui, comme Ulysse, a fait un beau voyage,
Ou comme cestui-la[1] qui conquit la toison[2],
Et puis est retourné plein d'usage[3] et raison,
Vivre entre ses parents le reste de son âge !

Quand reverrai-je, hélas, de mon petit village,
Fumer la cheminée et en quelle saison

Mais quand reverrai-je, de mon petit village fumer la cheminée
[et en quelle saison,
Mais quand reverrai-je ?

Reverrai-je le clos de ma pauvre maison,
Qui m'est une province, et beaucoup davantage ?

Plus me plaît le séjour[4] qu'ont bâti mes aïeux,
Que des palais romains le front audacieux ;

Plus que le marbre dur me plaît l'ardoise fine,
Plus mon Loire Gaulois que le Tibre latin[5],
Plus mon petit Liré[6], que le mont Palatin[7],
Et plus que l'air marin la douceur angevine.

Mais quand reverrai-je, de mon petit village fumer la cheminée
[et en quelle saison,
Mais quand reverrai-je ?

J'ai traversé les mers à la force de mes bras,
Seul contre les Dieux, perdu dans les marées
Retranché dans une cale, et mes vieux tympans percés,
Pour ne plus jamais entendre les sirènes et leurs voix.

Nos vies sont une guerre où il ne tient qu'à nous
De nous soucier de nos sorts, de trouver le bon choix,
De nous méfier de nos pas, et de toute cette eau qui dort,
Qui pollue nos chemins, soi-disant pavés d'or.

Mais quand reverrai-je, de mon petit village, fumer la cheminée
[et en quelle saison, mais quand reverrai-je ?
Mais quand reverrai-je ?

DU BELLAY, « Heureux qui, comme Ulysse », in *Les Regrets* ;
RIDAN, « Ulysse », in *L'Ange de mon démon*.

1. **Cestui-là :** celui-là.
2. Il s'agit du héros de l'antiquité Jason, qui conquit la Toison d'or
3. **Usage :** expérience
4. **Le séjour :** la demeure
5. **Tibre :** fleuve qui coule à Rome.
6. **Liré :** petite ville du Maine-et-Loire où naquit Joachim Du Bellay.
7. **Mont Palatin :** une des collines de Rome, ville où Du Bellay écrivit ce poème.

Ridan, de son vrai nom, Nadir Konidri, est un chanteur français qui a d'abord été rappeur. Il raconte le quotidien dans ses chansons poétiques et désenchantées. Le chanteur Georges Brassens avait, avant Ridan, déjà réécrit et mis en musique ce sonnet.

CAPACITÉ

Analyser et interpréter une production artistique.

COMPRENDRE

1. Lisez le sonnet de Du Bellay inséré dans la chanson de Ridan.
2. Qu'ajoute Ridan à ce poème ? Quelles nouvelles étapes terminent la chanson ?

ANALYSER

À quoi voit-on que le sonnet de Du Bellay est dominé par la nostalgie (étudiez les mots et les expressions ainsi que le rythme du poème) ?

ÉCRIRE

Emparez-vous du sonnet de Du Bellay et proposez-en une réécriture. Vous pouvez, comme Ridan, conserver la totalité du poème et le prolonger ou glisser votre texte entre les vers du sonnet, ou ne conserver qu'une partie des vers d'origine.

Lexique

Les antonymes

À RETENIR

On appelle antonymes des mots de sens contraire (beau/laid ; utile/inutile ; adroit/maladroit). Ils s'expriment par des substantifs, des adjectifs, mais aussi des expressions formées à partir de comparaisons. Pour donner l'antonyme d'un mot, il faut tenir compte de sa nature grammaticale. Un nom aura pour antonyme un nom ou un groupe nominal, un adjectif, un adjectif, un verbe un autre verbe.

Exercice 1

Trouvez l'antonyme de chacun des mots suivants.

affreux / agréable / aimable / gentil / poli / délicieux / grand / suave / maigre / répugnant

Exercice 2

a) Soulignez, dans ce texte, les expressions exprimant l'idée d'utilité ou d'inutilité.
b) Démontrez l'utilité ou l'inutilité d'un objet de la vie quotidienne, en employant notamment les mots et expressions du texte.
c) Relevez les termes péjoratifs du texte.

Rien de ce qui est beau n'est indispensable à la vie. On supprimerait les fleurs, le monde n'en souffrirait pas matériellement ; qui voudrait cependant qu'il n'y eût plus de fleurs ? Je renoncerais plutôt aux pommes de terre qu'aux roses, et je crois qu'il n'y a qu'un utilitaire au monde capable d'arracher une plate-bande de tulipes pour y planter des choux. À quoi sert la beauté des femmes ? Pourvu qu'une femme soit médicalement bien conformée, en état de faire des enfants, elle sera toujours assez bonne pour des économistes. À quoi bon la musique ? à quoi bon la peinture ? Qui aurait la folie de préférer Mozart à M. Carrel, et Michel-Ange à l'inventeur de la moutarde blanche ? Il n'y a de vraiment beau que ce qui ne peut servir à rien ; tout ce qui est utile est laid, car c'est l'expression de quelque besoin, et ceux de l'homme sont ignobles et dégoûtants, comme sa pauvre et infirme nature. L'endroit le plus utile d'une maison, ce sont les latrines.

GAUTIER, *Mademoiselle de Maupin*, 1835.

Temple de Baalbek.

Termes péjoratifs, termes mélioratifs

À RETENIR

Lorsque l'on formule une appréciation sur quelqu'un ou quelque chose, on peut avoir un point de vue positif ou négatif.

Pour exprimer un point de vue négatif, on utilise des termes péjoratifs.

Pour exprimer un point de vue positif, on utilise des termes mélioratifs.

Ces termes peuvent être des adjectifs, des adverbes, des verbes, etc.

Exercice 3

Classez les mots suivants selon qu'ils contiennent ou non un sens péjoratif.

faiblard / boulevard / bavard / criard / brancard / renard / léopard / geignard / charognard / binoclard

Exercice 4

À partir des mots suivants, formez des mots ayant une valeur négative. Utilisez des suffixes péjoratifs : aille, âtre, asse.

brun / papier / mère / blond / vert / gris / bleu

Exercice 5

Poursuivez cette description en utilisant des termes mélioratifs pour qualifier les montagnes, la côte méditerranéenne, les villages isolés, les coteaux verdoyants, le climat et l'hospitalité des habitants.

Quant au temple de Baalbek, je ne croyais pas qu'on pût être amoureux d'une colonnade : c'est pourtant vrai. Il faut dire que cette colonnade a l'air d'être en vermeil ciselé, à cause de la couleur des pierres et du soleil. [...] Nous sommes restés huit jours à Esdoud, au milieu du Liban, chez les lazaristes. Les cèdres ne valent pas leur réputation : ils tombent de vieillesse et sont trop peu nombreux. Mais le Liban n'est pas assez vanté. C'est aussi beau que les Pyrénées et sous un ciel d'Orient.

Rupture et renouvellement : les réécritures

Raymond Queneau réécrit Ronsard

Avant la lecture

Pour qui les poètes et les chanteurs écrivent-ils le plus souvent ?

Pierre de Ronsard (1524-1585) est un des plus grands poètes du XVIe siècle. Auteur d'épopée, de poèmes lyriques, il est l'un des représentants de La Pléiade.

Le *Sonnet pour Hélène* de Ronsard évoque la brièveté de la vie. C'est un thème fréquent dans la poésie de Ronsard et des autres auteurs de la Pléiade.

Texte 2 — Sonnet pour Hélène

Quand vous serez bien vieille, au soir à la chandelle,
Assise auprès du feu, dévidant[1] et filant,
Direz, chantant mes vers en vous émerveillant :
« Ronsard me célébrait du temps que j'étais belle ! »

Lors vous n'aurez servante oyant[2] telle nouvelle,
Déjà sous le labeur à demi sommeillant,
Qui au bruit de mon nom ne s'aille réveillant,
Bénissant votre nom de louange[3] immortelle.

Je serai sous la terre, et, fantôme sans os,
Par les ombres myrteux[4] je prendrai mon repos ;
Vous serez au foyer une vieille accroupie,

Regrettant mon amour et votre fier dédain.
Vivez, si m'en croyez, n'attendez à demain :
Cueillez dès aujourd'hui les roses de la vie.

RONSARD, *Sonnets pour Hélène* (II, 43), 1578.

1. **Dévidant :** déroulant le fil.
2. **Oyant :** entendant.
3. **Louange :** éloge, compliment.
4. **Myrteux :** le myrte est un arbre méditerranéen.

Histoire d'amour sans paroles, enluminure datant du XVIe siècle.

Raymond Queneau (1903-1976) est un poète, romancier et auteur dramatique, cofondateur de l'Oulipo. Parmi ses nombreux écrits, on peut citer *Le Chiendent* (1933), *Zazie dans le métro* (1959) qui fut adapté au cinéma, *Les Fleurs bleues* (1965) ou encore *Exercices de style* (1947).

L'Oulipo (Ouvroir de littérature potentielle) est un courant littéraire qui a regroupé depuis les années 1960 des écrivains partageant le goût de l'expérimentation lexicale, linguistique et littéraire. Parmi les jeux les plus célèbres des oulipiens, on peut citer des poèmes mots croisés pouvant se lire dans tous les sens.

Raymond Queneau propose en 1948 une réécriture du célèbre sonnet de Ronsard. La chanteuse Juliette Gréco l'a rendue célèbre dans les années 1950.

Texte 3 — Si tu t'imagines

Si tu t'imagines
si tu t'imagines
fillette fillette
si tu t'imagines
xa va xa va xa
va durer toujours
la saison des za
la saison des za
saison des amours
ce que tu te goures
fillette fillette
ce que tu te goures

Si tu crois petite
si tu crois ah ah
que ton teint de rose
ta taille de guêpe
tes mignons biceps
tes ongles d'émail
ta cuisse de nymphe[1]
et ton pied léger
si tu crois petite
xa va xa va xa
va durer toujours
ce que tu te goures
fillette fillette
ce que tu te goures
les beaux jours s'en vont
les beaux jours de fête
soleils et planètes
tournent tous en rond
mais toi ma petite
tu marches tout droit
vers sque tu vois pas
très sournois s'approchent
la ride véloce[2]
la pesante graisse
le menton triplé
le muscle avachi
allons cueille cueille
les roses les roses
roses de la vie
et que leurs pétales
soient la mer étale
de tous les bonheurs
allons cueille cueille
si tu le fais pas
ce que tu te goures
fillette fillette
ce que tu te goures

RAYMOND QUENEAU, *L'Instant fatal*, Gallimard, 1948.

PABLO PICASSO, *La Femme qui pleure*, 1905, Galerie nationale de Victoria, Melbourne.

1. **Nymphe :** déesse.
2. **Véloce :** rapide.

CAPACITÉ
Analyser et interpréter une production artistique.

COMPRENDRE

1. Que signifie l'expression « cueillir les roses de la vie » ?
2. Quels effets la leçon de vie donnée par Ronsard doit-elle avoir sur Hélène ? Queneau a-t-il les mêmes objectifs concernant la jeune fille à qui il s'adresse ?
3. La description du vieillissement est différente dans les deux poèmes. Expliquez les différences.
4. Quelles différences de forme voyez-vous entre les poèmes ? Ressentez-vous les mêmes émotions à leur lecture ? Développez votre réponse.

ÉCRIRE

À votre tour écrivez un poème ou des paroles de chanson dont le refrain sera : « Cueillez dès aujourd'hui les roses de la vie. »

Rupture et renouvellement : les réécritures

La Fontaine réécrit Ésope

Ésope est un écrivain grec qui vécut au VIe siècle avant Jésus-Christ. Il fut le premier à écrire des fables.

Texte 4

Jean de La Fontaine, inspiré par Ésope, s'affranchit peu à peu de son modèle.

LE LION ET LE RAT RECONNAISSANT

Un lion dormait ; un rat s'en vint trottiner sur son corps. Le lion, se réveillant, le saisit, et il allait le manger, quand le rat le pria de le relâcher, promettant, s'il lui laissait la vie, de le payer de retour. Le lion se mit à rire et le laissa aller. Or il arriva que peu de temps après il dut son salut à la reconnaissance du rat. Des chasseurs en effet le prirent et l'attachèrent à un arbre avec une corde. Alors le rat l'entendant gémir accourut, rongea la corde et le délivra. « Naguère[1], dit-il tu t'es moqué de moi, parce que tu n'attendais pas de retour de ma part ; sache maintenant que chez les rats aussi on trouve de la reconnaissance. »
Cette fable montre que dans les changements de fortune les gens les plus puissants ont besoin des faibles.

ÉSOPE, *Fables* (VIe siècle av. J.-C.).

1. **Naguère :** autrefois.

Texte 5

LE LION ET LE RAT

Entre les pattes d'un lion
Un rat sortit de terre assez à l'étourdie[1].
Le roi des animaux, en cette occasion,
Montra ce qu'il était, et lui donna la vie.
Ce bienfait ne fut pas perdu.
Quelqu'un aurait-il jamais cru
Qu'un lion d'un rat eût affaire ?
Cependant il advint qu'au sortir des forêts
Ce lion fut pris dans des rets[2],
Dont ses rugissements ne le purent défaire.
Sire rat accourut, et fit tant par ses dents
Qu'une maille rongée emporta tout l'ouvrage.

Patience et longueur de temps
Font plus que force ni que rage.

LA FONTAINE, *Fables*, 1668.

Jean de La Fontaine (1621-1695) est connu pour ses *Fables*, composées entre 1668 et 1693. Elles mettent en scène avec humour la société du XVIIe siècle, et en particulier les mœurs de la cour.

1. **À l'étourdie :** sans précaution.
2. **Rets :** filet pour piéger les animaux.

À RETENIR

La **fable** est un récit en vers ou en prose qui met en scène, le plus souvent, les animaux incarnant les travers humains dont l'auteur veut montrer les dangers.
La fable formule une **morale** qui peut être présentée au début ou à la fin de texte.

CAPACITÉ
Analyser et interpréter une production artistique.

COMPRENDRE

1. Quelles différences remarquez-vous entre ces deux fables ?
2. Quels vers montrent la noblesse du lion chez La Fontaine ? Pourquoi le fabuliste a-t-il campé son personnage de la sorte ?
3. Que signifie la morale de La Fontaine, « Patience et longueur de temps, / Font plus que force ni que rage » ? Comment est-elle préparée par le récit ?
4. Des deux morales proposées, laquelle vous semble plus adaptée à l'histoire ?

ÉCRIRE

À votre tour écrivez une reprise de cette fable en l'adaptant à une situation actuelle, dont la morale sera : « Patience et longueur de temps
Font plus que force ni que rage. »

Comparaison et connecteurs d'analogie

À RETENIR

La comparaison permet d'établir, sur la base d'un point commun, un rapprochement entre deux choses, personnes, etc. afin de souligner leur ressemblance ou leur différence.
Pour faire une comparaison, on a besoin des éléments suivants : le compare, le comparant, l'élément commun et un mot-outil ou connecteur d'analogie.

Exemple :	*Il est*	*fort*	*comme*	*un bison*
	LE COMPARÉ	ÉLÉMENT COMMUN	OUTIL	LE COMPARANT

Les connecteurs d'analogie

Exercice 1

a) Listez quelle relation (ressemblance, différence, supériorité, infériorité) les connecteurs ci-dessous permettent d'exprimer.
b) Rédigez quatre phrases de votre invention, chacune illustrant l'une de ces relations.

Connecteurs : Comme... / Semblable à... / Moins que... / À la différence de... / Au contraire de... / Pareil à... / Davantage que... / Autant que...

Ressemblance : ....

Différence : ....

Supériorité : ....

Infériorité : ....

Exercice 2

Complétez les phrases avec les connecteurs de la liste suivante (plusieurs réponses sont possibles).

Autrement – plus – comme – à l'instar – de la même manière – moins – à l'image – aussi – telle

1. Ses lèvres remuaient silencieusement ... s'il continuait de se parler à lui-même.
2. Son travail avait commencé ... qu'il ne s'y attendait en acceptant le poste.
3. Dans son attitude, il y avait ... de vie et de force qu'on en trouvait chez les autres.
4. Sur cette photo, tu vois la chambre ... que je l'ai quittée voici vingt ans.
5. Certains prétendent qu'il faut rester dans la province où nos pères sont restés, et vivre ... qu'ils ont vécu.
6. À la fin du banquet, il leva son verre de vin, ... d'une coupe de champagne.
7. Sa conduite est irréfléchie, ... de celle de son père.
8. Il est ... insupportable que l'était son père ; mais il est nettement ... beau que l'était ce dernier.

Exercice 3

Réécrivez ces phrases de manière à établir le rapport de comparaison qui s'impose. Vous prendrez soin de varier les mots de comparaison (plus ... que / aussi ... que / on aurait dit que ...).

Exemple : Il tient à elle ; on croirait que c'est la prunelle de ses yeux. → Il tient à elle comme à la prunelle de ses yeux.

1. Les émissions télévisées de cet automne étaient variées ; celles de l'année précédente l'étaient moins.
2. Ce site historique est exceptionnel ; je l'avais imaginé ainsi.
3. La course exige beaucoup d'efforts ; la natation en exige autant.
4. Il a travaillé pour obtenir son examen ; un forçat travaillerait autant.

La comparaison

Exercice 4

Lorsque certaines comparaisons sont entrées dans l'usage, on parle de « clichés ». Reliez les deux colonnes du tableau afin de former des clichés.

1. Fort comme un... •	• ... arracheur de dents
2. Pâle comme un... •	• ... pou
3. Mentir comme un... •	• ... singe
4. Jaloux comme un... •	• ... Turc
5. Bête comme une... •	• ... couleuvre
6. Heureux comme un... •	• ... lavabo
7. Paresseux comme une... •	• ... oie
8. Malin comme un... •	• ... poisson dans l'eau

Exercice 5

a) Soulignez les mots ou expressions permettant de faire des comparaisons.
b) Analysez-les en repérant le comparé, le comparant, le mot outil et l'élément commun.

Le pain

La surface du pain est merveilleuse d'abord à cause de cette impression quasi panoramique qu'elle donne : comme si l'on avait à sa disposition sous la main les Alpes, le Taurus ou la Cordillère des Andes [...].
Ce lâche et froid sous-sol que l'on nomme la mie a son tissu pareil à celui des éponges : feuilles ou fleurs y sont comme des sœurs siamoises soudées par tous les coudes à la fois [...].
Mais brisons-la : car le pain doit être dans notre bouche moins objet de respect que de consommation.

FRANCIS PONGE, « Le pain », in *Le Parti pris des choses*, 1942.

Le théâtre classique, un renouveau fondé sur des règles strictes

Le choix de Rodrigue

Pierre Corneille (1606-1684) s'affirme dès ses premières pièces comme un dramaturge de grand talent. Il excelle aussi bien dans la comédie (*L'Illusion comique*) que dans la tragi-comédie (*Le Cid*). Apprécié du public et de la cour, il connaît le succès avec *Horace*, *Cinna* ou encore *Polyeucte*. À la fin de sa vie, sa gloire décline et la rivalité qui l'oppose à Racine montre que son théâtre n'est désormais plus totalement du goût du public.

Texte 1

***Le Cid* est une tragi-comédie dont les protagonistes sont Chimène et Rodrigue. Ils s'aiment mais la rivalité entre leurs pères oblige Rodrigue à provoquer le père de Chimène en duel.**
Dans la scène 6 de l'acte I, le jeune homme hésite encore avant ce combat, fatal à son amour.

Percé jusques au fond du cœur
D'une atteinte[1] imprévue aussi bien que mortelle,
Misérable vengeur d'une juste querelle,
Et malheureux objet d'une injuste rigueur[2],
Je demeure immobile, et mon âme abattue
Cède au coup qui me tue.
Si près de voir mon feu[3] récompensé,
Ô Dieu ! l'étrange peine !
En cet affront mon père est l'offensé,
Et l'offenseur le père de Chimène !

Que je sens de rudes combats !
Contre mon propre honneur, mon amour s'intéresse[4] :
Il faut venger un père, et perdre une maîtresse ;
L'un m'anime le cœur, l'autre retient mon bras.
Réduit au triste choix, ou de trahir ma flamme[5],
Ou de vivre en infâme,
Des deux côtés mon mal est infini.
Ô Dieu ! l'étrange peine !
Faut-il laisser un affront impuni ?
Faut-il punir le père de Chimène ?

Père, maîtresse, honneur, amour,
Noble et dure contrainte, aimable tyrannie,
Tous mes plaisirs sont morts, ou ma gloire ternie :
L'un me rend malheureux, l'autre indigne du jour.
Cher et cruel espoir d'une âme généreuse,
Mais ensemble amoureuse,
Digne ennemi de mon plus grand bonheur,
Fer[6], qui causes ma peine,
M'es-tu donné pour venger mon honneur ?
M'es-tu donné pour perdre ma Chimène ?

CORNEILLE, *Le Cid*, acte I, scène 6, 1636.

1. **Atteinte :** épreuve.
2. **Une injuste rigueur :** un sort injuste.
3. **Feu :** amour.
4. **Mon amour s'intéresse :** l'intérêt de mon amour est contraire à celui de mon honneur.
5. **Flamme :** passion.
6. **Fer :** épée.

À RETENIR

La **tragi-comédie** est un genre qui rencontre un grand succès jusqu'au XVIIe siècle.
Elle met en scène des amours contrariés et des aventures haletantes, riches en péripéties. Elle mêle les bouffonneries de la **comédie** et la farce à la cruauté et à la violence de la **tragédie**.
La tragi-comédie ne survivra pas à l'époque classique et à ses règles. La distinction entre comédie et tragédie s'impose.

CAPACITÉ

Situer une production artistique dans son contexte, identifier les canons qu'elle sert ou qu'elle dépasse.

COMPRENDRE

1. Pourquoi Rodrigue est-il confronté à un choix impossible ?
2. Dans quel sens semble-t-il néanmoins pencher ? Justifiez votre réponse.
3. Relevez le vocabulaire amoureux dans cette tirade. Que remarquez-vous ?

ÉCRIRE

Que doit faire Rodrigue ? Répondez en justifiant précisément votre choix.

Le théâtre classique

Histoire littéraire

Qu'est-ce qu'être classique ?

« Classique » est un adjectif détourné au XIXe siècle pour qualifier le XVIIe siècle. Mais les auteurs de l'époque ne savent pas qu'ils seront des classiques et se voient comme des novateurs qui défendent des valeurs de morale et de mesure.

Quand fleurit le classicisme ?

Le XVIIe siècle est le siècle du classicisme. En marge de ce courant dominant s'écrivent également des œuvres dictées par la fantaisie et la passion (baroque) ou précieuses (maniérisme).

Pourquoi le théâtre est-il l'art privilégié du classicisme ?

Louis XIV, grand amateur de spectacles, protège les hommes de théâtre. Pour lui plaire, les dramaturges écriront des œuvres construites et mesurées. D'autre part, les auteurs redécouvrent le théâtre de l'Antiquité grecque.

Dans son *Art poétique*, écrit en 1674, Boileau définit trois règles qui caractérisent une pièce classique.

- La règle des trois unités : la pièce doit se dérouler dans un seul lieu, pendant une seule journée et ne comporter qu'une intrigue.
- La règle de vraisemblance : tout ce qui se passe sur scène doit être possible.
- La règle de bienséance : on ne présente pas de scènes choquantes pour la morale ou par leur violence.

Qu'en un lieu, qu'en un jour, un seul fait accompli
Tienne jusqu'à la fin le théâtre rempli.
Jamais au spectateur n'offrez rien d'incroyable :
Le vrai peut quelquefois n'être pas vraisemblable. […]
Mais il est des objets que l'art judicieux
Doit offrir à l'oreille et reculer des yeux.

BOILEAU, *Art poétique*, Chant III, 1674.

Retrouvez pour chaque règle l'extrait du texte qui l'énonce.

Représentation théâtrale à Versailles, aquarelle du XVIIe siècle. Paris. Bibliothèque nationale.

TROIS DRAMATURGES CLASSIQUES

Pierre Corneille (1606-1684) débute son œuvre en 1629, bien avant l'ère classique et le règne de Louis XIV. Son œuvre maîtresse, *Le Cid* (1636) ne répond pas aux critères résumés par Boileau et sera sévèrement critiquée, mais ses œuvres suivantes (*Cinna*, 1641) sont des modèles du genre.

Molière (1622-1673), après des débuts tumultueux, reçut la protection royale lui permettant d'écrire et de représenter ses œuvres dans de bonnes conditions. Inspirées de la farce, ses pièces comiques ne respectent pas toujours la règle de bienséance, mais sont de facture classique.

Jean Racine (1639-1699) a écrit des tragédies dans la tradition du théâtre de la Grèce antique : chaque action est noble et la fatalité plane au-dessus des têtes humaines. Ses œuvres sont les meilleures représentantes du théâtre classique (*Andromaque*, 1667 ; *Phèdre*, 1677).

Le théâtre classique, un renouveau fondé sur des règles strictes

Phèdre, le tragique à son comble

Avant la lecture

Cherchez qui est Thésée dans la mythologie grecque. Qui sont ses parents ? Quel est son exploit le plus célèbre ?

Jean Racine (1639-1699) exploite à merveille le huis clos de l'unité de lieu, la tension décuplée par l'unité d'action et les enchaînements implacables et précipités voulus par l'unité de temps. Son théâtre pousse les passions à leur paroxysme et met à nu les sentiments.

Phèdre, mise en scène de P. Adrien. Cartoucherie, théâtre de la tempête, 2006.

Texte 2

Dans *Phèdre*, l'héroïne, épouse de Thésée et belle-mère d'Hippolyte, voue à ce dernier un amour qui la ronge et qu'elle finit par avouer au jeune homme. Thésée croit qu'il a été trahi par son fils. Il le chasse et le maudit, appelant sur lui la colère du dieu de la mer, Neptune.
Dans cet extrait, Théramène, le précepteur d'Hippolyte, vient raconter la mort du jeune homme.

À peine nous sortions des portes de Trézène[1],
Il était sur son char ; ses gardes affligés
Imitaient son silence, autour de lui rangés ;
Il suivait tout pensif le chemin de Mycènes[2] ;
Sa main sur les chevaux laissait flotter les rênes
Ses superbes coursiers[3], qu'on voyait autrefois
Pleins d'une ardeur si noble obéir à sa voix,
L'œil morne maintenant, et la tête baissée,
Semblaient se conformer à sa triste pensée.
Un effroyable cri, sorti du fond des flots,
Des airs en ce moment a troublé le repos ;
Et, du sein de la terre, une voix formidable[4]
Répond en gémissant à ce cri redoutable.
Jusqu'au fond de nos cœurs notre sang s'est glacé ;
Des coursiers attentifs le crin s'est hérissé.
Cependant, sur le dos de la plaine liquide,
S'élève à gros bouillons une montagne humide ;
L'onde approche, se brise, et vomit à nos yeux,
Parmi des flots d'écume, un monstre furieux.
Son front large est armé de cornes menaçantes ;
Tout son corps est couvert d'écailles jaunissantes
Indomptable taureau, dragon impétueux,
Sa croupe se recourbe en replis tortueux ;
Ses longs mugissements font trembler le rivage.
Le ciel avec horreur voit ce monstre sauvage ;
La terre s'en émeut[5], l'air en est infecté ;
Le flot qui l'apporta recule épouvanté.
Tout fuit ; et, sans s'armer d'un courage inutile,
Dans le temple voisin chacun cherche un asile.
Hippolyte lui seul, digne fils d'un héros,
Arrête ses coursiers, saisit ses javelots,
Pousse[6] au monstre, et d'un dard lancé d'une main sûre,
Il lui fait dans le flanc une large blessure.
De rage et de douleur le monstre bondissant
Vient aux pieds des chevaux tomber en mugissant,
Se roule, et leur présente une gueule enflammée
Qui les couvre de feu, de sang et de fumée.
La frayeur les emporte ; et, sourds à cette fois,
Ils ne connaissent plus ni le frein ni la voix ;
En efforts impuissants leur maître se consume,
Ils rougissent le mors d'une sanglante écume.
On dit qu'on a vu même, en ce désordre affreux,
Un dieu qui d'aiguillons pressait leur flanc poudreux[7].
À travers les rochers la peur les précipite,
L'essieu crie et se rompt : l'intrépide Hippolyte
Voit voler en éclats tout son char fracassé ;
Dans les rênes lui-même, il tombe embarrassé[8].

1. **Trézène** est un sanctuaire.
2. **Mycènes :** une cité de la Grèce antique.
3. **Coursiers :** chevaux.
4. **Formidable :** terrifiante.
5. **S'en émeut** : est ébranlée.
6. **Pousse :** s'élance vers le monstre.
7. **Poudreux :** couvert de poussière.
8. **Embarrassé :** emprisonné.

Le personnage tragique est en proie à des conflits intérieurs ou à des passions impossibles. Il se sent aussi souvent victime d'une fatalité qui pèse sur sa vie.

Excusez ma douleur : cette image cruelle
Sera pour moi de pleurs une source éternelle.
J'ai vu, seigneur, j'ai vu votre malheureux fils
Traîné par les chevaux que sa main a nourris.
Il veut les rappeler, et sa voix les effraie ;
Ils courent : tout son corps n'est bientôt qu'une plaie.
De nos cris douloureux la plaine retentit.
Leur fougue impétueuse enfin se ralentit ;
Ils s'arrêtent non loin de ces tombeaux antiques
Où des rois ses aïeux sont les froides reliques.
J'y cours en soupirant, et sa garde me suit.
De son généreux sang la trace nous conduit ;
Les rochers en sont teints, les ronces dégouttantes
Portent de ses cheveux les dépouilles sanglantes.
J'arrive, je l'appelle ; et, me tendant la main,
Il ouvre un œil mourant qu'il referme soudain.

RACINE, *Phèdre*, acte V, scène 6, 1677.

PETER PAUL RUBENS,
La Mort d'Hippolyte,
vers 1611. Cambridge,
The Filzwilliam Museum.

À RETENIR

La **tragédie classique** repose sur des **règles** strictes.
L'**action** suit un seul fil dont découle tout ce qui est montré sur scène.
Tout se passe en **24 heures** et en **un seul lieu**. Tout ce qui est montré doit être **vraisemblable**. Rien ne doit **heurter la sensibilité** des spectateurs. Les scènes de violence ne sont donc pas montrées, elles peuvent être racontées.

CAPACITÉ

Situer une production artistique dans son contexte, identifier les canons qu'elle sert ou qu'elle dépasse.

COMPRENDRE

1. À quoi voit-on qu'Hippolyte est victime de la malédiction de son père qui a appelé sur lui la colère du Dieu de la mer, Neptune ?
2. En quoi Hippolyte se conduit-il de façon héroïque ?
3. Ce récit permet-il de respecter la règle de l'unité de lieu ? Pourquoi ? À quelles autres règles du théâtre classique cette scène se plie-t-elle ?

ÉCRIRE

Racontez cette scène du point de vue d'Hippolyte. Imaginez ses sentiments, ses pensées au moment de l'affrontement.

Le théâtre classique, un renouveau fondé sur des règles strictes

Andromaque, un enchaînement implacable

Avant la lecture
Définissez la règle de l'unité de temps.

Jean Racine (1639-1699) écrit *Andromaque* en 1667. Cette pièce obtient, dès sa création, un immense succès, qui ne s'est jamais démenti.

Avec *Andromaque*, Racine utilise un procédé auquel il sera fidèle : la pièce débute juste avant le dénouement de l'intrigue. Il limite ainsi les péripéties et parvient à respecter parfaitement la règle des trois unités.

Texte 3

Oreste aime Hermione, qui aime Pyrrhus, qui aime Andromaque, qui aime Hector, qui est mort.
Dans la scène suivante, Hermione demande à Oreste de tuer Pyrrhus qui s'apprête à épouser Andromaque. Oreste hésite.

HERMIONE

[…]
Mais, si vous me vengez, vengez-moi dans une heure.
Tous vos retardements sont pour moi des refus.
Courez au temple. Il faut immoler[1]…

ORESTE

Qui ?

HERMIONE

Pyrrhus.

ORESTE

Pyrrhus, Madame ?

HERMIONE

Hé quoi ? votre haine chancelle ?
Ah ! courez, et craignez que je ne vous rappelle.
N'alléguez[2] point des droits que je veux oublier ;
Et ce n'est pas à vous à le justifier.

ORESTE

Moi, je l'excuserais ? Ah ! vos bontés, Madame,
Ont gravé trop avant ses crimes dans mon âme.
Vengeons-nous, j'y consens[3], mais par d'autres chemins :
Soyons ses ennemis, et non ses assassins.
[…]

HERMIONE

Ne vous suffit-il pas que je l'ai condamné ?
Ne vous suffit-il pas que ma gloire offensée
Demande une victime à moi seul adressée ;
Qu'Hermione est le prix d'un tyran opprimé[4] ;
Que je le hais ; enfin, seigneur, que je l'aimais ?
Je ne m'en cache point : l'ingrat m'avait su plaire,
Soit qu'ainsi l'ordonnât mon amour ou mon père,
N'importe ; mais enfin réglez-vous là-dessus.
Malgré mes vœux, seigneur, honteusement déçus,
Malgré la juste horreur que son crime me donne,
Tant qu'il vivra, craignez que je ne lui pardonne.
Doutez jusqu'à sa mort d'un courroux[5] incertain :
S'il ne meurt aujourd'hui, je puis l'aimer demain.

ORESTE

Hé bien ! il faut le perdre, et prévenir sa grâce ;
Il faut… Mais cependant que faut-il que je fasse ?
Comment puis-je sitôt servir votre courroux ?
Quel chemin jusqu'à lui peut conduire mes coups ?
À peine suis-je encore arrivé en Épire,
Vous voulez par mes mains renverser un empire ;
Vous voulez qu'un roi meure ; et pour son châtiment
Vous ne donnez qu'un jour, qu'une heure, qu'un moment ;
Aux yeux de tout son peuple il faut que je l'opprime !

1. **Immoler :** tuer, sacrifier.
2. **Alléguez :** invoquez.
3. **Consens :** accepte.
4. **Un tyran opprimé :** un roi tyrannique assassiné.
5. **Courroux :** colère, fureur.
6. **Constance :** courage.
7. **Hymen :** mariage.

Laissez-moi vers l'autel conduire ma victime,
Je ne me défends plus ; et je ne veux qu'aller
Reconnaître la place où je dois l'immoler :
Cette nuit je vous sers, cette nuit je l'attaque.

HERMIONE

Mais, cependant, ce jour, il épouse Andromaque ;
Dans le temple déjà le trône est élevé,
Ma honte est confirmée, et son crime achevé.
Enfin qu'attendez-vous ? Il vous offre sa tête :
Sans gardes, sans défenses, il marche à cette fête ;
Autour du fils d'Hector il les fait tous ranger ;
Il s'abandonne au bras qui me voudra venger.
[…]
Allez : en cet état soyez sûr de mon cœur.

ORESTE

Mais, madame, songez…

HERMIONE

Ah ! c'en est trop, seigneur.
Tant de raisonnements offensent ma colère.
J'ai voulu vous donner les moyens de me plaire,
Rendre Oreste content ; mais enfin je vois bien
Qu'il veut toujours se plaindre et ne mériter rien.
Partez : allez ailleurs vanter votre constance[6],
Et me laissez ici le soin de ma vengeance.
De mes lâches bontés mon courage est confus ;
Et c'est trop en un jour d'essuyer de refus.
Je m'en vais seule au temple, où leur hymen[7] s'apprête,
Où vous n'osez aller mériter ma conquête.
Là, de mon ennemi je saurai m'approcher ;
Je percerai le cœur que je n'ai pu toucher.
Et mes sanglantes mains, sur moi-même tournées,
Aussitôt, malgré lui, joindront nos destinées ;
Et, tout ingrat qu'il est, il me sera plus doux
De mourir avec lui que de vivre avec vous.

ORESTE

Non, je vous priverai de ce plaisir funeste,
Madame : il ne mourra que de la main d'Oreste.
Vos ennemis par moi vont vous être immolés,
Et vous reconnaîtrez mes soins, si vous voulez.

HERMIONE

Allez. De votre sort laissez-moi la conduite,
Et que tous vos vaisseaux soient prêts pour notre fuite.

RACINE, *Andromaque*, acte IV, scène 3.

Agathe Rouiller interprétant Hermione dans une mise en scène de J.-L. Martinelli. Théâtre national de Strasbourg, 1997.

CAPACITÉ
Situer une production artistique dans son contexte, identifier les canons qu'elle sert ou qu'elle dépasse.

COMPRENDRE

1. Oreste demande une journée de répit pour reconnaître les lieux avant d'agir. Pourquoi Hermione refuse-t-elle ?
2. Comment l'auteur pourra-t-il respecter la règle de l'unité de lieu et la règle de bienséance si Oreste tue Pyrrhus au temple ?

ÉCRIRE

Dans une dernière tentative, Oreste essaie de convaincre Hermione que l'assassinat de Pyrrhus n'est pas nécessaire. Dans un développement en deux paragraphes, vous donnerez deux arguments s'opposant au meurtre.

Une génération en rupture

CAPACITÉ
Situer une production artistique dans son contexte.

La Fureur de vivre

***La Fureur de vivre* (1955), filmé par Nicholas Ray, fut l'un des plus grands succès du cinéma américain des années 1950. Ce succès repose sur la peinture très juste du malaise de la jeunesse américaine et sur le charisme de l'acteur, qui incarne le rôle principal, James Dean.**

La Fureur de vivre est un des films qui exprimait le mieux le trouble de l'adolescence américaine. Ce film fixa sous les traits de James Dean le type de la génération sauvage (*wild generation*) : son vêtement (blouson noir et blue jeans) devint dans de nombreux pays l'uniforme idéal. Quand l'acteur se tua en auto, bien des jeunes gens furent aussi bouleversés que leurs mères après la mort de Valentino[1].
Avec ce « rebelle sans cause » le film apportait l'accablante description d'une famille américaine aisée, l'évocation saisissante d'une course d'autos à la mort, et une séquence dans un planetarium où la peur atomique[2] était donnée comme une cause de la fureur de vivre.

GEORGES SADOUL, *Histoire du cinéma mondial*, Éd. Flammarion, 1963.

1. **Valentino :** décédé à 31 ans, Rudolf Valentino, acteur américain d'origine italienne (1895-1926), fut la première idole masculine du cinéma hollywoodien.
2. **Peur atomique :** après l'explosion de la bombe atomique à la fin de la Deuxième Guerre mondiale à Hiroshima puis à Nagasaki, le monde se lance dans une course à l'armement qui fait peser la menace d'une apocalypse nucléaire, rendue plausible par l'affrontement entre le bloc occidental et le bloc communiste.

QUESTION
Pourquoi la tenue de James Dean est-elle devenue un uniforme planétaire ?

Jim Stark (joué par l'acteur James Dean) au centre, personnage principal du film.

Confronté à son père, Jim refuse toute communication.

Arrêté pour ivresse, c'est en prison que Jim rencontre Judy, qui appartient à une bande de jeunes à la dérive.

•—QUESTIONS SUR LES PHOTOS

1. Qu'évoquent ces trois photos ?
2. En quoi sont-elles représentatives du mode de vie et du malaise adolescents ?

Affiche américaine. Le titre anglais était : *Rebel Without a Cause* (Un rebelle sans cause)

•—QUESTIONS SUR LES AFFICHES

1. Comparez le titre français et le titre anglais du film. Lequel vous semble le plus adapté au propos de ce film qui décrit le malaise d'une génération ?
2. Choisissez celle de ces affiches qui vous plaît le plus et exprimez les sentiments qu'elle vous inspire.

Comment faire partager ses goûts dans une démarche de dialogue et de respect ?

SOMMAIRE

CAPACITÉS

- Analyser et interpréter une production artistique.
- Exprimer à l'oral et à l'écrit une impression, un ressenti, une émotion.
- Construire une appréciation esthétique à travers un échange d'opinions, en prenant en compte les goûts d'autrui.
- Situer une production artistique dans son contexte, identifier les canons qu'elle sert ou qu'elle dépasse.

ATTITUDES

- Être conscient de la subjectivité de ses goûts.
- Être curieux de différents langages artistiques.

AUDIO

Compléments sonores.

Écriture d'échauffement

Les deux jeunes filles ont un avis différent sur cette exposition. Rédigez leur dialogue.

Le beau est bien relatif

François Marie Arouet dit Voltaire (1694-1778) est un philosophe et un écrivain qui contribua aux combats des Lumières, cette contestation intellectuelle qui fut un des éléments déclencheurs de la Révolution française.
Il est célèbre pour ses contes, ses *Lettres philosophiques* et son *Dictionnaire philosophique*.

Voltaire, écrivain, philosophe et polémiste, fait de son *Dictionnaire philosophique*, une arme de combat contre l'intolérance.
Dans le passage ci-dessous, il définit la beauté et en montre surtout la relativité.

Demandez à un crapaud ce que c'est que la beauté, le grand beau, le *to kalon*[1]. Il vous répondra que c'est sa crapaude avec deux gros yeux ronds sortant de sa petite tête, une gueule large et plate, un ventre jaune, un dos brun. [...] Consultez enfin les philosophes, ils vous répondront par du galimatias[2] ; il leur faut quelque chose de conforme à l'archétype[3] du beau en essence[4], au *to kalon*.

J'assistais un jour à une tragédie auprès d'un philosophe. « Que cela est beau ! disait-il. – Que trouvez-vous là de beau ? lui dis-je. – C'est, dit-il, que l'auteur a atteint son but. » Le lendemain il prit une médecine qui lui fit du bien. « Elle a atteint son but, lui dis-je ; voilà une belle médecine ! » Il comprit qu'on ne peut pas dire qu'une médecine est belle, et que pour donner à quelque chose le nom de *beauté*, il faut qu'elle vous cause de l'admiration et du plaisir. Il convint que cette tragédie lui avait inspiré ces deux sentiments, et que c'était là le *to kalon*, le beau.

Nous fîmes un voyage en Angleterre : on y joua la même pièce, parfaitement traduite ; elle fit bâiller tous les spectateurs. « Oh, oh ! dit-il, le *to kalon* n'est pas le même pour les Anglais et pour les Français. » Il conclut, après bien des réflexions, que le beau est souvent très relatif, comme ce qui est décent au Japon est indécent à Rome, et ce qui est de mode à Paris ne l'est pas à Pékin ; et il s'épargna la peine de composer un long traité sur le beau.

VOLTAIRE, *Dictionnaire philosophique*, 1764.

1. **Le *to kalon* :** le beau, en grec.
2. **Galimatias :** discours embrouillé, incompréhensible.
3. **L'archétype :** le modèle original.
4. **Essence :** nature profonde du beau.

***Le Dictionnaire philosophique* est un prolongement de la collaboration de Voltaire à l'*Encyclopédie* de Diderot et d'Alembert. Jugeant l'*Encyclopédie* trop ambitieuse et trop longue dans sa conception, Voltaire s'attelle au *Dictionnaire* dans lequel il regroupe des analyses morales, philosophiques et politiques.**

CAPACITÉ
Être conscient de la subjectivité de ses goûts.

COMPRENDRE
1. Quelle idée le crapaud se fait-il du beau ?
2. Pourquoi les philosophes ne peuvent-ils expliquer clairement l'idée du beau ?
3. À quelle définition du beau Voltaire et le philosophe s'arrêtent-ils ?

ANALYSER
Pourquoi Voltaire juge-t-il important de relativiser l'idée du beau ?

ÉCRIRE
Décrivez un objet, un vêtement, ou une œuvre d'art que vous trouvez beau/belle. Expliquez pourquoi il/elle vous cause « de l'admiration et du plaisir ».

ATTITUDE
Construire une appréciation esthétique à travers un échange d'opinions, en prenant en compte les goûts d'autrui.

Oral

Débat : confronter ses goûts et les faire partager

A

B

C

D

E

F

DÉFINIR LE CINÉPHILE QUE VOUS ÊTES

1. Parmi les affiches proposées, quelle est celle qui correspond à votre genre de film préféré ?
2. Notez trois arguments qui vous font aimer ce genre.
3. Citez enfin le ou les films du genre que vous préférez en justifiant votre choix.

DÉFENDRE SES GOÛTS

Formez un groupe avec trois camarades qui aiment chacun un genre de film différent. Présentez à tour de rôle vos arguments de façon à faire comprendre vos goûts et à comprendre les goûts de vos camarades.

GROUPEMENT DE TEXTES (A)

Défendre son point de vue...
sur une pièce de théâtre

Avant la lecture

Renseignez-vous sur la pièce de Racine, *Phèdre*.
Qui sont les protagonistes ?

Jean-Michel Ribes est né en 1946. Auteur et metteur en scène de théâtre il a aussi écrit des scénarios de cinéma et réalisé des films. Il a ainsi fait de sa dernière pièce, *Musée haut musée bas*, un film sorti en 2008.

Texte 1

Dans « Tragédie », Jean-Michel Ribes met aux prises un mari et sa femme, Jean-Claude et Louise, qui viennent d'assister à une représentation de *Phèdre*, de Racine. Le rôle titre est interprété par Simone, la sœur de Louise. À la fin du spectacle, Louise demande à son mari de l'accompagner en coulisses pour féliciter l'actrice.

Théâtre sans animaux, mise en scène de Jean-Michel Ribes, théâtre Tristan Bernard.

JEAN-CLAUDE. – Un homme qui n'a pas hurlé pendant cette représentation ne peut pas dire bravo, Louise ! Quand je pense que j'ai supporté ce supplice sans broncher, comme un lâche, sans rien dire, pendant très exactement deux cent vingt-trois minutes et dix-sept secondes !

LOUISE. – Ah oui ! ça j'ai vu, tu l'as regardée ta montre !

JEAN-CLAUDE. – Tout le temps ! À un moment j'ai même cru qu'elle s'était arrêtée, pendant sa longue tirade avec le barbu[1], le mari, ça n'avançait plus. Je me suis dit, la garce elle nous tient, huit cents personnes devant elle, coincées dans leur fauteuil, elle nous a bloqué les aiguilles pour que ça dure plus longtemps ! Je ne sais pas comment j'ai tenu, je ne sais pas...

LOUISE. – Oui, enfin n'exagère pas, tu n'es pas mort.

JEAN-CLAUDE. – Non, c'est vrai... et tu sais pourquoi, Louise ? parce que je me suis mis à répéter sans arrêt un mot, un seul mot, un mot magique : entracte ! ENTRACTE ! Mais il n'est jamais venu, jamais ! Cinq actes sans une seconde d'interruption, Louise, tu appelles ça la civilisation !

1. **Barbu :** Thésée, mari de Phèdre et roi d'Athènes, représenté souvent comme un homme mûr, barbu.

LOUISE. – Quinze ans d'attente, Jean-Claude, quinze ans que Simone attend d'entrer à la Comédie-Française ! ça y est, c'est fait, elle est engagée ! Et miracle, on lui offre le rôle dont elle rêve depuis toujours ! Ce soir pour la première fois de sa vie elle vient de jouer *Phèdre* dans le plus prestigieux théâtre d'Europe, et toi, son beau-frère, tu refuses de lui dire « bravo », juste un petit bravo ! Qu'est-ce que tu es devenu ? un animal ?

JEAN-CLAUDE. – Elle vient de jouer *Phèdre* pour la première fois de sa vie ? Tu te moques ou quoi ? Et le jour de notre mariage, tu as oublié peut-être ? Elle en a déclamé un morceau en plein milieu du repas, comme ça, sans prévenir personne, même qu'après les enfants ont pleuré et qu'aucun invité n'a voulu danser et que mon père a gueulé sur le tien ! Elle nous a foutu une ambiance de merde avec sa vocation et ses alexandrins !

JEAN-MICHEL RIBES, in « Tragédie », *Théâtre sans animaux,* Actes Sud Papier, 2001.

Théâtre sans animaux, mise en scène de Jean-Michel Ribes, théâtre Tristan Bernard.

CAPACITÉ

Construire une appréciation esthétique à travers un échange d'opinions, en prenant en compte les goûts d'autrui.

COMPRENDRE

1. Que reproche Jean-Claude à sa belle-sœur ?
2. Aux yeux de Louise, pourquoi sa sœur mérite-t-elle des félicitations ?
3. L'échange entre Louise et Jean-Claude nous permet-il de nous faire une idée juste de la qualité du spectacle ?
4. En quoi le dernier argument de Jean-Claude montre-t-il sa mauvaise foi ?

ÉCRIRE

Rédigez un dialogue entre deux personnes qui échangent leurs points de vue sur un film qu'elles ont vu, sans s'écouter ni tenir compte des arguments développés par chacun.

Défendre son point de vue…
sur une œuvre d'art

Avant la lecture

Dans quel domaine culturel (musique, cinéma, jeux vidéos, littérature, etc.) ou de la vie quotidienne êtes-vous sensible à la mode ?

Jean de La Bruyère (1645-1696), écrivain français, grand observateur du monde et de la cour. Il écrivit *Les Caractères*, série de portraits, parfois cruels, et de réflexions sur la société de son temps.

Dans ses *Caractères*, le moraliste La Bruyère croque les travers de ses contemporains. Dans « De la mode », il montre comment le goût est au XVIIe siècle soumis à des influences qui n'ont rien à voir avec la sensibilité et les émotions de l'amateur d'art.

Texte 2

« Vous voulez, ajoute Démocède, voir mes estampes ? » et bientôt il les étale et vous les montre. Vous en rencontrez une qui n'est ni noire, ni nette, ni dessinée, et d'ailleurs moins propre à être gardée dans un cabinet qu'à tapisser, un jour de fête, le Petit-Pont ou la rue Neuve : il convient qu'elle est mal gravée, plus mal dessinée ; mais il assure qu'elle est d'un Italien qui a travaillé peu, qu'elle n'a presque pas été tirée, que c'est la seule qui soit en France de ce dessin, qu'il l'a achetée très cher, et qu'il ne la changerait pas pour ce qu'il a de meilleur. »

LA BRUYÈRE, « De la mode », *Les Caractères*, 1688.

Texte 3

Dans sa pièce *Art*, écrite en 1998, Yasmina Reza met en scène un petit groupe d'amis. Serge vient d'acquérir un tableau dont il est très fier. Il le montre à son ami Marc.

Yasmina Reza a écrit des romans mais elle est surtout connue pour ses pièces de théâtre, *Conversation après un enterrement* et *Art*. Sa dernière pièce, *Les Dieux du carnage* a été jouée en 2008.

Marc, seul.

MARC. – Mon ami Serge a acheté un tableau.
C'est une toile d'environ un mètre soixante sur un mètre vingt, peinte en blanc. Le fond est blanc et si on cligne des yeux, on peut apercevoir de fins liserés blancs transversaux. Mon ami Serge est un ami depuis longtemps. C'est un garçon qui a bien réussi, il est médecin dermatologue et il aime l'art.
Lundi, je suis allé voir le tableau que Serge a acquis samedi mais qu'il convoitait depuis plusieurs mois.
Un tableau blanc, avec des liserés blancs.

Chez Serge.
Posée à même le sol, une toile blanche, avec de fins liserés blancs transversaux.
Serge, réjoui, regarde son tableau.
Marc regarde le tableau.
Serge regarde Marc qui regarde le tableau.
Un long temps où tous les sentiments se traduisent sans mot.

MARC. – Cher ?
SERGE. – Deux cent mille[1].
MARC. – Deux cent mille ?…
SERGE. – Handtington me le reprend à vingt-deux.
MARC. – Qui est-ce ?
SERGE. – Handtington ?!
MARC. – Connais pas.
SERGE. – Handtington ! La galerie Handtington !
MARC. – La galerie Handtington te le reprend à vingt-deux ?…
SERGE. – Non, pas la galerie. Lui. Handtington lui-même. Pour lui.
MARC. – Et pourquoi c'est pas Handtington qui l'a acheté ?
SERGE. – Parce que tous ces gens ont intérêt à vendre à des particuliers. Il faut que le marché circule.

1. Deux cent mille francs : 30 000 euros.

MARC. – Ouais…

SERGE. – Alors ?

MARC. – …

SERGE. – Tu n'es pas bien là. Regarde-le d'ici. Tu aperçois les lignes ?

MARC. – Comment s'appelle le…

SERGE. – Peintre. Antrios.

MARC. – Connu ?

SERGE. – Très. Très ! *(Un temps.)*

MARC. – Serge, tu n'as pas acheté ce tableau deux cent mille francs ?

SERGE. – Mais mon vieux, c'est le prix. C'est un Antrios !

MARC. – Tu n'as pas acheté ce tableau deux cent mille francs ?

SERGE. – J'étais sûr que tu passerais à côté.

MARC. – Tu as acheté cette merde deux cent mille francs ?!

YASMINA REZA, *Art*, Éd. Albin Michel, 1994.

Mark Rothko, *Violet, vert, rouge*, 1951.
Coll. particulière.

Art, mise en scène de Patrice Kerbrat, théâtre Hébertot, Paris, 1998.

CAPACITÉ

Construire une appréciation esthétique à travers un échange d'opinions, en prenant en compte les goûts d'autrui.

COMPRENDRE

1. Dans le texte 1, pourquoi Démocède tient-il à son estampe ?
2. Dans le texte 2, pourquoi Serge aime-t-il son tableau ? Ses arguments vous paraissent-ils convaincants ? Sur quels autres points son argumentation pourrait-elle porter ?
3. Comparez les arguments de Serge et de Démocède : que remarquez-vous ?
4. Le dialogue entre Marc et Serge porte-t-il uniquement sur des goûts esthétiques ? Que cache cette dispute ?

ÉCRIRE

Marc s'est emballé pour le tableau ci-dessus. Il écrit à Serge pour lui en vanter les qualités. Veillez à respecter dans ce que vous lui faites dire ce que nous savons de Marc.

Défendre son point de vue…

sur sa propre création

Dans *L'École des femmes*, Molière critique les mœurs de son temps : il y a mis en scène un homme qui, pour s'assurer de la fidélité de sa femme, l'a choisie à l'âge de quatre ans et l'a enfermée dans un couvent.

Texte 4

Malgré le succès de sa pièce *L'École des femmes*, Molière fut l'objet de très nombreuses attaques, venant d'adversaires de ses thèses sur le mariage ou de ceux qui jugeaient que la comédie n'est pas une forme littéraire noble.
Pour se défendre, Molière eut l'idée d'écrire *La Critique de l'École des femmes*, une pièce dans laquelle il donne la parole à ses détracteurs et à ceux qui l'ont soutenu.
La scène se passe dans le salon d'un des personnages, Uranie.

LYSIDAS. – Molière est bien heureux, Monsieur, d'avoir un protecteur aussi chaud que vous. Mais enfin, pour venir au fait, il est question de savoir si sa pièce est bonne, et je m'offre d'y montrer partout cent défauts visibles.

URANIE. – C'est une étrange chose de vous autres Messieurs les poètes, que vous condamniez toujours les pièces où tout le monde court, et ne disiez jamais du bien que de celles où personne ne va. Vous montrez pour les unes une haine invincible, et pour les autres une tendresse qui n'est pas concevable.

DORANTE. – C'est qu'il est généreux de se ranger du côté des affligés[1].

URANIE. – Mais de grâce, Monsieur Lysidas, faites-nous voir ces défauts dont je ne me suis point aperçue.

LYSIDAS. – Ceux qui possèdent Aristote et Horace[2] voient d'abord, Madame, que cette comédie pèche contre toutes les règles de l'art.

URANIE. – Je vous avoue que je n'ai aucune habitude avec ces Messieurs-là, et que je ne sais point les règles de l'art.

DORANTE. – Vous êtes de plaisantes[3] gens avec vos règles, dont vous embarrassez les ignorants et nous étourdissez tous les jours. Il semble à vous ouïr[4] parler, que ces règles de l'art soient les plus grands mystères du monde ; et cependant ce ne sont que quelques observations aisées[5], que le bon sens a faites sur ce qui peut ôter le plaisir que l'on prend à ces sortes de poèmes ; et le même bon sens qui a fait autrefois ces observations les fait aisément tous les jours sans le secours d'Horace et d'Aristote. Je voudrais bien savoir si la grande règle de toutes les règles n'est pas de plaire, et si une pièce de théâtre qui a attrapé son but n'a pas suivi un bon chemin. Veut-on que tout un public s'abuse sur ces sortes de choses, et que chacun ne soit pas juge du plaisir qu'il y prend ?

MOLIÈRE, *La Critique de l'École des femmes*, scène 6, 1663.

1. **Affligés :** malheureux.
2. **Aristote et Horace :** théoriciens de la littérature à l'époque antique.
3. **Plaisantes :** étonnantes.
4. **Ouïr :** entendre.
5. **Aisées :** évidentes.

L'École des femmes, mise en scène R. Santon, théâtre Sylvia Montfort, 2002.

CAPACITÉ

Construire une appréciation esthétique à travers un échange d'opinions, en prenant en compte les goûts d'autrui.

COMPRENDRE

1. De quoi Uranie s'étonne-t-elle ?
2. Sur quoi repose la critique de Lysidas ?
3. Quelle est selon Dorante la fonction du théâtre ?
4. La première réplique d'Uranie est-elle toujours d'actualité dans l'appréciation qui est portée aujourd'hui sur les pièces de théâtre, les films, les œuvres musicales ?

ÉCRIRE

Certains films grand public plaisent au spectateur mais pas aux critiques (exemple : *Bienvenue chez les Ch'tis*). Expliquez pourquoi.

L'adhésion et le refus

À RETENIR

L'adhésion et **le refus** sont deux attitudes contraires dans une situation de débat. Dans le premier cas, des valeurs, opinions ou attitudes sont partagées ; dans le second, elles sont jugées inacceptables, et combattues en tant que telles.

Exercice 1

Les verbes suivants expriment-ils l'adhésion ou le refus ? Répartissez-les en deux listes. Puis employez-les dans une phrase avec la préposition qui convient.

Verbes : a) acquiescer ; b) approuver ; c) réfuter ; d) admettre ; e) s'opposer ; f) souscrire ; g) être d'accord ; h) nier ; i) contrecarrer ; j) s'entendre

Prépositions : à / avec / ø / contre

Exercice 2

Pour chacune de ces expressions, indiquez si elle indique l'adhésion ou le refus ; rattachez-la ensuite à sa définition

1. Miner un argument
2. Souscrire
3. Être du même bord
4. Battre en brèche
5. Combattre pied à pied
6. Abonder dans le même sens

A. Soutenir par ses propos l'avis de quelqu'un.
B. Partager un avis avec quelqu'un.
C. Adhérer à un avis
D. Réfuter méthodiquement une idée ou une opinion
E. Prouver qu'un argument est faux
F. Réfuter énergiquement une idée ou une opinion

Exercice 3

Classez les expressions suivantes, en commençant par le niveau de langue le plus élevé pour finir par celle qui appartient au niveau de langue le plus bas.

1. Être en bonne intelligence avec quelqu'un
2. Être copain comme cochon avec quelqu'un
3. Être cul et chemise avec quelqu'un
4. Être d'accord avec quelqu'un
5. Être du même bord que quelqu'un
6. Être complice avec quelqu'un

Exercice 4

a) Dans le texte suivant, soulignez les expressions où apparaît l'expression de l'adhésion ou du refus.
b) Remplacez les « dit oui » et « dit non » par des verbes exprimant l'adhésion ou le refus.
c) Comparez le texte avec votre réécriture. Que remarquez-vous ?

ANTIGONE. – Vous êtes odieux !
CRÉON. – Oui, mon petit. C'est le métier qui le veut. Ce qu'on peut discuter, c'est s'il faut le faire ou ne pas le faire. Mais si on le fait, il faut le faire comme cela.
ANTIGONE. – Pourquoi le faites-vous ?
CRÉON. – Un matin, je me suis réveillé roi de Thèbes. Et Dieu sait si j'aimais autre chose dans la vie que d'être puissant...
ANTIGONE. – Il fallait dire non, alors !
CRÉON. – Je le pouvais. Seulement, je me suis senti tout d'un coup comme un ouvrier qui refusait un ouvrage. Cela ne m'a pas paru honnête. J'ai dit oui.
ANTIGONE. – Eh bien, tant pis pour vous. Moi, je n'ai pas dit « oui » ! Qu'est-ce que vous voulez que cela me fasse, à moi, votre politique, votre nécessité, vos pauvres histoires ? Moi, je peux dire « non » encore à tout ce que je n'aime pas et je suis seul juge. Et vous, avec votre couronne, avec vos gardes, avec votre attirail, vous pouvez seulement me faire mourir parce que vous avez dit « oui ».

JEAN ANOUILH, *Antigone*, Éd. Table ronde, 1944.

La querelle des Anciens et des Modernes

Ce que nous devons aux Anciens

Avant la lecture

Citez une pièce de théâtre du XVIIe siècle dont le sujet est inspiré par l'Antiquité.

Texte 1

Jean de La Fontaine écrit cet *Épître*[1] *à Huet*[2] en 1687. Il attaque indirectement Charles Perrault qui vient de prononcer un discours à l'Académie dans lequel il remettait en cause la supériorité de la littérature de l'Antiquité grecque sur la littérature française du XVIIe siècle.

[...] Qui de nous aujourd'hui
S'égale aux anciens, tant estimés chez lui ?
Tel est mon sentiment, tel doit être le vôtre.
Mais, si votre suffrage[3] en entraîne quelque autre,
Il ne fait pas la foule, et je vois des auteurs
Qui, plus savants que moi, sont moins admirateurs.
Si vous les en croyez, on ne peut sans faiblesse
Rendre hommage aux esprits de Rome et de la Grèce.
« Craindre ces écrivains ! On écrit tant chez nous !
La France excelle aux arts, ils y fleurissent tous [...]
Dieu n'aimerait-il plus à former des talents ?
Les Romains et les Grecs sont-ils seuls excellents ? »
Ces discours sont fort beaux, mais fort souvent frivoles[4] :
Je ne vois point l'effet répondre à ces paroles,
Et, faute d'admirer les Grecs et les Romains,
On s'égare en voulant tenir d'autres chemins.

LA FONTAINE, *Épître à Huet*, 1687.

1. **Épître :** lettre en vers.
2. **Pierre Huet (1630-1721)** est alors évêque de Soissons, grand lecteur des Anciens et écrivant des poèmes en latin.
3. **Suffrage :** avis.
4. **Frivoles :** superficiels.

CHARLES LE BRUN, *L'Entrée d'Alexandre à Babylone*, 1673, Paris, musée du Louvre. C'est Louis XIV qui est glorifié sous les traits du prestigieux conquérant grec. La composition soigneusement étudiée reprend le dessin d'un bas-relief romain.

CAPACITÉ

Situer une production artistique dans son contexte, identifier les canons qu'elle sert ou qu'elle dépasse.

COMPRENDRE

1. Qui prononce les paroles écrites entre guillemets ?
2. Que reproche La Fontaine aux discours qu'il cite vers 13 à 16 ?

ÉCRIRE

Réécrivez ce texte sous forme de lettre (sans vers) en ajoutant la présentation et les formules manquantes, en modifiant la forme des phrases et le vocabulaire si vous le jugez nécessaire, mais sans en changer le sens.

La querelle des Anciens et des Modernes

▪ Qu'est-ce que la querelle des Anciens et des Modernes ?

Toutes les générations connaissent une querelle entre « Anciens » pratiquant le culte du passé et « Modernes » rejetant la tradition. Celle que l'on nomme « querelle des Anciens et des Modernes » marque une étape dans l'histoire de la littérature française qui s'ouvrira dès lors à l'idée de progrès.

▪ Quand a-t-elle lieu ?

Cette querelle prend une ampleur considérable à la fin du XVIIe siècle, entre 1670 et 1690, alors que Racine triomphe au théâtre avec ses pièces inspirées de l'Antiquité. Elle est à son apogée en 1687. Charles Perrault prononce alors à l'Académie française un discours dans lequel il critique sévèrement les Anciens et fait un éloge des Modernes.

▪ Qui ?

Côté Anciens se trouvent tous les auteurs pour lesquels la culture et la littérature antiques sont source d'inspiration.
Côté Modernes se trouvent ceux pour lesquels la création littéraire est une affaire de personnalité et de talent. Ils pensent qu'on peut progresser dans les arts comme dans les sciences.

Quelques années avant la querelle, voici ce qu'on pouvait lire dans le *Discours de la méthode* du philosophe français René Descartes :

Il n'y a pas lieu de s'incliner devant les Anciens à cause de leur antiquité ; c'est nous plutôt qui devons être appelés Anciens. Le monde est plus vieux qu'autrefois et nous avons une plus grande expérience des choses.

DESCARTES, *Discours de la méthode*, 1637.

Lisez ce court texte. Pourquoi Descartes dit-il que le monde est plus vieux qu'autrefois ? L'auteur prend-il le parti des Anciens ou celui des Modernes ?

Séance à l'Académie française.

DEUX « ANCIENS »

Jean de La Fontaine (1621-1695) est si célèbre pour ses *Fables* (1673-94) qu'on en oublie parfois qui les a écrites... Mais il est également l'auteur de *Contes* et de *Nouvelles*. L'ensemble de son œuvre doit beaucoup à la culture antique et à la Renaissance italienne.

Nicolas Boileau (1636-1711) théorise la doctrine classique en 1674 dans son *Art poétique*. Il s'élève autant contre les Modernes en littérature et les libertés qu'ils prennent face à la tradition, que contre les mœurs modernes.

UN « MODERNE »

Charles Perrault (1628-1703) écrivit en 1687 un poème sur *Le Siècle de Louis le Grand* dans lequel, sous couvert d'éloge à Louis XIV, il prend parti pour les Modernes. Il est aussi l'auteur des *Contes du temps passé* (ou *Contes de ma mère l'Oye*, 1697).

La querelle des Anciens et des Modernes

Faire évoluer l'art

Charles Perrault (1628-1703) est un écrivain surtout connu pour ses contes. Mais il fut aussi un proche de Colbert et participa activement à ce titre à la politique culturelle du règne de Louis XIV jusqu'en 1683.

Texte 2

Charles Perrault (1628-1703) écrit les *Parallèles des Anciens et des Modernes* entre 1688 et 1692. Il y affirme que les connaissances artistiques comme les connaissances scientifiques progressent.

Tous les arts ont été portés dans notre siècle à un plus haut degré de perfection que celui où ils étaient parmi les Anciens, parce que le temps a découvert plusieurs secrets dans tous les arts, qui, joints à ceux que les Anciens nous ont laissés, les ont rendus plus accomplis, l'art n'étant autre chose, selon Aristote même, qu'un amas de préceptes[1] pour bien faire l'ouvrage qu'il a pour objet. Or quand j'ai fait voir qu'Homère et Virgile ont fait une infinité de fautes où les Modernes ne tombent plus, je crois avoir prouvé qu'ils n'avaient pas toutes les règles que nous avons, puisque l'effet naturel des règles est d'empêcher qu'on fasse des fautes.

PERRAULT, *Parallèles des Anciens et des Modernes*, 1692.

1. **Précepte :** principe, règle.

PIERRE MIGNARD, *Le Grand Dauphin et sa famille*, 1687, Paris, musée du Louvre. Rival du peintre Le Brun, Mignard sait flatter ses nobles modèles en mettant bien en évidence les brillants coloris de leurs vêtements et en ajoutant de précieux accessoires.

CAPACITÉ

Situer une production artistique dans son contexte, identifier les canons qu'elle sert ou qu'elle dépasse.

COMPRENDRE

1. D'après le texte, qu'est-ce qui rend les Modernes forcément meilleurs que les Anciens ?
2. Si l'on suit la théorie de Perrault, plus l'ouvrage est récent, meilleur il sera. En quoi cette théorie est-elle contestable ?

ÉCRIRE

Charles Perrault s'opposait alors à un auteur réputé, Nicolas Boileau, partisan des Anciens. Imaginez, dans un dialogue entre ces deux auteurs, les arguments que Boileau pourrait opposer à ceux défendus par Perrault dans son texte.

En peinture, la fameuse querelle des Anciens et des Modernes a été remplacée par celle, plus retentissante, entre les partisans du dessin menés par Le Brun et ceux de la couleur, menés par Mignard.

L'argumentation et les connecteurs logiques

Langue

À RETENIR

Pour défendre un point de vue, on énonce un certain nombre d'arguments qui sont reliés les uns aux autres par des mots logiques, appelés connecteurs.
Ils permettent d'exprimer la cause (car, parce que, puisque, en effet), la succession (puis, alors, ensuite, enfin) ; la conséquence (ainsi, donc, c'est pourquoi), l'opposition (mais, cependant, toutefois), et l'addition (de plus, en outre, aussi, d'ailleurs).

Exercice 1

Le texte suivant a pour sujet le combat pour les Droits des femmes. Lisez-le attentivement, et répondez aux questions suivantes.
a) L'auteur développe trois idées pour soutenir son point de vue ; lesquelles ?
b) Quels sont les mots permettant d'introduire chacune de ces idées ?
d) Quels exemples donne-t-elle pour illustrer ses idées ?

J'ai de fortes objections au féminisme tel qu'il se présente aujourd'hui. La plupart du temps, il est agressif, et ce n'est pas par l'agression qu'on parvient durablement à quelque chose. Ensuite, et ceci vous paraîtra sans doute paradoxal[1], il est conformiste[2], en ce sens que la femme semble aspirer à la liberté et au bonheur du bureaucrate qui part chaque matin, une serviette sous le bras, ou de l'ouvrier qui pointe dans une usine [...].
Je trouve aussi regrettable de voir la femme jouer sur les deux tableaux, de voir, par exemple, des revues qui, pour se conformer à la mode (car les opinions sont aussi des modes), publient des articles féministes supposés incendiaires, tout en offrant à leurs lectrices, qui les feuillettent distraitement chez le coiffeur, le même nombre de photographies de jolies filles [...].

MARGUERITE YOURCENAR, *Les Yeux ouverts*, éd. Bayard, 1980.

1. **Paradoxal** : étonnant.
2. **Conformiste** : qui ne conteste pas les idées dominantes.

Exercice 2

Dans les phrases suivantes, des connecteurs logiques ont été soulignés. Pour chacun d'eux dites ce qu'il exprime.

1. Ce partage du monde n'est pas le résultat du hasard mais il est le fruit d'une réunion des grands états.
2. J'aime les fruits parce qu'ils sont sucrés.
3. L'homme est vêtu de noir. Ainsi, il disparaît plus facilement dans la nuit.
4. Les programmes TV sont parfois mauvais en prime time. De plus, ils sont souvent rediffusés.

Exercice 3

Dans cet extrait de *La Cantatrice chauve*, d'Eugène Ionesco, M. et Mme Smith ne sont pas d'accord.
a) Quels sont leurs arguments ?
b) Quelle est la fonction de l'exemple ?
c) Pourquoi cet exemple est-il réfuté ?
d) Pourquoi cette discussion est-elle absurde ?

MME SMITH. – C'est un bon médecin. On peut avoir confiance en lui. Il ne recommande jamais d'autres médicaments que ceux dont il a fait l'expérience sur lui-même. Avant de faire opérer Parker, c'est lui d'abord qui s'est fait opérer du foie, sans être aucunement malade.
M. SMITH. – Mais alors comment se fait-il que le docteur s'en soit tiré et que Parker en soit mort ?
MME SMITH. – Parce que l'opération a réussi chez le docteur et n'a pas réussi chez Parker.
M. SMITH. – Alors Mackenzie n'est pas un bon docteur. L'opération aurait dû réussir chez tous les deux ou alors les deux auraient dû mourir.
MME SMITH. – Pourquoi ?
M. SMITH. – Un médecin consciencieux doit mourir avec le malade s'ils ne peuvent pas guérir ensemble. Le commandant d'un bateau périt avec le bateau, dans les vagues, il ne lui survit pas.
MME SMITH. – On ne peut comparer un malade et un bateau.

EUGÈNE IONESCO, *La Cantatrice chauve*, Éd. Gallimard, 1972.

Comprendre une querelle d'aujourd'hui

La critique

En 2005, la romancière Amélie Nothomb publie *Acide sulfurique*, un roman dans lequel elle imagine une émission de téléréalité qui se déroule dans un camp de concentration reconstitué. Ce roman est violemment attaqué.

D'abord, à quoi bon faire un roman quand on a tout dit dès la première phrase ? « Vint le moment où la souffrance des autres ne leur suffit plus ; il leur en fallut le spectacle. » L'auteur de *Stupeur et tremblements* se lance dans une critique – ô combien originale ! – de la société du spectacle et de la barbarie (presque) ordinaire. Pour étayer sa thèse, elle a imaginé la reconstruction d'un camp, truffé de caméras, dans lequel des kapos[1] font leur besogne face à d'innocentes victimes. Tout ça pour un jeu élégamment intitulé « Concentration ». Amélie Nothomb lance des scoops : l'homme est un loup pour l'homme, nous sommes tous des voyeurs, etc. Bref, du lourd. Toujours souligné à grands coups de slogans publicitaires. (« Plus vous êtes indigné, plus vous regardez », « l'amaigrissement était moins un problème esthétique qu'une question de vie ou de mort »). Pour provoquer le trouble, les grands artistes jouent avec la part de mal du lecteur/spectateur, titillant ses mauvais instincts pour mieux les lui faire remarquer. Or *Acide sulfurique* ne titille pas grand-chose. Artificielle et besogneuse, la démonstration se contente d'accumuler les scènes caricaturales dans les soixante dernières pages. Cette amatrice d'humour très noir a beau monter un crescendo[2] dans l'horreur : on s'en fout. Faute d'être correctement décrits, entre deux considérations de café du Commerce sur la télé, les personnages n'existent pas, et il est difficile d'être troublé par du vent.

BAPTISTE LIGER, *Lire*, septembre 2005.

1. **Kapos :** prisonniers faisant office de surveillants des camps.
2. **Crescendo :** montée progressive.

***Stupeur et tremblements* : roman autobiographique d'Amélie Nothomb paru en 1999 qui raconte l'expérience d'une jeune stagiaire occidentale dans une entreprise japonaise.**

Amélie Nothomb : écrivain francophone, née en 1967, qui publie beaucoup, rencontre un grand succès auprès des lecteurs et est souvent malmenée par la critique, en raison notamment de sa popularité.

À RETENIR

La nature des arguments varie en fonction des exemples qui les accompagnent ; aussi peut-on les répartir en trois catégories :
- **l'argument appuyé sur des faits.** Dans ce cas, une situation, un fait d'actualité permettent de soutenir l'argument ;
- **l'argument d'autorité.** Il s'agit d'une référence à un ouvrage, un auteur, un spécialiste reconnu ou des données statistiques ;
- **l'argument appuyé sur des valeurs.** On fait référence à des valeurs telles que le Beau, le Juste, le Vrai, etc.

CAPACITÉ

Construire une appréciation esthétique à travers un échange d'opinions, en prenant en compte les goûts d'autrui.

COMPRENDRE

1. Quelle est la thèse de Baptiste Liger dans son article ?
2. Quels arguments met-il en avant pour nous convaincre ?
3. En quoi consistent les exemples qui viennent renforcer certains des arguments ?

ANALYSER

1. Relevez les mots qui portent une appréciation sur le livre. Que remarquez-vous ?
2. Quel argument fondé sur les valeurs a-t-on opposé au livre d'Amélie Nothomb ? Au nom de quelles valeurs a-t-elle été attaquée ?

ÉCRIRE

Choisissez un livre ou un film que vous avez détesté, et faites-en une critique, en veillant, comme le fait Baptiste Liger, à argumenter de façon précise.

Le plaidoyer

En réponse à la critique véhémente que fait Baptiste Liger du roman d'Amélie Nothomb, *Acide sulfurique*, Frédéric Beigbeder se livre à un plaidoyer pour défendre la romancière et son livre.

Récapitulons le débat. *Acide sulfurique* décrit un jeu de téléréalité où l'on déporte des gens dans un camp de concentration. Les victimes sont choisies au hasard parmi la population. Leur calvaire est retransmis en direct à la télévision et le public vote pour désigner celles et ceux qui seront exécutés. C'est un roman qui invente un futur ignoble où la pire barbarie serait devenue un spectacle audiovisuel entrecoupé de publicités. Là-dessus, beaucoup trouveront de quoi s'indigner [...]. Elle écrit un roman de science-fiction, une fable futuriste, une contre-utopie. Elle est libre de le faire, de même que Baptiste est libre de trouver ça nul ! [...]

Aux États-Unis, une émission filme déjà des candidats « redressés » dans un camp militaire. Une autre envisage de diffuser des suicides en direct. L'une des missions du roman est peut-être d'anticiper la fin du monde. Je comprends que l'on puisse détester *Acide sulfurique* mais je suis favorable à l'existence de ce type de romans. La fiction sert à comprendre notre réalité, même et surtout quand elle est terrifiante.

FRÉDÉRIC BEIGBEDER, *Lire*, septembre 2005.

Amélie Nothomb, séance de dédicace.

À RETENIR

La critique est un jugement argumenté sur les œuvres littéraires ou artistiques, destiné à en montrer les qualités et les défauts et à en guider la compréhension.

Le plaidoyer est un discours destiné à assurer la défense d'une personne ou d'une œuvre qui ont été attaquées.

CAPACITÉ

Construire une appréciation esthétique à travers un échange d'opinions, en prenant en compte les goûts d'autrui.

COMPRENDRE

Quel est le principal argument de Frédéric Beigbeder pour contester la critique de Baptiste Liger ?

ANALYSER

Quel argument appuyé sur des faits Frédéric Beigbeder utilise-t-il pour montrer l'intérêt du roman ? De quels faits s'agit-il ? Quel est l'exemple cité à l'appui ?

ÉCRIRE

Rédigez la première page du prochain roman d'Amélie Nothomb. Celui-ci porte sur un sujet de société très controversé (la mise en détention des jeunes délinquants, la reconduite aux frontières des lycéens sans papiers, etc.).

Des querelles toujours d'actualité

LE CLÉZIO, prix Nobel de littérature en 2008.

Une lectrice défend son point de vue

Dans la page Débats du *Monde* du 19 octobre 2008, Frédéric-Yves Jeannet, écrivain et professeur de littérature, s'était indigné que l'écrivain français J.-M.G. Le Clézio ait pu recevoir le prix Nobel de littérature 2008.
Ce commentaire a suscité une vague de protestations de la part des lecteurs du journal. Voici la lettre qu'écrit Jacqueline Tanner au *Monde*.

À Frédéric-Yves Jeannet,

Le Monde vous a offert une page. Qu'en avez-vous fait ? Cent vingt lignes gorgées de citations pour parler de vos lectures et de vos auteurs (il est vrai que vous êtes professeur de littérature) contre 50 lignes consacrées à J.-M.G. Le Clézio et pour nous apprendre quoi ? Que vous êtes en colère contre Bernard Pivot, contre le Goncourt et contre le Nobel.
Bien. Le lecteur a lu.
Et Le Clézio dans votre critique ? Ah ! oui. Le seul livre dans le rayonnage accessible (Pensez-vous que cette précision était nécessaire ?), *L'Africain*, ne trouve grâce à vos yeux que « à cause d'une allitération originale basée sur un parallèle étymologique ». (Il est encore vrai que vous êtes professeur de littérature !).
Alors, évidemment, et vous le comprendrez bien, je suis allée chercher sur Internet un ouvrage de vous. Et j'ai parcouru *Voyageur léger*. Quatre fois le mot *mort* dans le premier paragraphe et deux fois le mot *rafale*... Votre article n'est pas digne d'un écrivain, et c'est regrettable, mais je sais que J.-M.G. Le Clézio dira : « Donne-lui tout de même à boire[1]. »

Jacqueline Tanner, écrivain
Lausanne

Le Monde, 26 octobre 2008.

J.-M.G. Le Clézio est né en 1940. Il connaît un grand succès dès son premier roman, *Le Procès-verbal*, en 1963. Il publiera plus de quarante romans dont plusieurs sont marqués par son amour des voyages, et son ouverture aux différentes cultures du monde. Il est aussi l'auteur de contes, de nouvelles et d'essais. Il a reçu le prix Nobel de littérature en 2008.

1. « Donne-lui tout de même à boire. » Cette citation est empruntée à un poème de Victor Hugo dans lequel celui-ci rend hommage à son père qui, pendant les guerres napoléoniennes, fit donner à boire à un soldat qui avait tenté de le tuer.

CAPACITÉ
Construire une appréciation esthétique à travers un échange d'opinions, en prenant en compte les goûts d'autrui.

COMPRENDRE

1. Que reproche Jacqueline Tanner à Frédéric-Yves Jeannet ?
2. Expliquez la phrase : « Votre article n'est pas digne d'un écrivain ».
3. Expliquez la dernière phrase de la lettre de Jacqueline Tanner. Pourquoi prête-t-elle cette réaction à J.-M.G. Le Clézio ?

ANALYSER

Comment peut-on caractériser le ton de la lettre de Jacqueline Tanner ?

ÉCRIRE

Choisissez dans un journal une lettre de lecteur avec laquelle vous n'êtes pas d'accord et rédigez une réponse.

Écrire une critique de film

OBJECTIFS

Écrivez une critique de film en vous laissant guider pas à pas.

Écrire une critique, c'est donner au lecteur une idée aussi juste que possible des caractéristiques, des forces et des faiblesses d'un film.

DÉMARCHE

1. Choisir le sujet

Choisissez un film que vous avez vu récemment à la télévision, au cinéma ou en DVD.

2. Caractériser le film

a) À quel genre appartient le film ?
b) Quel est le sujet du film ?
c) Résumez l'histoire en trois lignes.
d) Donnez le nom du cinéaste et des principaux comédiens.
e) Quelle est la date de la première diffusion ?
f) Quelles sont les caractéristiques techniques (couleur/noir et blanc, cinéma/vidéo, format de l'image, effets sonores, etc.).

3. Porter un jugement argumenté

a) L'histoire m'a intéressé (ou non), parce que…
b) Elle est (ou n'est pas) originale, parce que…
c) Le jeu des acteurs est convaincant (ou non), parce que…
d) L'image est réussie (ou non), parce que…
e) La musique est réussie (ou non), parce que…
f) Le rythme est bon (ou non), parce que…
g) Globalement, j'ai aimé (ou pas) ce film, parce que…

4. Trouver un titre

Votre titre doit résumer en quelques mots votre point de vue sur le film.

5. Rédiger

Votre critique fera une vingtaine de lignes.

VOCABULAIRE

Critique sur l'histoire
Le scénario
L'intrigue principale
L'action
Les dialogues
Le héros
Les personnages secondaires

Critique sur le genre
Comédie
Épouvante
Film d'action
Comédie romantique

Critique sur les images
Le décor
Les costumes

VOCABULAIRE DE L'ÉMOTION

Bouleversé – Effrayé – Amusé – Séduit – Étonné – Intéressé

CONSEILS

La critique est écrite à la troisième personne du singulier. Les phrases sont courtes. Les tournures sont actives et affirmatives.
Une fois votre texte écrit, vous vous relisez pour simplifier les constructions, enlever les répétitions et les fautes d'orthographe.

Adolescentes discutant du meilleur film devant un rayon DVD.

En quoi la connaissance d'une œuvre et de sa réception aide-t-elle à former ses goûts et/ou à s'ouvrir aux goûts des autres ?

SOMMAIRE

CAPACITÉS

- Analyser et interpréter une production artistique.
- Exprimer à l'oral et à l'écrit une impression, un ressenti, une émotion.
- Construire une appréciation esthétique à travers un échange d'opinions, en prenant en compte les goûts d'autrui.
- Situer une production artistique dans son contexte, identifier les canons qu'elle sert ou qu'elle dépasse.

ATTITUDES

- Être conscient de la subjectivité de ses goûts.
- Être curieux de différents langages artistiques.

AUDIO

Compléments sonores.

Dans le musée imaginaire, on ne sait plus si ce sont les gardiens ou les œuvres qui sont exposés.

Deux œuvres loufoques : la voiture immergée dans les peluches et les hommes-œuvres.

Écriture d'échauffement

Dans ce musée fictif conçu par Jean-Michel Ribes, les œuvres surprennent le visiteur. Commentez une des deux photos en expliquant la démarche de l'artiste.

Une œuvre mal acceptée

Marcel Duchamp (1887-1968) est un peintre et sculpteur atypique qui s'est intéressé au statut de l'œuvre d'art. Il a côtoyé tous les courants artistiques de la première moitié du XXe siècle en préservant son indépendance et son goûts pour la provocation et l'expérimentation.

L'urinoir de Marcel Duchamp fut à l'origine un canular. L'artiste l'a baptisé *Fontaine* et présenté en 1917 dans une exposition, avec pour signature le pseudonyme R. Mutt. En montrant cet objet, qu'il n'avait pas créé lui-même mais simplement signé, l'artiste voulait faire réfléchir à la nature de l'œuvre d'art. Mais *Fontaine* n'a jamais cessé de susciter la controverse.

Document 1

Marcel Duchamp, *Fontaine*, 1917.
Musée national d'Art moderne,
Centre Georges Pompidou, Paris.

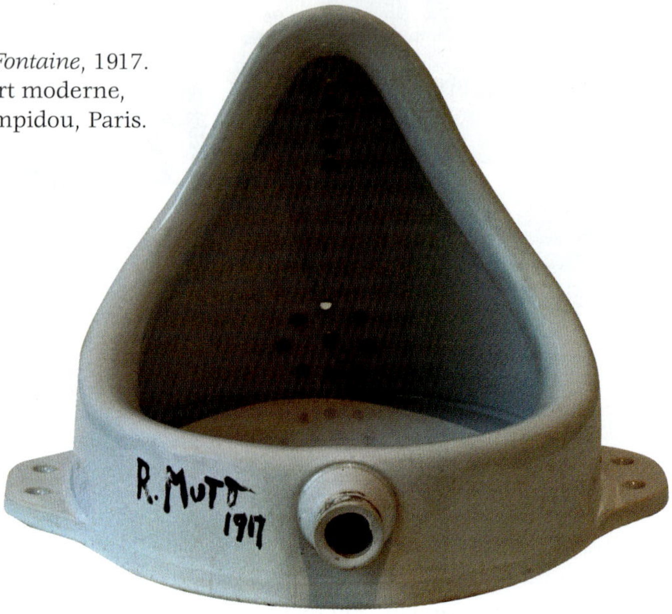

Document 2

L'artiste Pierre Pinoncelli, 77 ans, a été arrêté et placé en garde à vue après avoir ébréché à coups de marteau, mercredi 4 janvier (2006), vers 11 h 30, une œuvre de Marcel Duchamp installée au Centre Pompidou, dans le cadre de l'exposition Dada. « Le dommage n'est pas irréparable », précise le service de communication du Centre, dont les responsables ont porté plainte pour dégradation.
Ils parlent en connaissance de cause : la *Fontaine* de Marcel Duchamp a déjà été restaurée après avoir subi une première fois les foudres de M. Pinoncelli, le 24 août 1993, lors d'une exposition au Carré d'art de Nîmes. L'artiste s'était tout d'abord soulagé dans la sculpture, un urinoir industriel posé tête-bêche, par rapport à son installation d'origine […]. Le tribunal de Tarascon avait condamné, le 20 novembre 1998, M. Pinoncelli à une amende de 45 122 euros.

HARRY BELLET, *Le Monde*, 7 Janvier 2006.

CAPACITÉ

Construire une appréciation esthétique à travers un échange d'opinions, en prenant en compte les goûts d'autrui.

COMPRENDRE

1. Pourquoi l'œuvre de Marcel Duchamp déchaîne-t-elle les passions ?
2. Comparez *Fontaine* avec d'autres objets qui sont dans des musées. Qu'en déduisez-vous ?

ÉCRIRE

D'autres objets de la vie courante méritent-ils d'être dans un musée ? Lesquels et pourquoi ?

CAPACITÉ
Construire une appréciation esthétique à travers un échange d'opinions, en prenant en compte les goûts d'autrui.

Oral

Débat : pour ou contre le « concombre » de Norman Foster ?

La tour de Norman Foster, construite au cœur de Londres et mise en service en 2003, porte le nom de « St-Mary Axe » mais tous les Londoniens l'appellent le « concombre ». Elle a suscité la polémique, ses adversaires comme ses défenseurs n'étant pas avares d'arguments pour justifier ou contester sa présence dans la capitale britannique.

À droite, le « concombre » de Foster ; à gauche, la Tour de Londres.

PRÉPARER SES ARGUMENTS

Vous choisissez de défendre ou au contraire de contester le projet. Vous vous intéresserez en priorité à la dimension esthétique de l'édifice pour bâtir une argumentation pour ou contre cette tour.

Pour bâtir votre apologie ou votre contestation de la tour, vous pourrez :
- la resituer dans la tradition des grandes constructions de prestige ;
- évoquer l'effet qu'elle produit sur vous ;
- réfléchir à son rôle au sein de l'architecture londonienne qui comporte déjà plusieurs tours importantes ;
- dire s'il est important, à vos yeux, que les villes se renouvellent ou préférable qu'elles conservent leur aspect historique.

DÉFENDRE SA POSITION

Vous vous regroupez avec les élèves qui partagent votre point de vue (un groupe pour, un groupe contre) et vous mettez en commun vos arguments.

Vous synthétisez les différents arguments, en retenant les plus pertinents et vous les organisez de façon efficace et progressive.

Puis un élève dans chaque groupe est désigné comme rapporteur et présente les idées et les arguments qui ont été préparés.

Construire un discours pour exprimer ses goûts

Gustave Eiffel réfute les critiques

Avant la lecture

Citez une transformation de l'urbanisme dans votre ville ou votre région qui fait débat. Quels sont les points de vue en présence ?

Document 1

Le monument français le plus connu dans le monde est loin d'avoir fait l'unanimité à l'époque de sa conception. En 1887, des artistes se réunissent pour écrire une lettre de protestation contre la tour Eiffel, qui n'est encore qu'au début de sa construction.

Nous venons, écrivains, peintres, sculpteurs, architectes, amateurs passionnés de la beauté jusqu'ici intacte de Paris, protester de toutes nos forces, de toute notre indignation, au nom du goût français méconnu, au nom de l'art et de l'histoire française menacés, contre l'érection, en plein cœur de notre capitale, de l'inutile et monstrueuse tour Eiffel que la malignité publique, souvent empreinte de bon sens et d'esprit de justice a déjà baptisée du nom de Tour de Babel[1]. Sans tomber dans l'exaltation du chauvinisme[2], nous avons le droit de proclamer bien haut que Paris est la ville sans rivale dans le monde. Au-dessus de ses rues, de ses boulevards élargis, le long de ses quais admirables, au milieu de ses magnifiques promenades, surgissent les plus nobles monuments que le genre humain ait enfantés.

« Lettre de protestation des artistes contre la tour Eiffel », *Le Temps*, 14 février 1887 (publiée au début de la construction).

1. **Tour de Babel :** dans la Bible, la Tour de Babel fut construite par les hommes pour se rapprocher de Dieu. Dieu punit les hommes de leur prétention en créant la diversité des langues qui les empêcha de communiquer et de s'entendre dans leur projet.
2. **Chauvinisme :** nationalisme exacerbé et fanatique.

La tour Eiffel en construction, 1888.

Document 2

Gustave Eiffel leur répond, les exhortant à ne pas faire à la tour de procès d'intention et à accueillir la nouveauté avec plus de sérénité.

Est-il permis d'apprécier avec compétence l'effet général artistique d'un monument d'après un simple dessin, quand ce monument sort tellement des dimensions déjà pratiquées et des formes déjà connues ? Et, si la tour, quand elle sera construite, était regardée comme une chose belle et intéressante, les artistes ne regretteraient-ils pas d'être partis si vite et si légèrement en campagne ? Qu'ils attendent donc de l'avoir vue pour s'en faire une juste idée et pouvoir la juger. Je vous dirai toute ma pensée et toutes mes espérances. Je crois, pour ma part, que la tour aura sa beauté propre.

Réponse de Gustave Eiffel, *Le Temps*, 14 février 1887.

Document 3

En 1911, Robert Delaunay repésente la tour.

ROBERT DELAUNAY, *La Tour Eiffel*, 1926.

Document 4

Voici comment, quarante-cinq ans après sa construction, Raoul Dufy peint un paysage parisien.

RAOUL DUFY, *La Tour Eiffel*, vers 1935, coll. particulière.

Document 5

CAPACITÉ
Construire une appréciation esthétique à travers un échange d'opinions en prenant en compte des goûts d'autrui.

COMPRENDRE

1. Dans le document 1, que reprochent ses détracteurs à la tour Eiffel ?
2. Dans le document 2, quels arguments avance Gustave Eiffel pour sa défense ?
3. La peur qu'a suscitée la construction de la tour Eiffel est-elle compréhensible ?
4. À quoi voit-on, dans les documents 3 et 4, que la tour Eiffel est appréciée par les peintres et qu'à leurs yeux elle a parfaitement trouvé sa place ?

ÉCRIRE

Expliquez ce que vous ressentez devant un monument de votre ville ou de votre région.

Construire un discours pour exprimer ses goûts

Émile Zola, avocat de l'*Olympia* de Manet

Avant la lecture

Regardez les deux tableaux. Lequel préférez-vous ? Pour quelles raisons ?

Émile Zola (1840-1902) est le principal représentant du courant naturaliste. Il est surtout connu pour son cycle de romans, *Les Rougon-Macquart*. Mais il fut aussi journaliste et chroniqueur artistique. Il a en particulier attaqué avec constance les peintres académistes et vanté le talent de ceux qui restent des figures marquantes de l'art du XIXe siècle : Manet, Degas, Renoir, Millet, Courbet.

Un des chefs-d'œuvre de la peinture du XIXe siècle, l'*Olympia* de Manet, suscita, lorsqu'il fut montré, un scandale. Le peintre y parodiait en effet la *Vénus d'Urbino* du Titien, en représentant une prostituée en lieu et place de la déesse. Comme le public, Théophile Gautier fut choqué par le choix du modèle et la technique du peintre. Zola, au contraire, décela le génie d'un grand peintre.

Texte 6

Olympia, dont le titre réveille le souvenir de cette grande courtisane romaine dont raffola la Renaissance, ne s'explique à aucun point de vue, même en la prenant pour ce qu'elle est, un chétif modèle étendu sur un drap. Le ton des chairs est sale, le modèle nul. Les ombres s'indiquent par des raies de cirage plus ou moins larges. Que dire de la négresse qui apporte un bouquet dans un papier et du chat noir qui laisse l'empreinte de ses pattes crottées sur le lit ? Nous excuserions encore la laideur, mais vraie, étudiée, relevée par quelque splendide effet de couleur. La femme la moins jolie a des os, des muscles, un peu de peau, des formes et un coloris quelconque. Ici, il n'y a rien, nous sommes fâché de le dire, que la volonté d'attirer les regards à tout prix.

GAUTIER, in *Le Moniteur universel*, 1865.

Texte 7

J'ai dit chef-d'œuvre, et je ne retire pas le mot. Je prétends que cette toile est véritablement la chair et le sang du peintre. Elle le contient tout entier et ne contient que lui. [...]. Olympia, couchée sur des linges blancs, fait une grande tache pâle sur le fond noir ; dans ce fond noir se trouve la tête de la négresse et ce fameux chat qui a tant égayé le public. Au premier regard, on ne distingue ainsi que deux teintes dans le tableau, deux teintes violentes, s'enlevant l'une sur l'autre. D'ailleurs, les détails ont disparu. Regardez la tête de la jeune fille : les lèvres sont deux minces lignes roses, les yeux se réduisent à quelques traits noirs. Voyez maintenant le bouquet, et de près, je vous prie : des plaques roses, des plaques bleues, des plaques vertes. Tout se simplifie, et si vous voulez reconstruire la réalité, il faut que vous reculiez de quelques pas. Alors il arrive une étrange histoire : chaque objet se met à son plan, la tête d'Olympia se détache du fond avec un relief saisissant, le bouquet devient une merveille d'éclat et de fraîcheur. La justesse de l'œil et la simplicité de la main ont fait ce miracle ; le peintre a procédé comme la nature procède elle-même, par masses claires, par larges pans de lumière et son œuvre a l'aspect un peu rude et austère[1] de la nature. [...]

ZOLA, in *L'Événement illustré*, 10 mai 1868.

1. **Austère :** sévère, sans fantaisie.

Document 8

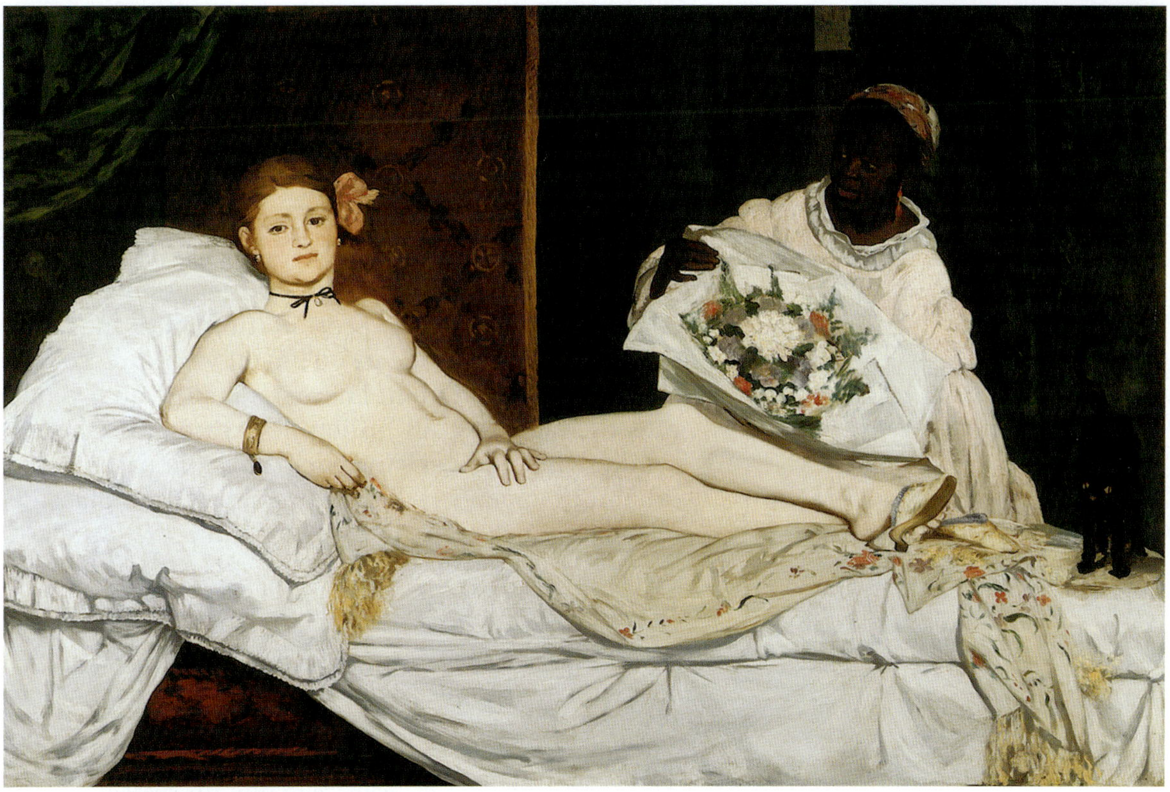

EDOUARD MANET, *Olympia*, 1863. Paris, musée d'Orsay.

Document 9

LE TITIEN, *Vénus d'Urbino*, 1538. Florence, Galerie des Offices.

ATTITUDE
Être curieux de différents langages artistiques.

COMPRENDRE

1. Pourquoi l'*Olympia* de Manet a-t-elle fait scandale ?
2. Que reproche Théophile Gautier au peintre ?
3. Pourquoi Zola défend-il le tableau ? Quels arguments avance-t-il ?

ÉCRIRE

Décrivez *La Vénus d'Urbino* du Titien en en faisant l'éloge ou en la critiquant.

Construire un discours pour exprimer ses goûts

Voyage au bout de la nuit, un roman contesté

Louis-Ferdinand Céline (1894-1961) est un des grands écrivains français du XXe siècle et *Voyage au bout de la nuit* (1932) est une œuvre majeure qui a exercé une influence profonde. Mais à l'approche de la Seconde Guerre mondiale, le pacifisme et le nihilisme de Céline se transforment en un racisme, un antisémitisme et un anticommunisme exacerbés. Il en viendra à publier des textes abjects qui le mettront au ban de la société et des milieux littéraires de l'après-guerre.

Texte 10

Le public a été choqué par la vision du monde désespérée de Céline, mais aussi par une écriture en rupture avec les canons du roman, qui emprunte au langage oral et même à l'argot.
Voici ce qu'en dit Gonzague Truc dans *Comœdia*, le 31 octobre 1932.

Toute morale et tout dégoût à part, on sent le vice initial d'une telle conception, d'une telle présentation du monde. Elle consiste à ne saisir de l'existence que ce qu'il peut y avoir de sordide, de misérable, d'infâme et à situer tout l'homme dans ce qu'il y a dans l'homme de plus dégradé [...]. Au milieu de tant d'ordures, parmi ce paysage souillé, sans soleil et sans perspective, le pathétique et la pitié naturellement appelés ne savent même trouver place et le dernier mot reste toujours à cette même abjection[1].

1. **Abjection** : dégoût, infamie.

Texte 11

D'autres voient d'emblée dans ce roman une œuvre majeure dont ils prennent la défense. C'est le cas de Pierre Descaves qui écrit dans *L'Avenir* le 15 novembre 1932.

Il y a dans *Voyage au bout de la nuit* un ruissellement continu d'images d'une audace, d'une vie et, ayons le courage de l'écrire, d'une vérité surprenantes. Jamais l'homme ne fut mis aussi brutalement en tête à tête avec l'homme. Le roman de M. Louis-Ferdinand Céline a été conçu et réalisé par un artiste disposé à tout exprimer sous le signe éclatant de la laideur et de l'abjection. Le vieux fonds humain est remué par cette plume à l'image de ces boueux qui repèrent du bout de leurs crochets les ordures de la nuit. Certes, les grands et nobles sentiments sur lesquels se fondent notre société et notre civilisation sortent assez mal en point de ces pages.

Voyage au bout de la nuit, Critiques 1932-1935, Imec-10/18, 2005.

Charlie Chaplin, image des *Temps modernes*, 1936.

Voyage au bout de la nuit **décrit, pendant la Première Guerre mondiale et les années qui vont suivre, le destin d'un personnage, Bardamu, qui se cherche dans un monde absurde, celui de la guerre, de la colonisation, de l'industrialisation forcée.**

Texte 12

Dans l'extrait ci-dessous, Bardamu, que son errance a mené aux États-Unis où il est ouvrier chez Ford, découvre l'horreur du travail à la chaîne.

À mesure qu'on avançait on les perdait les compagnons. On leur faisait un petit sourire à ceux-là en les quittant comme si tout ce qui se passait était bien gentil. On ne pouvait plus ni se parler ni s'entendre. Il en restait à chaque fois trois ou quatre autour d'une machine.

On résiste tout de même, on a du mal à se dégoûter de sa substance, on voudrait bien arrêter tout ça pour qu'on y réfléchisse, et entendre en soi son cœur battre facilement, mais ça ne se peut plus. Ça ne peut plus finir. Elle est en catastrophe cette infinie boîte aux aciers et nous on tourne dedans et avec les machines et avec la terre. Tous ensemble ! Et les mille roulettes et les pilons qui ne tombent jamais en même temps avec des bruits qui s'écrasent les uns contre les autres et certains si violents qu'ils déclenchent autour d'eux des silences qui vous font un peu de bien.

LOUIS-FERDINAND CÉLINE, *Voyage au bout de la nuit*, Éd. Gallimard, 1932.

Illustration de Tardi montrant Bardamu subissant l'enfer du travail à la chaîne dans l'usine Ford. Éd. Gallimard, fonds Futuropolis, 2006.

Tardi est un auteur et dessinateur de bande dessinée français, créateur du personnage d'Adèle Blanc-Sec. Il a aussi illustré des romans dont *Voyage au bout de la nuit*.

ATTITUDE

Être curieux de différents langages artistiques.

COMPRENDRE

1. Pourquoi le roman de Céline a-t-il fait scandale ?
2. Les deux critiques ont-ils une lecture différente de l'œuvre ?
3. Quels aspects du travail à la chaîne le texte décrit-il ? (Texte 12)
4. Qui représente le « on » employé de façon répétée dans le texte ? Cette tournure est-elle correcte ? Quel effet produit-elle ? (Texte 12)

ÉCRIRE

À partir des deux images (Chaplin et Tardi), dites quelle vision de la chaîne vous semble la plus proche du texte de Céline. Justifiez votre réponse dans un paragraphe argumenté.

LECTURE

La genèse d'une œuvre peut-elle nous donner des clés de compréhension ?

Salvador Dalí (1904-1989) : peintre espagnol. Ses œuvres d'inspiration surréaliste prennent leur force dans ses rêves et ses fantasmes sexuels ou morbides. Volontiers provocateur et excentrique, il n'en demeure pas moins un des peintres les plus connus du xxe siècle.

Les artistes s'expliquent parfois sur les conditions dans lesquelles leur est venue l'inspiration. C'est le cas du peintre Salvador Dalí qui raconte dans ce texte comment l'idée de sa célèbre toile aux montres molles lui est apparue.

Nous avions terminé notre dîner avec un excellent camembert et lorsque je fus seul, je restai un moment accoudé à la table, réfléchissant aux problèmes posés par le « super-mou » de ce fromage coulant. Je me levai et me rendis dans mon atelier pour donner, selon mon habitude, un dernier coup d'œil à mon travail. Le tableau que j'étais en train de peindre représentait un paysage des environs de Port-Lligat[1] dont les rochers semblaient éclairés par une lumière transparente de fin de jour. Au premier plan, j'avais esquissé un olivier coupé et sans feuilles. Ce paysage devait servir de toile de fond à quelque idée, mais laquelle ? Il me fallait une image surprenante et je ne trouvais pas. J'allais éteindre la lumière et sortir, lorsque je « vis » littéralement la solution : deux montres molles dont l'une pendrait lamentablement à la branche de l'olivier. Malgré ma migraine, je préparai ma palette et me mis à l'œuvre. Deux heures après, quand Gala[2] revint du cinéma, le tableau qui devait être un de mes plus célèbres, était achevé.

SALVADOR DALÍ, *La Vie secrète de Salvator Dalí*, Édition de la table ronde, 1952.

1. **Port-Lligat :** petit port près de Cadaquès en Espagne où Salvador Dali vécut régulièrement de 1930 à 1982 dans une maison qui est aujourd'hui un musée.
2. **Gala :** (1894-1982), femme, muse et modèle de Salvador Dalí.

SALVADOR DALÍ, *Persistance de la mémoire*, 1931, New York, Museum of Modern Art.

À RETENIR

La connaissance des œuvres nécessite souvent la compréhension des **conditions de leur production**. Étudier la genèse des œuvres, c'est donc recueillir des informations sur le travail de l'artiste, tel que lui-même le décrit ou tel que son œuvre permet de le découvrir.

ATTITUDE
Être curieux de différents langages artistiques.

COMPRENDRE

1. Qu'apprend-on sur le travail du peintre ?
2. En quoi le lien entre les montres et le camembert est-il visible lorsqu'on observe le tableau ?

ÉCRIRE

Dalí est connu pour son goût de la plaisanterie. Il aurait pu donner une autre explication à la composition du tableau. Imaginez un autre déclencheur et rédigez le texte ainsi transformé.

L'humour et la plaisanterie

Lexique

À RETENIR

L'humour est une attitude qui consiste à ne retenir de la vie que ce qui peut susciter le rire ou le sourire. Lorsqu'un écrivain se donne pour but de créer cet effet, il inscrit son texte dans le registre comique.
Le comique peut naître des mots, des mœurs (caractère des personnages), ou des situations.

Exercice 1

Retrouvez la définition de chaque plaisanterie.

1) Mot d'esprit ; 2) Calembour ; 3) Blague ; 4) Sketch ; 5) Canular ; 6) Raillerie ; 7) Comédie ; 8) Caricature

Définitions

a) Plaisanterie d'allure sérieuse, destinée à « piéger » les gens
b) Critique humoristique de quelqu'un ou quelque chose
c) Pièce de théâtre destinée à éveiller le rire
d) Phrase humoristique, brillante et surprenante
e) Jeu sur le sens des mots
f) Histoire courte et drôle
g) Portrait exagérant les défauts et les ridicules
h) Court spectacle amusant

Exercice 2

Complétez chaque phrase avec l'adjectif qui lui correspond.

Adjectifs : grivois ; ironique ; désopilant ; spirituel ; burlesque ; plaisant

1. Lorsqu'il est intelligent, un mot d'esprit peut être...
2. Sans être franchement drôle, un spectacle peut être...
3. On dit d'un humour un peu indécent qu'il est...
4. Dire le contraire de ce que l'on pense, c'est être...
5. Un récit qui suscite aussitôt le rire est...
6. Le cinéma de Charlie Chaplin est souvent qualifié de...

Exercice 3

Expliquez le sens de ces expressions.

1. Rire de bon cœur : ....
2. Éclater de rire : ....
3. Rire aux larmes : ....
4. Rire sous cape : ....
5. Rire jaune : ....
6. Rire à gorge déployée : ....
7. Rire au nez de quelqu'un : ....

Exercice 4

a) Pour quelle raison ce texte prête-t-il à rire (ou à sourire) ?
b) Comment peut-on qualifier cette forme d'humour ?
c) Parmi les adjectifs suivants, lesquels correspondent le mieux à l'effet comique du texte : *hilarant, drôle, caustique, ironique, savoureux, décalé, jubilatoire*. Justifiez votre réponse.

M. le préfet de police, au lieu de pourchasser les bookmakers et les innocentes petites marchandes de fleurs, ferait beaucoup mieux de songer à réglementer les bicyclettes qui, par ces temps de chaleur, constituent un véritable danger public. Encore, hier matin, une bicyclette s'est échappée de son hangar et a parcouru à toute vitesse la rue Vivienne, bousculant tout et semant la terreur sur son passage.
Elle était arrivée au coin du boulevard Montparnasse et de la rue Lepic, quand un brave agent l'abattit d'une balle dans la pédale gauche.
L'autopsie a démontré qu'elle était atteinte de rage.
Une voiture à bras qu'elle avait mordue a été immédiatement conduite à l'Institut Pasteur.

ALPHONSE ALLAIS, « Faits d'hiver et d'été », in *À l'œil posthume*, 1921.

Exercice 5

L'humoriste Pierre Desproges donne la définition du snobisme ci-dessous.
a) Comment peut-on qualifier cette forme d'humour ?
b) Expliquez ce que vous trouvez drôle ou non dans ce texte.

Comme la plupart des maladies mentales en vente dans les catalogues des psycho-psychiatres, le snobisme se caractérise essentiellement par la dégénérescence dramatique de la personnalité et la perte progressive du libre arbitre. Privé du moindre sens critique, le snob en est réduit à se ventouser l'ego et à se cloquer le sens artistique sur ceux d'une poignée de personnages quelconques, morts ou vifs, dont d'autres snobs leur font croire qu'ils sont à la mode.
Autant le strabisme est divergent chez Sartre, autant le snobisme est convergent chez l'Homme.

PIERRE DESPROGES, *Fonds de tiroir*, 1990.

Apprendre à comprendre une œuvre

Des critiques qui font comprendre *La Joconde*

Avant la lecture

Cherchez une biographie de Léonard de Vinci et expliquez ce que le parcours du peintre a de remarquable.

La Joconde est exposée au Louvre. Le tableau attire des foules souvent conquises mais parfois aussi incrédules. Pourquoi ce tableau est-il devenu mythique ? Chacun a son explication pour définir le charme de cette œuvre et lever le voile sur son fameux mystère. Des critiques d'art s'emploient à nous faire comprendre *La Joconde*.

La Joconde

Ce petit tableau (77 x 53 cm) a été peint par Léonard de Vinci entre 1503 et 1507. Il représente sans doute une femme qui s'appelait Mona Lisa del Giocondo. Léonard a conservé l'œuvre toute sa vie et en particulier lorsqu'il vint en France à la cour de François Ier. Le tableau y suscita une grande admiration. Ce sera le cas à chaque fois que Vinci le montrera. Acquis par François Ier en 1517, le tableau est resté en France, propriété des rois de France et en particulier de Louis XIV qui l'exposa à Versailles. *La Joconde* a rejoint le Louvre en 1798. Elle ne l'a plus quitté qu'entre 1911 et 1913, période pendant laquelle elle fut volée puis cachée, et pendant la Seconde Guerre mondiale, car elle fut mise en sécurité.

LÉONARD DE VINCI, *La Joconde*, 1503-1507. Paris, musée du Louvre.

Texte 1

Les yeux ont ce brillant, cette humidité que l'on observe pendant la vie ; ils sont cernés de teintes rougeâtres et plombées qu'on ne peut rendre qu'avec la plus grande finesse ; les cils qui les bordent sont exécutés avec une extrême délicatesse. Les sourcils, leur insertion dans la chair, leur épaisseur plus ou moins prononcée, leur courbure suivant les pores de la peau, ne sauraient être rendus d'une manière plus naturelle. Le nez, avec ses belles ouvertures roses et délicates, est vraiment celui d'une personne vivante. La bouche, sa fente, ses extrémités, qui se lient par le vermillon des lèvres à l'incarnat du visage, ce n'est plus de la couleur, c'est vraiment de la chair.

GIORGIO VASARI, *Vie des plus excellents peintres, sculpteurs et architectes*, 1568.

Texte 2

Les mains sont croisées, elle est accoudée au parapet d'une fenêtre qui s'ouvre, derrière un balcon, sur un paysage féerique de montagnes et de glaciers bleutés. Cet arrière-plan donne au portrait une profondeur inouïe. Entre le portrait et les montagnes, un plan intermédiaire, dans les bistres[1], une route dans un défilé rocheux et un fleuve qu'enjambe un pont. Travail de l'homme sur la nature. Hommage à l'harmonie naturelle et artificielle, *La Joconde* est devenue un emblème du Beau.

PATRICK BRETON, *Mona Lisa dans tous ses états*, NRP, mars 2005.

1. **Bistre :** brun, noir.

Texte 3

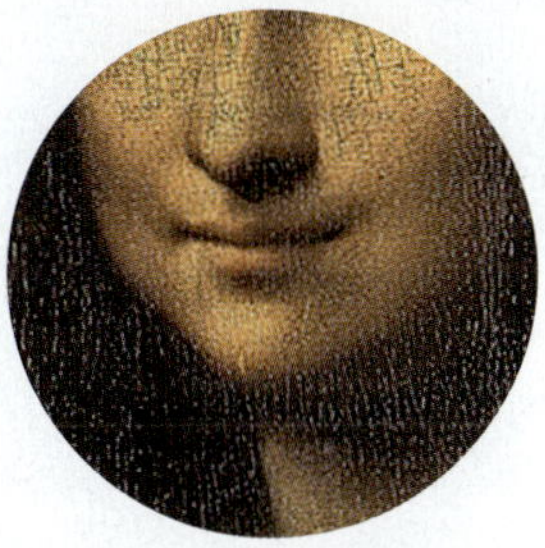

Je pense que Francesco del Giocondo[1] n'aurait pas accepté le tableau fini pour une bonne et simple raison : c'est qu'à l'époque, c'est un tableau scandaleux. Aujourd'hui c'est le chef-d'œuvre des chefs-d'œuvre, mais en 1503-1505, c'est un tableau inadmissible. Pourquoi ? Voilà un bon bourgeois florentin, et pas n'importe qui, qui commande le portrait de sa femme parce qu'elle lui a donné des enfants, et ce peintre lui présente, comme portrait, une jeune femme qui sourit, ce qui est incorrect, toute proche de nous, épilée des sourcils et des cheveux – alors qu'on sait très bien qu'à cette époque seules les femmes de mauvaise vie s'épilent – et ensuite il la plante devant un paysage pré-humain affreux, terrible. Or, comment voulez-vous qu'un mari souhaite voir sa femme, aimante, qui lui a donné deux enfants, devant un tel paysage et non devant des prairies, des arbres et des petits oiseaux ce qu'on trouve dans les fonds des portraits de Raphaël[2] contemporain de Léonard.

DANIEL ARASSE, *Histoire de peintures*, Éd. Denoël, 2006.

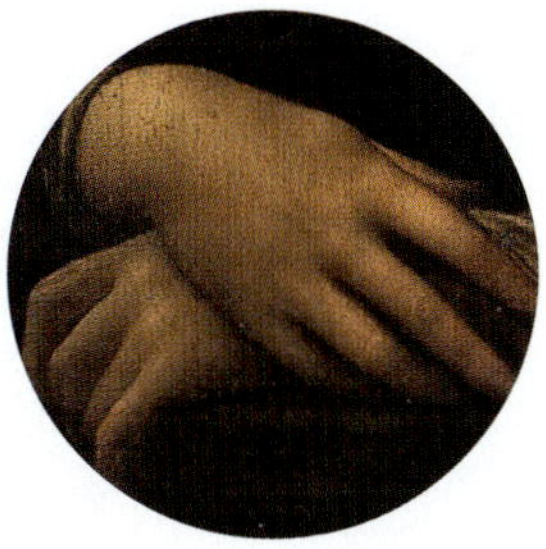

1. On pense que Francesco del Giocondo a commandé à Léonard de Vinci ce portrait de sa femme.
2. **Raphaël (1483-1520) :** peintre italien, maître du classicisme.

CAPACITÉ
Analyser et interpréter une production artistique.

COMPRENDRE

1. À quelles époques ces trois commentaires sur *La Joconde* ont-ils été écrits ?
2. Qu'admire particulièrement Giorgio Vasari dans le texte 1 ?
3. Dans les textes 2 et 3, l'appréciation du paysage est-elle la même ?

Apprendre à comprendre une œuvre

Des artistes qui font comprendre *La Joconde*

Revisiter *La Joconde*, en la parodiant, est un exercice auquel de nombreux peintres se sont livrés. C'est une façon pour eux de dire ce que leur inspire le tableau mais aussi de l'inscrire dans leur époque. *La Joconde* est donc devenue l'instrument d'un dialogue entre les peintres et entre les époques.

Document 4
La « Joconde » de Marcel Duchamp

MARCEL DUCHAMP, *La Joconde aux moustaches* (LHOOQ), 1919. Coll. particulière.

Document 5

ANDY WARHOL, *Mona Lisa*, 1963. Coll. privée.

Mona Lisa d'Andy Warhol

En 1963, Andy Warhol reproduit en plusieurs exemplaires, superpose et colore des photographies du célèbre portrait. Copie de copie, l'image est accumulée sur la feuille comme une marchandise dans la société de consommation.

Andy Warhol (1930-1987), peintre américain, a été influencé par l'œuvre et les réflexions de Marcel Duchamp sur l'art. Il s'est illustré dans le pop art, consistant à utiliser l'objet industriel et les techniques publicitaires dans la production artistique. Inspiré par la culture de masse, il est notamment célèbre pour ses sérigraphies d'objets de consommation (bouteilles de Coca-Cola) ou d'icônes modernes (Marilyn Monroe).

Jean-Michel Basquiat (1960-1988), peintre américain, débuta en dessinant des graffitis sur les murs de New York. Influencée par les peintres et les techniques du XXe siècle, son œuvre questionne les injustices urbaines et raciales ainsi que la douleur de la condition humaine.

Document 6
Mona Lisa de Jean-Michel Basquiat

En 1983, Jean-Michel Basquiat propose une Mona Lisa new-yorkaise. Influencé par l'œuvre de Marcel Duchamp et par celle d'Andy Warhol, ami avec lequel il travaille régulièrement, il revisite autant le tableau de Léonard de Vinci que les recherches artistiques de son siècle.

JEAN-MICHEL BASQUIAT, *Mona Lisa*, 1983. Coll. particulière.

La chanteuse Barbara a écrit un « Menuet pour la Joconde », dans lequel elle imagine les états d'âme de la femme du monde la plus regardée.

C'est moi que je suis la Joconde.
Que de mots vains on m'inonde.
Critiques, artistes abondent
En intarissables facondes.
Plusieurs milliers par seconde
Disent : « La Joconde ! Ah ! La Joconde.
Venez voir le sourire de la Joconde.
C'est le plus beau du monde,
La Joconde.

BARBARA, « Menuet pour la Joconde », in *Chanteuse de minuit*, 1958, EMI Odeon.

CAPACITÉ
Analyser et interpréter une production artistique.

COMPRENDRE

1. Déchiffrez le titre du tableau de Marcel Duchamp. Quel effet provoque ce titre ?
2. En quoi consiste la dérision dans le tableau d'Andy Warhol ?
3. Laquelle des trois toiles vous semble la plus provocatrice ? Justifiez votre point de vue.
4. À vos yeux, ces trois toiles sont-elles des œuvres d'art, au même titre que *La Joconde* ? Justifiez votre point de vue.

Apprendre à comprendre une œuvre

Des artistes qui font comprendre *La Joconde*

Avant la lecture

Recherchez d'autres tableaux de Magritte et expliquez en quoi sa *Joconde* s'inscrit dans son mode d'expression.

René Magritte (1898-1967), peintre belge, pratiqua le collage et s'intéressa au surréalisme. Par le biais des titres qu'il donne à ses œuvres, il interroge avec humour et profondeur le rapport entre le mot et la chose, entre l'objet et sa représentation.

Avec sa *Joconde*, Magritte propose une autre façon plus abstraite de parodier le tableau de Vinci.

Document 7 *La Joconde* de Magritte

MAGRITTE, *La Joconde*, 1967.

CAPACITÉ
Analyser et interpréter une production artistique.

COMPRENDRE

1. Que représente Magritte dans son tableau ?
2. Si le titre ne nous invitait pas à faire le parallèle, penserions-nous à Mona Lisa ? Justifiez votre réponse.

ÉCRIRE

Décrivez *La Joconde* de Magritte en un paragraphe puis, dans un second paragraphe, exprimez votre point de vue personnel sur cette œuvre.

Texte 8

Nous avons absolument besoin de titres pour identifier les tableaux dans nos conversations et recherches, mais il n'est nullement indispensable que l'artiste les ait donnés par lui-même […]. Ce n'est pas Léonard de Vinci qui a donné au portrait de Mona Lisa son illustre surnom français de « Joconde », mais ce mot est pour nous tellement lié à cette œuvre que lorsque Magritte le reprend pour l'attribuer à l'une de ses toiles, le fameux sourire se dessine immédiatement à nos yeux sur son rideau de ciel à nuages de beau temps, nous en fait interpréter différemment la découpure, attire notre attention sur la fente du grelot en bas à gauche.

MICHEL BUTOR, *Les Mots dans la peinture*, 1969.

Les déterminants

Langue

À RETENIR

Les déterminants sont des mots qui, placés à côté d'un autre mot (ou groupe de mots) ont pour fonction de le déterminer, c'est-à-dire d'en préciser le genre, le nombre, et, éventuellement, d'apporter d'autres informations en fonction du contexte.

Les articles :
le, la, les, un, une, du, de la, l'

Les déterminants démonstratifs :
ce, cet, cette, ces

Les déterminants possessifs :
mon, ton, son, ma, ta, sa, mes, tes, ses, etc.

Les déterminants indéfinis :
aucun, plusieurs, quelque, tout

Les déterminants interrogatifs :
quel, quelle, quels, quelles

Les déterminants exclamatifs :
quel, quelle, quels, quelles

Exercice 1

Dans les phrases suivantes, soulignez tous les déterminants.

Exemple : N'oubliez pas de prendre vos gants ; le temps est froid.

1. Les notes sont affichées sur la porte de ma salle de classe.
2. Ce nouveau film sera à l'affiche la semaine prochaine.
3. Nos plus récentes revues se trouvent sur la grande étagère près de l'entrée.
4. Certains élèves ont posé quelques questions.
5. Chaque citoyen doit exercer son droit de vote.

Exercice 2

Remplacez les pointillés avec le déterminant qui correspond au nom. Parfois, plusieurs réponses sont possibles.

1. Demain, je dois aller chez ... médecin.
2. J'aime aller au cinéma avec ... amie.
3. ... hirondelle ne fait pas ... printemps.
4. Il pleut. Mets ... manteau.
5. Si tu vois mal, tu porteras ... lunettes.
6. Un seul ne te suffit pas ! Il te faut ... stylos dans ... trousse.
7. ... force a ce boxeur !
8. ... jour sommes-nous ?

Exercice 3

Lisez le texte suivant.
Dans les deux premières phrases, soulignez les déterminants, et identifiez-les.

Le lendemain, qui était un dimanche, Octave, les yeux ouverts, s'oublia une heure dans la chaleur des draps. Il s'éveillait heureux, plein de cette lucidité des paresses du matin. À quoi bon se presser ? Il se trouvait bien au *Bonheur des dames*, il s'y décrassait de sa province, et une certitude profonde, absolue, lui venait d'avoir un jour Mme Hédouin, qui ferait sa fortune ; mais c'était une affaire de prudence, une longue tactique de galanterie, où se plaisait déjà son sens voluptueux de la femme. Comme il se rendormait, dressant des plans, se donnant six mois pour réussir, l'image de Marie Pichon avait achevé de calmer ses impatiences. Une femme pareille était très commode ; il lui suffisait d'allonger le bras, quand il la voulait, et elle ne lui coûtait pas un sou. En attendant l'autre, certes, il ne pouvait demander mieux. Dans son demi-sommeil, ce bon marché et cette commodité finissaient par l'attendrir : il la voyait très gentille avec ses complaisances, il se promettait d'être meilleur pour elle, désormais.

ZOLA, *Pot-Bouille*, 1882.

Exercice 4

a) Relevez tous les substantifs qui apparaissent dans le texte suivant sans déterminant.
b) Réécrivez le texte de façon à introduire des déterminants. Quelles transformations devez-vous faire ?
c) Comparez votre version avec le texte initial. Que remarquez-vous ?

Gémissements de sirènes. Hurlements de voitures de police qui se ruent vers le nord. Ambulances qui foncent dans leur sillage. En avant, la toile d'araignée grise du Queensboro Bridge. Sur l'autre rive, zébrées comme des sucres d'orge, les cheminées de l'usine Coned de Ravenwood, qui vomissent leurs fumées vers le ciel. Et juste au-delà, Queens, muraille hideuse qui barre l'horizon. Des péniches et des remorqueurs remontent paresseusement le courant. Des mouettes tournoient et piaillent dans le ciel. Un flou au moment où les voitures de police plongent sur le toboggan de la 90e rue, traversent en trombe l'ombre noire et humide, puis surgissent en plein soleil de l'autre côté. [...] Les automobilistes braquent, se rangent en hâte pour dégager la chaussée.

HERBERT LIEBERMAN, *Necropolis*, 1977.

CAPACITÉ
Exprimer à l'écrit une impression, un ressenti, une émotion.

Écrire un commentaire de tableau

OBJECTIFS

**Écrivez un commentaire de tableau en vous laissant guider pas à pas.
Choisissez un des deux tableaux et répondez aux questions.**

DÉMARCHE

1. Observer et prendre des notes

Répondez aux questions suivantes qui vont guider votre observation du tableau.
a) Qui sont les personnages représentés au premier plan ?
b) Que font-ils ?
c) Décrivez l'arrière-plan du tableau.
d) Quels personnages voit-on à l'arrière-plan ? Que font-ils ?
e) Le tableau se compose de plusieurs scènes juxtaposées. Identifiez-les.

2. Préparer le commentaire

Répondez aux questions suivantes qui vont guider votre commentaire du tableau.
a) Par quels adjectifs peut-on qualifier les couleurs du tableau ?
b) Quels sentiments éprouvez-vous en regardant ce tableau ?
c) Quels sont les aspects du tableau que vous appréciez et pourquoi ?
d) Quel sens donnez-vous à cette scène ? Que se passe-t-il à votre avis ?
e) Imaginez une histoire dont cette scène est une étape.

3. Structurer le commentaire

Organisez vos réponses aux deux séries de questions de façon à proposer un commentaire suivant les étapes suivantes :
- la description des scènes les plus marquantes du tableau ;
- un tableau qui raconte une histoire ;
- les sentiments que m'inspire ce tableau ;
- ce qui me plaît ou me déplaît dans ce tableau.

4. Rédiger le commentaire

Vous reprenez vos réponses des étapes précédentes et rédigez votre commentaire.

VOCABULAIRE

La description

Plan
premier plan, deuxième plan, arrière-plan, au-dessus, au-dessous, derrière, devant, etc.

Lignes
horizontale, verticale, oblique, ligne de force, etc.

Couleur et sentiment
force, intensité, douleur, émotion, éclat, sombre, clair-obscur, douceur, pâleur, vivacité, harmonie, contraste, joie, rêverie, étonnant, beauté, etc.

CONSEILS

Il comporte quatre paragraphes et fait une vingtaine de lignes au total.
Vos phrases sont courtes, écrites d'abord à la 3e puis à la 1re personne du singulier.
Vous utilisez un dictionnaire pour trouver les mots justes tant pour décrire que pour commenter.
Vous vous relisez à la fin pour simplifier les phrases et corriger l'expression.

Pierre Bruegel, *Chasseurs dans la neige*, 1565

Pierre Bruegel l'Ancien, *Jeux d'enfants* (v. 1525-1569)

Alcools et la modernité poétique

Guillaume Apollinaire (1880-1918) est le précurseur du surréalisme. Il est l'auteur de plusieurs recueils de poèmes qui influencèrent profondément la poésie du XXe siècle. *Alcools* est le plus connu.

Guillaume Apollinaire publie *Alcools* en 1913. Il est surtout connu à cette époque comme le défenseur de la peinture moderne et en particulier du cubisme. Or *Alcools*, tout comme la peinture moderne, sera accueilli avec étonnement et parfois même incompréhension.
Parmi les nouveautés qu'apporte Apollinaire, c'est moins la disparition de la ponctuation que la diversité et l'originalité des thèmes qui surprennent certains critiques, qui jugent le recueil « hétéroclite ».

LE PONT MIRABEAU

Sous le pont Mirabeau coule la Seine
Et nos amours
Faut-il qu'il m'en souvienne
La joie venait toujours après la peine

Vienne la nuit sonne l'heure
Les jours s'en vont je demeure

Les mains dans les mains restons face à face
Tandis que sous
Le pont de nos bras passe
Des éternels regards l'onde si lasse

Vienne la nuit sonne l'heure
Les jours s'en vont je demeure

L'amour s'en va comme cette eau courante
L'amour s'en va
Comme la vie est lente
Et comme l'Espérance est violente

Vienne la nuit sonne l'heure
Les jours s'en vont je demeure

Passent les jours et passent les semaines
Ni temps passé
Ni les amours reviennent
Sous le pont Mirabeau coule la Seine

Vienne la nuit sonne l'heure
Les jours s'en vont je demeure

APOLLINAIRE, *Alcools*, 1913, Éd. Gallimard.

PISTES DE RÉFLEXION

1. Quels sont les thèmes qu'aborde ce poème ?
2. Quelle est la préoccupation dominante du poète ?

Le pont Mirabeau.

Alcools et la modernité poétique

Plusieurs poèmes du recueil évoquent un séjour que fit Apollinaire en Allemagne, sur les bords du Rhin. C'est le cas de « Crépuscule » qui est aussi marqué par l'influence de la peinture de Picasso.

CRÉPUSCULE

À Mademoiselle Marie Laurencin

Frôlée par les ombres des morts
Sur l'herbe où le jour s'exténue
L'arlequine[1] s'est mise nue
Et dans l'étang mire son corps

Un charlatan[2] crépusculaire
Vante les tours que l'on va faire
Le ciel sans teinte est constellé
D'astres pâles comme du lait

Sur les tréteaux l'arlequin blême
Salue d'abord les spectateurs
Des sorciers venus de Bohême
Quelques fées et les enchanteurs

Ayant décroché une étoile
Il la manie à bras tendu
Tandis que des pieds un pendu
Sonne en mesure les cymbales

L'aveugle berce un bel enfant
La biche passe avec ses faons
Le nain regarde d'un air triste
Grandir l'arlequin trismégiste[3]

APOLLINAIRE, *Alcools*, 1913, Éd. Gallimard.

Apollinaire a rencontré en 1907 Marie Laurencin, qui est peintre et avec qui il vivra une passion malheureuse. Ils se quittèrent en 1912.

1. Arlequine : personnage de la commedia dell'arte qui porte un costume barriolé.
2. Charlatan : imposteur.
3. Trismégiste : trois fois grand, surnom du dieu Hermès.

PICASSO, *Famille de saltimbanques*, 1905.

PISTES DE RÉFLEXION

1. À quoi tient le caractère étrange de la scène ? Quelle est la tonalité du poème ?
2. Quels sont les éléments communs dans la composition et l'atmosphère du poème avec le tableau de Picasso ?

Alcools et la modernité poétique

Les femmes aux cheveux verts sont les célèbres Ondines, créatures de la mythologie germanique dont les pouvoirs maléfiques s'exercent avec une force inquiétante.

NUIT RHÉNANE

Mon verre est plein d'un vin trembleur comme une flamme
Écoutez la chanson lente d'un batelier
Qui raconte avoir vu sous la lune sept femmes
Tordre leurs cheveux verts et longs jusqu'à leurs pieds

Debout chantez plus haut en dansant une ronde
Que je n'entende plus le chant du batelier
Et mettez près de moi toutes les filles blondes
Au regard immobile aux nattes repliées

Le Rhin est ivre où les vignes se mirent
Tout l'or des nuits tombe en tremblant s'y refléter
La voix chante toujours à en râle-mourir
Ces fées aux cheveux verts qui incantent l'été

Mon verre s'est brisé dans un éclat de rire

APOLLINAIRE, *Alcools*, 1913, Éd. Gallimard.

KONSTANTINOVICH, *Nuit de pleine lune*, 1860.

PISTES DE RÉFLEXION

1. Comment le surnaturel surgit-il dans le poème ?
2. Quelles en sont les manifestations successives ?
3. Comment le pouvoir des Ondines est-il décrit ainsi que leur capacité d'entraîner jusqu'à la mort ?
4. Quel est le rôle de l'ivresse dans ce poème ?

Tout comme « Nuit rhénane » et « Crépuscule », « Mai » fait partie des poèmes inspirés à Apollinaire par son séjour en Allemagne et par la déception amoureuse (il vient de se séparer d'Annie Playden).

MAI

Le mai le joli mai en barque sur le Rhin
Des dames regardaient du haut de la montagne
Vous êtes si jolies mais la barque s'éloigne
Qui donc a fait pleurer les saules riverains

Or des vergers fleuris se figeaient en arrière
Les pétales tombés des cerisiers de mai
Sont les ongles de celle que j'ai tant aimée
Les pétales flétris sont comme ses paupières

Sur le chemin du bord du fleuve lentement
Un ours un singe un chien menés par des Tsiganes
Suivaient une roulotte traînée par un âne
Tandis que s'éloignait dans les vignes rhénanes
Sur un fifre[1] lointain un air de régiment

Le mai le joli mai a paré les ruines
Des lierres de vigne vierge et de rosiers
Le vent du Rhin secoue sur le bord les osiers
Et les roseaux jaseurs et les fleurs nues des vignes

APOLLINAIRE, *Alcools*, 1913, Éd. Gallimard.

Annie Playden est une jeune gouvernante anglaise qui a rencontré Apollinaire en 1901.

1. **Fifre :** petite flûte traversière.

PISTES DE RÉFLEXION

1. Comment le poème est-il construit ?
2. Quelles en sont les étapes ?
3. Quel est l'état d'esprit du poète ?
4. Qu'est-il en train de vivre ?
5. Comment fait-il sentir son malaise ?
6. Quel rôle joue la nature ?

Alcools et la modernité poétique

MODIGLIANI, *Femme à l'éventail*, 1919.

Ce poème, qui comme beaucoup d'autres textes d'Apollinaire évoque une figure féminine, n'est titré que par une date qui renvoie sans doute à l'instant de cette rencontre fugitive et marquante.

1909

La dame avait une robe
En ottoman[1] violine
Et sa tunique brodée d'or
Était composée de deux panneaux
S'attachant sur l'épaule

Les yeux dansants comme des anges
Elle riait elle riait
Elle avait un visage aux couleurs de France
Les yeux bleus les dents blanches et les lèvres très rouges
Elle avait un visage aux couleurs de France

Elle était décolletée en rond
Et coiffée à la Récamier[2]
Avec de beaux bras nus

N'entendra-t-on jamais sonner minuit

La dame en robe d'ottoman violine
Et en tunique brodée d'or
Décolletée en rond
Promenait ses boucles
Son bandeau d'or
Et traînait ses petits souliers à boucles

Elle était si belle
Que tu n'aurais pas osé l'aimer

J'aimais les femmes atroces dans les quartiers énormes
Où naissaient chaque jour quelques êtres nouveaux
Le fer était leur sang la flamme leur cerveau
J'aimais j'aimais le peuple habile des machines
Le luxe et la beauté ne sont que son écume
Cette femme était si belle
Qu'elle me faisait peur

APOLLINAIRE, *Alcools*, 1913, Éd. Gallimard.

1. Ottoman : tissu soyeux.
2. La Récamier (1777-1849) tenait un salon littéraire. Sur un célèbre portrait, elle est représentée les cheveux relevés, partagés par une raie au milieu et le visage encadré de mèches bouclées.

PISTES DE RÉFLEXION

1. Que peut signifier le titre ?
2. Quelles sont les étapes du poème ?
3. Pourquoi le poète s'adresse-t-il soudain au lecteur ?
4. Que ressentons-nous à ce moment ? En comparant les premières strophes à la dernière (choix des mots, rythme), expliquez comment Apollinaire alimente le contraste ?
5. Que nous apprend ce poème sur Apollinaire et son rapport aux femmes ?

RÉCAPITULONS

1. Quelles thématiques les poèmes que vous venez de lire abordent-ils ?
2. Quelle vision des femmes ces portraits successifs donnent-ils ?
3. Quelle est la principale source d'inspiration d'Apollinaire ?
4. Quels exemples peut-on donner de la liberté que prend Apollinaire dans la composition de ses poèmes (observez la longueur des vers, leur rythme, le choix des mots et des images) ?

La modernité en peinture

Voici l'œuvre la plus révolutionnaire et scandaleuse réalisée par Pablo Picasso (1881-1973), qui mit près d'une année pour l'élaborer. Elle a valeur de manifeste pour le cubisme. Il s'agit de la représentation de prostituées exerçant dans une maison de la rue d'Avignon à Barcelone, près de la boutique où Picasso achetait son matériel de peinture. On y retrouve l'esprit sarcastique de son ami Apollinaire.

PICASSO, *Les Demoiselles d'Avignon*, 1906-1907, huile sur toile. New York, Museum of Modern Art.

Picasso dans son atelier, 1948.

Cette œuvre possède toutes les caractéristiques de la modernité. On y relève une rupture avec ce qui se fait en peinture, un sujet de la vie contemporaine, l'affranchissement de tout contenu bien-pensant, une grande violence picturale, une libération d'énergies formelles et un espace pictural plat.

ÉTUDIER L'IMAGE

1. Qu'y a-t-il de surprenant dans la représentation qui est faite des personnages ?
2. Qu'est-ce qui donne une impression d'espace sans profondeur ? Pour vous aider à répondre, envisagez entre autres éléments le rôle que jouent ici les rideaux par leur forme et leur signification.
3. Pourquoi appelle-t-on cette période « cubiste » ?

La modernité poétique

Qu'est-ce qu'être moderne ?

Les poètes au début du XXe siècle vont bouleverser le genre poétique. Ils s'octroient une grande liberté dans leurs écrits qui, au lieu de suivre une règle stricte, prendront la forme de ce qu'ils veulent exprimer. Le poème devient champ d'expérimentation du langage, de la pensée et des émotions.

Quand parle-t-on de poésie moderne ?

Un immense bouleversement se produisait depuis quelques décennies en peinture où l'on était passé progressivement d'un art d'imitation de la nature à un art d'expression des sentiments. C'est la même évolution que suivit la poésie pour laquelle le langage devint à la fois l'outil et le but.

Quelle forme prendra la poésie moderne ?

La caractéristique de la poésie moderne est la diversité. Les poètes composent parfois des poèmes en vers réguliers avec des rimes, ou en vers libres, parfois ils écrivent des poèmes en prose ; certains jouent avec la typographie ou la ponctuation... La forme dépend de ce qu'ils expriment. Leur point commun est de faire de la poésie un grand laboratoire : la phrase ou le mot sont désarticulés pour exprimer leur rapport au monde.

BRANCUSI, *Le Baiser*, 1910.

Voilà un extrait d'une étude sur la littérature française dans laquelle les auteurs s'efforcent de mettre en lumière ce qui rapproche les poètes du début du XXe siècle.

Un esprit nouveau apparaît avec la génération qui a vingt ans entre 1900 et 1905. Pour elle, les querelles entre le rêve et la vie, l'évasion et la présence au monde, l'obscurité et la clarté, les débats sur les formes de l'expression poétique sont affaires du passé ; elle aborde le champ littéraire sans les refus et les préjugés de ses aînés. [...] Ce que ces [poètes] ont en commun, c'est la confiance dans la liberté créatrice de l'imagination, l'acceptation du réel sur lequel on jette un regard neuf, l'indépendance à l'égard de toutes les théories de la métrique, auxquelles se substitue la logique même du texte en fabrication.

MICHEL DECAUDIN, DANIEL LEUWERS, *Littérature française : de Zola à Apollinaire*, 1986.

Résumez ce qu'est « l'esprit nouveau ».

TROIS POÈTES DE LA MODERNITÉ

Guillaume Apollinaire (1880-1918) est considéré comme un des précurseurs sur les voies que suivra la poésie au XXe siècle. Ami de Picasso et des peintres cubistes, il fait entrer en poésie la modernité picturale (*Alcools*, 1913).

Voyageur infatigable, amputé du bras droit durant la Première Guerre mondiale, **Blaise Cendrars (1887-1961)** est le poète du « monde entier », donnant à ses textes le rythme de la vie moderne ou les construisant comme des instantanés photographiques (*La Prose du Transsibérien et de la petite Jeanne de France*, 1913).

Max Jacob (1876-1944) publie *Le Cornet à dés* (1917), recueil de poèmes en prose, où il joue avec les mots autant qu'avec les contradictions du cœur. D'origine juive, il devient un catholique fervent dès 1909, mais mourut en déportation en 1944.

Évaluation 1

Un tableau controversé

M. Courbet est un factieux[1] pour avoir représenté de bonne foi des bourgeois, des paysans, des femmes de village de grandeur naturelle. C'est là le premier point. On ne veut pas admettre qu'un casseur de pierre vaut un prince : la noblesse se gendarme de ce qu'il ait accordé tant de mètres de toile à des gens du peuple ; seuls les souverains ont le droit d'être peints en pied, avec leurs décorations, leurs broderies et leurs physionomies officielles. Comment ! un homme d'Ornans, un paysan enfermé dans son cercueil, se permet de rassembler à son enterrement une foule considérable, des fermiers, des gens de bas étage, et on donne à cette représentation le développement que Largillière[2] avait lui, le droit de donner à des magistrats allant à la messe du Saint Esprit ! Si Vélasquez[3] a fait grand, c'étaient des seigneurs d'Espagne, des infants[4], des infantes ; il y a là au moins de la soie, de l'or sur les habits, des décorations et des plumets.

JULES CHAMPFLEURY, « Lettre à Madame Sand », *Du réalisme*, 1855.

1. **Factieux :** opposant violent, agitateur.
2. **Largillière :** Nicolas de Largillière (1656-1746) est un portraitiste français très apprécié de la bourgeoisie de son temps.
3. **Vélasquez :** Diego Vélasquez (1599-1660), peintre majeur de la cour espagnole.
4. **Infants :** enfants du roi d'Espagne.

Compétences de lecture (10 points)

1. Que reproche-t-on à Courbet ?
2. Aux yeux de ceux qui ont été choqués par ce tableau, dans quel cas est-il acceptable de peindre un enterrement ?
3. À quoi voit-on que Jules Champfleury ne partage pas le point de vue des critiques ?
4. En quoi la démarche du peintre est-elle réaliste ?
5. Pourquoi la taille du tableau aggrave-t-elle le scandale ?

Compétences d'écriture (10 points)

Choisissez une œuvre actuelle qui choque le public (un texte de rap par exemple) et justifiez le parti pris de l'artiste.

GUSTAVE COURBET, *Un enterrement à Ornans*, 1850.

Racine présente l'héroïne de sa pièce, *Phèdre*

Voici encore une tragédie dont le sujet est pris d'Euripide[1]. Quoique j'aie suivi une route un peu différente de celle de cet auteur pour la conduite de l'action, je n'ai pas laissé[2] d'enrichir ma pièce de tout ce qui m'a paru le plus éclatant dans la sienne. Quand je ne lui devrais que la seule idée du caractère de Phèdre, je pourrais dire que je lui dois ce que j'ai peut-être mis de plus raisonnable sur le théâtre. Je ne suis point étonné que ce caractère ait eu un succès si heureux du temps d'Euripide, et qu'il ait encore si bien réussi dans notre siècle, puisqu'il a toutes les qualités qu'Aristote[3] demande dans le héros de la tragédie, et qui sont propres à exciter la compassion et la terreur. En effet, Phèdre n'est ni tout à fait coupable, ni tout à fait innocente. Elle est engagée, par sa destinée et par la colère des dieux, dans une passion illégitime, dont elle a horreur toute la première. Elle fait tous ses efforts pour la surmonter. Elle aime mieux se laisser mourir que de la déclarer à personne, et lorsqu'elle est forcée de la découvrir, elle en parle avec une confusion qui fait bien voir que son crime est plutôt une punition des dieux qu'un mouvement de sa volonté.

J'ai même pris soin de la rendre un peu moins odieuse qu'elle n'est dans les tragédies des Anciens, où elle se résout d'elle-même à accuser Hippolyte[4]. J'ai cru que la calomnie avait quelque chose de trop bas et de trop noir pour la mettre dans la bouche d'une princesse qui a d'ailleurs des sentiments si nobles et si vertueux.

RACINE, Préface de *Phèdre,* 1677.

1. Euripide : un des grands auteurs grecs du théâtre antique.
2. Je n'ai pas laissé : je ne me suis pas privé.
3. Aristote : théoricien du théâtre antique.
4. Phèdre est amoureuse de son beau-fils Hippolyte. Racine explique cette passion par un acharnement des dieux contre elle. Cette fatalité la disculpe en partie.

Compétences de lecture (10 points)

1. De qui Racine s'est-il inspiré ? Qu'a-t-il retenu de son modèle ?
2. Comment a-t-il fait œuvre personnelle, au-delà de cette influence ?
3. En quoi Phèdre est-elle une héroïne tragique ?
4. Donnez un autre exemple de héros ou d'héroïne dans le théâtre classique et expliquez en quoi son destin est tragique.
5. Pourquoi Racine veille-t-il à ne pas rendre son héroïne trop odieuse ?

Compétences d'écriture (10 points)

Donnez l'exemple à l'époque actuelle d'un artiste (musique, théâtre, cinéma, danse, etc.) qui est influencé par une œuvre dont il s'inspire et expliquez ce qu'il apporte de nouveau par rapport à ce modèle.

Histoire des arts

Thématiques « Arts, sociétés, cultures »,

Évolution des conceptions de l'espace

Du XVIe au XVIIe siècle, la culture a profondément changé ; on passe progressivement de la fin de la Renaissance, période de doute, à l'époque classique.
Deux conceptions de l'espace s'opposent.

Château de Fontainebleau, la galerie François Ier.

Le décor intérieur de style Renaissance

Le château de Fontainebleau était le lieu de résidence favori de François Ier. De 1533 à 1539, il fait construire une galerie considérée aujourd'hui comme étant l'exemple le plus représentatif de l'art décoratif de la Renaissance. Longue de 60 mètres et large de 6 mètres, elle était à l'origine éclairée des deux côtés. La décoration réalisée par des Italiens se compose de stucs (hauts-reliefs faits d'un mélange de plâtre et de poudre de marbre) et de fresques qui exaltent la personne du roi. Les chiffres, emblèmes et devises de François Ier ornent les lambris en noyer sculpté et doré.

Château de Versailles, la galerie des Glaces.

Le décor intérieur de style classique

La galerie des Glaces, édifiée à partir de 1678 par Jules Hardouin-Mansart à Versailles, reprend le parti adopté pour la galerie François Ier (éclairement latéral, bois sculpté et doré, alignement des lustres de cristal, peintures glorifiant les actions du roi, ici Louis XIV). Les dimensions sont encore plus grandes : 73 mètres de long sur 10,50 mètres de large. Mais la galerie n'est éclairée que d'un seul côté par des fenêtres, les 357 miroirs qui leur font face renvoyant la lumière. Le décor peint au plafond par Le Brun comprend trente scènes représentées en contre-plongée qui semblent aspirer les spectateurs vers le haut, comme pour mieux convaincre ceux-ci du caractère divin du pouvoir royal.
Le style baroque se distingue par l'envol des formes. Il domine partout en Europe.

QUESTION

À l'issue de l'observation de ces quatre documents, pouvez-vous dire en quoi consiste la rupture entre l'espace Renaissance et l'espace classique ?

Le jardin Renaissance

Dans les jardins de la Renaissance, la tradition française médiévale et monacale (le jardin potager organisé géométriquement, et la culture des plantes médicinales et aromatiques) se mêle à une tradition importée d'Italie (le rappel des jardins de la Rome antique avec ses statues ornementales et ses jeux d'eau). Reconstitués en 1906, les jardins de Villandry, dont le château fut construit par le ministre des finances de François Ier, en donnent une idée : ensemble clos, suite d'espaces centrés sur un bassin ou une sculpture, fontaines, tonnelles, allées de gravier se coupant à angles droits et délimitant ainsi des carrés, touches colorées de fleurs, parterres dit « de broderie » qui adoptent des formes géométriques et symétriques, et qui sont bordés et rehaussés d'arabesques et d'entrelacs de buis.

Les jardins de Villandry (Indre-et-Loire).

Le jardin classique

Le jardin classique, dit « à la française », se développe grâce à André Le Nôtre qui en fixe les règles : longues perspectives, toujours ralenties par des corrections optiques, selon un axe principal orienté est-ouest, avec pièces de gazon et miroirs d'eau circulaires ou rectangulaires topiaires (arbres et arbustes taillés), parterres de fleurs auprès du château, suivis d'un parc considéré comme espace de transition avant de donner à imaginer la forêt qui est, plus loin, le domaine des chasses royales. Le jardin classique se caractérise aussi par l'absence de bâtiments, des étagements horizontaux de terrasses dotées de rampes et des escaliers monumentaux pour y accéder, des allées de gravier ; la magnificence des jeux d'eau, des grottes et des labyrinthes en référence aux mythes gréco-romains.

Les jardins de Versailles.

TICE **B2i lycée**

4.1 Je sais interroger les bases documentaires à ma disposition

Trouver des œuvres en ligne

1. À l'aide d'un moteur de recherche, rendez-vous sur le site du château de Versailles. Entrez dans la base consacrée à la galerie des Glaces.
2. D'après cette base, quels sont les vices et les vertus représentés par Le Brun ? Dites quel animal est l'attribut de la colère et quel est celui de l'ambition.

Atelier d'écriture

Exprimer ses opinions

1. Des listes pour déclencher l'écriture

• Écrivez sans réfléchir, le plus vite possible, deux listes. L'une répondant à « j'aime », l'autre à « je n'aime pas ».

J'aime	Je n'aime pas
....	....
....	....
....	....
....	....
....	....

• Relisez vos deux listes. Isolez un mot dans chaque liste et développez :
– J'aime ... parce que
– Je n'aime pas ... parce que

2. Faire partager ses goûts et ses opinions

• Écrivez un texte publicitaire destiné à convaincre les consommateurs du caractère indispensable d'un objet technologique : le GPS, le MP3, etc.
Pour ce faire, vous parlerez :
– des usages de l'objet,
– de son maniement,
– de son design,
– des raisons qui en font un objet à la mode.

• Vous ménagerez une conclusion humoristique et n'oublierez pas de trouver un slogan qui résume les principales qualités de l'objet.

• Puis vous choisirez une phrase dans le texte que vous venez d'écrire et vous l'utiliserez dans un paragraphe où vous dénoncerez la dépendance des consommateurs face aux objets à la mode.

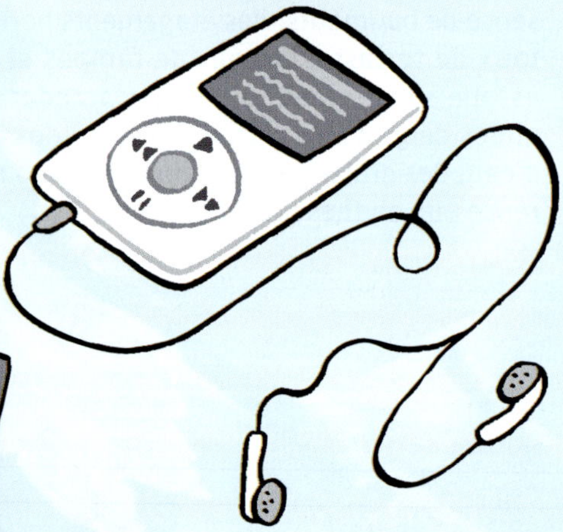

3. Écrire des proverbes

À votre tour, créez un proverbe qui reflète votre conception du goût.

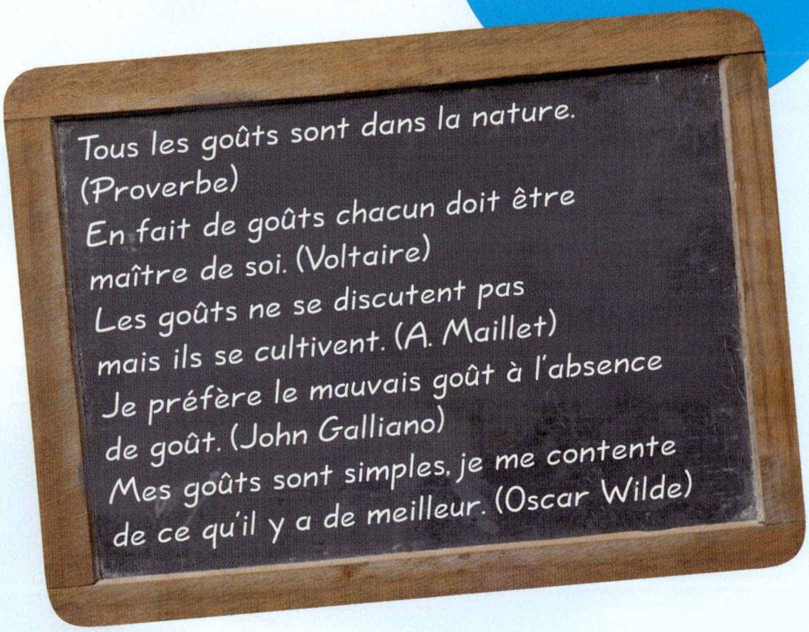

4. Pasticher Flaubert

Qu'est-ce donc que le mauvais goût ? N'est-ce pas invariablement le goût de l'époque qui nous a précédés ? Tous les enfants ne trouvent-ils pas leur père ridicule ? Le mauvais goût du temps de Ronsard c'était Marot, du temps de Boileau c'était Ronsard, du temps de Voltaire c'était Corneille et c'était Voltaire du temps de Chateaubriand que beaucoup de gens, à cette heure, commencent à trouver un peu faible. Ô gens de goût des siècles futurs, je vous recommande les gens de goût de maintenant. [...]
Comme ce qui est beau sera laid, comme ce qui est gracieux paraîtra sot, comme ce qui est riche semblera pauvre, nos délicieux boudoirs, nos charmants salons, nos ravissants costumes, feuilletons, nos drames palpitants, nos livres sérieux, oh ! oh ! comme on nous fourrera au grenier.

FLAUBERT, *Voyage en Bretagne par les champs et les grèves*, 1847.

À la manière de Flaubert, listez tout ce qui, dans ce que nous aimons aujourd'hui, pourra être « fourré au grenier » par les générations futures.
Relisez votre texte et coupez tout ce que vous trouvez superflu.

UN ROMÉO & JULIETTE
FANTASTIQUE QUI
A SU TOUCHER DES
MILLIONS DE FANS
twilight
CHAPITRE 1
FASCINATION

Les dix droits
du lecteur
par Daniel Pennac
illustrations de Quentin Blake
1. Le droit de ne pas lire
2. Le droit de sauter des pages
3. Le droit de ne pas finir un livre
4. Le droit de relire
5. Le droit de lire n'importe quoi
6. Le droit au bovarysme
7. Le droit de lire n'importe où
8. Le droit de grappiller
9. Le droit de lire à voix haute
10. Le droit de nous taire
GALLIMARD
JEUNESSE

M. ÉMILE ZOLA, PAR GILL.

Parcours de personnages

Les héros littéraires d'hier sont-ils les héros d'aujourd'hui ?

En quoi l'histoire du personnage étudié, ses aventures, son évolution aident-elles le lecteur à se construire ?

Les valeurs qu'incarne le personnage étudié sont-elles celles de l'auteur, celles d'une époque ?

Les héros littéraires d'hier sont-ils les héros d'aujourd'hui ?

SOMMAIRE

CAPACITÉS

- Analyser comment un personnage se construit à travers des mots, des attributs, des avatars.
- Montrer comment un personnage évolue depuis son apparition dans l'œuvre jusqu'à la fin.
- Rendre compte à l'oral et à l'écrit de ce qu'un personnage de fiction dit de la réalité.
- Comprendre en quoi un personnage porte le projet de son auteur.

ATTITUDES

- Être curieux de connaître d'autres personnages, d'autres expériences, d'autres lieux, d'autres époques, à travers des œuvres de fiction.
- Se laisser interroger par les valeurs incarnées dans un personnage.

AUDIO

Compléments sonores.

Écriture d'échauffement

Roméo et Juliette est une pièce de Shakespeare qui a inspiré de nombreuses réécritures. Pourquoi cette histoire et ses personnages sont-ils toujours d'actualité ?

Don Juan, un archétype qui traverse les siècles

Avant la lecture
Donnez une définition d'un Don Juan.

Molière (1622-1673) s'empare de la figure de Don Juan en 1665. Il transforme son personnage cynique et libertin en un faux dévot à la fin de la pièce. Voilà qui ne pouvait que renforcer la polémique suscitée par la précédente pièce de Molière, *Tartuffe*, une charge en règle contre ces croyants hypocrites que sont les dévots.

Dans cet extrait de la pièce de Molière, Don Juan expose ses théories sur l'amour. Il dévoile ses stratégies de séducteur sans scrupules.

DON JUAN. – Quoi ? Tu veux qu'on se lie à demeurer[1] au premier objet qui nous prend, qu'on renonce au monde pour lui, et qu'on n'ait plus d'yeux pour personne ? La belle chose de vouloir se piquer d'un faux honneur d'être fidèle, de s'ensevelir pour toujours dans une passion, et d'être mort dès sa jeunesse à toutes les autres beautés qui nous peuvent frapper les yeux ! Non, non : la constance n'est bonne que pour des ridicules ; toutes les belles ont droit de nous charmer, et l'avantage d'être rencontrée la première ne doit point dérober[2] aux autres les justes prétentions qu'elles ont toutes sur nos cœurs. Pour moi, la beauté me ravit partout où je la trouve, et je cède facilement à cette douce violence dont elle nous entraîne. J'ai beau être engagé, l'amour que j'ai pour une belle n'engage point mon âme à faire injustice aux autres ; je conserve des yeux pour voir le mérite de toutes, et rends à chacune les hommages et les tributs où la nature nous oblige. Quoi qu'il en soit, je ne puis refuser mon cœur à tout ce que je vois d'aimable ; et dès qu'un beau visage me le demande, si j'en avais dix mille je les donnerais tous. Les inclinations[3] naissantes, après tout, ont des charmes inexplicables, et tout le plaisir de l'amour est dans le changement. On goûte une douceur extrême à réduire, par cent hommages, le cœur d'une jeune beauté, à voir de jour en jour les petits progrès qu'on y fait, à combattre par des transports, par des larmes et des soupirs, l'innocente pudeur d'une âme qui a peine à rendre les armes, à forcer pied à pied toutes les petites résistances qu'elle nous oppose, à vaincre les scrupules dont elle se fait un honneur et la mener doucement où nous avons envie de la faire venir. Mais lorsqu'on en est maître une fois, il n'y a plus rien à dire ni rien à souhaiter ; tout le beau de la passion est fini, et nous nous endormons dans la tranquillité d'un tel amour, si quelque objet nouveau ne vient réveiller nos désirs, et présenter à notre cœur les charmes attrayants d'une conquête à faire.

MOLIÈRE, *Dom Juan*, acte I, scène 2.

1. **Se lie à demeurer :** s'oblige à rester.
2. **Dérober aux autres :** priver les autres.
3. **Inclinations :** sentiments amoureux.

Créé en 1630 en Espagne par Tirso de Molina, le personnage de Don Juan rencontre un succès immédiat. Il sera par la suite repris par de nombreux auteurs. Molière lui consacre une pièce controversée en 1665, puis Mozart en fait le héros de son *Don Giovanni*. Ce seront ensuite les romantiques Byron, Hoffmann, Musset, et enfin Mérimée et Dumas qui s'empareront de l'éternel séducteur.

CAPACITÉ
Analyser comment un personnage se construit à travers des mots, des attributs, des avatars.

COMPRENDRE
1. Quels sont d'après Don Juan les inconvénients de la fidélité ?
2. Qu'attend-il de l'amour ?
3. Pourquoi la phase de conquête lui est-elle si agréable ?

ANALYSER
1. Relevez le vocabulaire guerrier dans ce texte. À quel propos ces mots sont-ils employés ? Qu'en déduisez-vous ?
2. Relevez les expressions qui montrent que Don Juan est un cynique (c'est-à-dire sans scrupules et provocateur).

ÉCRIRE
Rédigez le portrait moral d'un Don Juan moderne (personnage de fiction, ou personnalité réelle) en montrant ce qui le rapproche du *Don Juan* de Molière.

À RETENIR
Le personnage est une personne fictive qui apparaît dans une œuvre littéraire. Il est caractérisé physiquement mais aussi moralement. Il appartient à un milieu social auquel il emprunte un langage, des valeurs, une vision du monde.

ATTITUDE
Se laisser interroger par les valeurs incarnées dans un personnage.

Exposé : créer un personnage

CRÉER SON ALIAS

1. **Vous créez un personnage fictif.** Il vous représentera dans un jeu en ligne (type *World of Warcraft*) ou un monde virtuel (type *Second Life*). Ce personnage peut incarner des valeurs positives ou négatives. Il peut vous ressembler ou être au contraire très différent de vous.
2. **Listez les caractéristiques du personnage que vous avez choisi.**

Jeu ou monde virtuel dans lequel il évolue	....
Homme/femme/autre	....
Âge	....
Apparence physique	....
Position sociale	
Pouvoirs, attributs	
Caractère	
Activités	
Types de relations et d'interactions avec les autres personnages du jeu ou du monde virtuel	

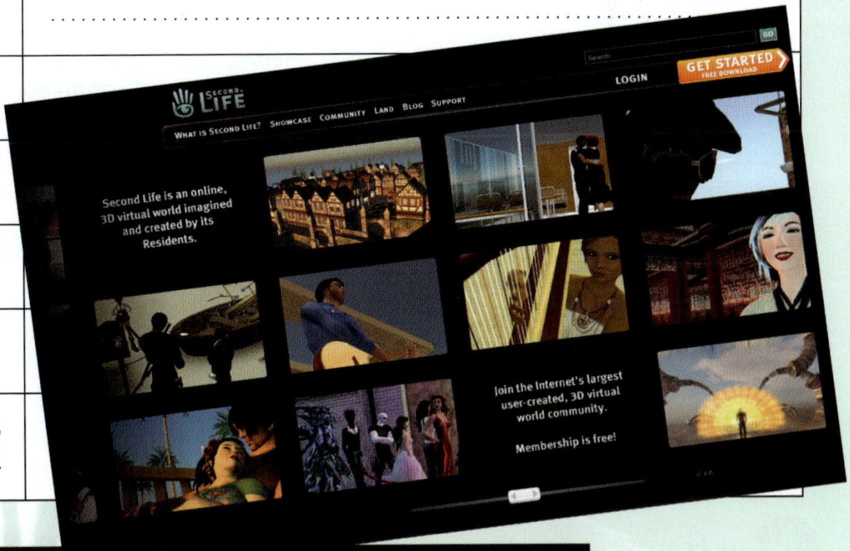

PRÉSENTER SON ALIAS

Dans un exposé structuré d'environ 5 minutes, vous ferez un portrait détaillé de votre personnage, en reprenant les caractéristiques que vous avez listées à l'étape 1. Puis vous expliquerez pourquoi vous l'avez conçu ainsi.

Quand les héros actuels ressemblent aux modèles anciens

Les modèles antiques

Homère est un poète grec qui aurait vécu au VIIIe siècle avant Jésus-Christ. On lui attribue l'*Odyssée*, dont le héros est le fameux Ulysse, et l'*Iliade*, qui raconte la sanglante guerre entre les Grecs et les Troyens.

Texte 1

Achille appartient, dans le récit d'Homère, à l'élite de l'armée grecque qui assiège la ville de Troie. Il est connu pour son courage et son ardeur au combat.

Car Achille n'était point doux de cœur, aimable en ses pensées, mais tout impétueux[1]. Trôs, de sa main lui touchait les genoux, voulant le supplier. Mais l'autre de son épée le frappa au foie [...]. Puis il eut Deucalion ; à l'endroit où les tendons du coude se réunissent, à travers son bras, de la pointe du bronze, il le transperça. L'autre resta sans bouger, le bras endolori[2], devant lui regardant la mort. Achille lui asséna un coup d'épée au col, jetant au loin la tête avec le casque. La moelle à son tour jaillit des vertèbres. Deucalion gisait là, étendu sur le sol [...]. Ainsi partout Achille s'élançait, furieux, avec sa javeline[3], égal à un dieu, à la poursuite de ceux qu'il cherchait à tuer. Le sang ruisselait sur la terre noire [...]. Une poussière mêlée de sang éclaboussait ses mains invincibles.

HOMÈRE, *Iliade* (trad. Louis Bardollet), 1995.

1. **Impétueux :** fougueux, violent.
2. **Endolori :** douloureux.
3. **Javeline :** lance légère.

Texte 2

Sébastien Chabal (né en 1977) évolue en troisième ligne dans l'équipe de France de rugby. Il est connu pour son physique impressionnant et son jeu rugueux.

Surnom : Hannibal Lecter[1], le Boucher ou l'Animal. Sébastien Chabal n'a pas le look des dieux du stade, c'est le moins que l'on puisse dire, et pourtant, il plaît... il séduit les hommes, les femmes et les médias. Simple remplaçant il n'y a pas si longtemps que cela, Sébastien Chabal est désormais désigné par la presse spécialisée comme l'homme de la Coupe du monde de rugby 2007 [...]. Avec son allure d'homme de Cro-Magnon[2], sa barbe fournie et ses cheveux aux vents (« Un bandeau ? ça me gêne ! »), il ne peut que faire gagner la France. On voit en lui une bête de jeu, un monstre capable de stopper les indestructibles All Blacks[3]. D'ailleurs, n'est-ce pas lui qui avait explosé la mâchoire de l'un d'entre eux lors d'un match test ? Ali Williams s'en rappelle encore. Le colosse de deux mètres n'a pas supporté l'énorme plaquage dont il fut la victime. Car voilà l'atout de « Destroy Chabal » : sa puissance hors norme.

Gala, 17 septembre 2007.

1. **Hannibal Lecter :** assassin cannibale, célèbre depuis le film *Le Silence des agneaux* (1991).
2. **Homme de Cro-Magnon :** homme préhistorique.
3. **All Blacks :** équipe de rugby de Nouvelle-Zélande.

À RETENIR

Dans le langage courant le héros est le personnage principal d'une œuvre de fiction. Mais le héros c'est aussi une personne réelle ou fictive qui réunit des qualités exceptionnelles, de corps, d'esprit et de caractère.
Le héros mythologique fait preuve d'un courage et d'une vaillance tels qu'il est l'objet d'un culte et qu'il se distingue des simples mortels.
Dans la littérature médiévale la figure du héros se rencontre au travers des exploits des chevaliers.
Les qualités exceptionnelles du héros caractérisent aussi, plus récemment, certains personnages de BD, de mangas, de romans ou de films de science-fiction.
On parle même de super-héros pour les qualifier.

CAPACITÉ

Être curieux de connaître d'autres personnages, d'autres expériences, d'autres lieux, d'autres époques, à travers des œuvres de fiction.

COMPRENDRE

1. Quels sont les points communs entre les prouesses d'Achille et les exploits de Sébastien Chabal ?
2. Qu'ont en commun les adversaires d'Achille et de Chabal ?
3. Quels mots ou expressions permettent d'insister sur le caractère hors norme d'Achille et de Sébastien Chabal ?

ÉCRIRE

Ali Williams, un rugbyman qui eut la mâchoire « explosée » par Sébastien Chabal, raconte dans une interview le plaquage dont il fut la victime. Rédigez ce texte en tâchant de rendre Sébastien Chabal aussi impressionnant que possible.

Quand les héros actuels ressemblent aux modèles anciens

Scènes de combat

Sébastien Chabal en pleine action lors du match d'ouverture de la Coupe de monde de rugby 2007 au Stade de France.

Brad Pitt incarnant Achille, dans le film *Troie* de Wolfgang Petersen sorti en 2004.

QUESTIONS

1. Quels points communs relevez-vous entre ces deux images ?
2. Comment la vitesse nous est-elle perceptible ?
3. Quels attributs du héros ces deux images mettent-elles en scène ?

ÉCRIRE À PARTIR D'UNE IMAGE

Choisissez une des deux images et racontez la scène en vous inspirant du texte 1.

Quand les héros actuels ressemblent aux modèles anciens

Le chevalier, de Perceval à Aragorn

La figure du chevalier est très présente dans la littérature médiévale. Elle ne disparaît pas ensuite et alimente en particulier les récits d'*heroic fantasy*. Le chevalier est noble et courageux, valeureux au combat, mais il est aussi souvent porté par une quête qui donne sens à sa vie et peut l'amener à une errance parfois solitaire.

Texte 3

Aux XIIe et XIIIe siècles, un cycle de récits retrace les aventures légendaires des chevaliers de la Table ronde, réunis autour du roi Arthur, dans la quête du Graal. Perceval est l'un d'entre eux. Jeune homme naïf, vivant dans une contrée reculée, il croise des chevaliers dont il admire la belle prestance et à qui il veut ressembler. Dans ce passage, il est déjà un vaillant chevalier mais il a encore beaucoup à apprendre de son adversaire vaincu.

Perceval abaisse sa lance et l'un sur l'autre tous deux se précipitent en laissant courir leurs chevaux à grande allure. La colère les tient. Leurs bras sont robustes. Les lances volent en éclat au premier choc. Le sénéchal Anguingeron est bientôt par terre. Malgré son écu[1], il est blessé au cou et à l'épaule. Une grande douleur le point[2]. Il est tombé de son cheval. Le chevalier se demande d'abord que faire mais bientôt il saute à terre, tire son épée et va fondre sur l'autre. On ne peut raconter tous les coups un par un mais vous devez savoir que longue fut la bataille. Enfin Anguingeron s'écroule et le chevalier se jette sur lui en grande fureur.

« Pitié ! » crie le sénéchal. Mais le chevalier n'y songe pas, quand il se souvient soudain des conseils du prudhomme[3] : ne jamais occire[4] le cœur léger un chevalier vaincu.

Anguingeron dit encore : « Ami, n'aie pas la cruauté de m'achever ! Épargne-moi. Tu es un bon chevalier mais qui donc croira que tu as pu me vaincre si je ne porte le témoignage[5] en présence de mes soldats, devant ma tente ? »

CHRÉTIEN DE TROYES, *Le Conte du Graal* ou *Le Roman de Perceval.*

1. **Écu :** bouclier.
2. **Le point :** l'envahit.
3. **Prudhomme :** un homme sage qui a donné à Perceval sa formation de chevalier.
4. **Occire :** tuer.
5. **Porter le témoignage :** reconnaître la victoire de son adversaire.

Texte 4

Dans *Le Seigneur des anneaux*, Tolkien imagine un monde dans lequel s'affrontent les forces du bien et du mal. À côté des hobbits, des elfes et des magiciens, combattent des hommes de haute lignée qui ont bien des points communs avec les chevaliers errants du Moyen Âge.
Voici le portrait que fait de lui-même l'un d'entre eux : Aragorn.

J'ai eu une vie dure et longue ; et les liens qui s'étendent d'ici au Gondor ne forment qu'une petite partie dans le compte de mes voyages. J'ai traversé maintes montagnes et maintes rivières, j'ai parcouru maintes plaines, jusque dans les pays lointains du Rhûn et de Harad, où les étoiles sont étranges. Mais ma résidence, pour autant que j'en aie une, se trouve dans le Nord. Car c'est ici que les héritiers de Valandil ont toujours demeuré.

J.R.R TOLKIEN, *Le Seigneur des anneaux*, Éd. Bourgois, 1992.

Aragorn s'apprêtant à affronter ses ennemis.

CAPACITÉ

Rendre compte à l'oral et à l'écrit de ce qu'un personnage de fiction dit de la réalité.

COMPRENDRE

1. Quelles sont les caractéristiques du combat de chevaliers décrit dans le texte 3 ?
2. À quoi voit-on dans le texte 3 qu'un code de l'honneur domine la chevalerie ?
3. En quoi Aragorn, dans le texte 4, rejoint-il l'esprit de la quête qui fut celui des chevalier du Moyen Âge ?

ÉCRIRE

Choisissez un super-héros actuel ou un héros de *fantasy* et analysez ses points communs avec le chevalier médiéval.

Dénotation, connotation

Lexique

À RETENIR

La dénotation est le sens d'un mot donné par le dictionnaire.

La connotation est le sens donné par le contexte. Un mot peut avoir plusieurs connotations qui dépendent du lecteur, de sa sensibilité ou de sa culture.

Exercice 1

Pour chacune de ces phrases, dites si le mot souligné a un sens dénoté ou un sens connoté.

a. C'est un joueur rugueux.
b. Il a la peau douce.
c. C'est un dessert divin.
d. La volonté divine nous est inconnue.
e. Est-il gentil, celui-là, avec son air ahuri.
f. Sois gentille, aide-moi à descendre.

Exercice 2

Choisissez trois mots de cette liste et employez-les dans une phrase dans leur sens dénoté. Puis choisissez trois autres mots et employez-les dans une phrase dans un sens connoté.

Glacé / Souffle / Crème / Nain / Rose / Puce

Exercice 3

a) Dans ce texte, l'auteur évoque un événement naturel, aux conséquences souvent dramatiques. Lequel ?
b) Quels mots du texte permettent de suggérer au lecteur que cet événement est comparable à un dragon ?
c) Employez le mot *dragon* dans deux phrases, pour distinguer le sens dénoté et un sens connoté du mot.

Ça a pris au Tonnerre de Dieu, là-bas, entre des villages qui brûlaient des fanes de pomme de terre. La bête souple du feu a bondi d'entre les bruyères comme sonnaient les coups de trois heures du matin. Elle était à ce moment-là dans les pinèdes à faire le diable à quatre. Sur l'instant, on a cru pouvoir la maîtriser sans trop de dégâts ; mais elle a rué si dru, tout le jour et une partie de la nuit suivante, qu'elle a rompu les bras et fatigué les cervelles de tous les gars. Comme l'aube pointait, ils l'ont vue, plus robuste et plus joyeuse que jamais, qui tordait parmi les collines son large corps pareil à un torrent. C'était trop tard. Depuis elle a poussé sa tête rouge à travers les bois et les landes, son ventre de flammes suit ; sa queue, derrière elle, bat les braises et les cendres. Elle rampe, elle saute, elle avance. Un coup de griffe à droite, un à gauche ; ici elle éventre une chênaie ; là elle dévore d'un seul craquement de gueule vingt chênes blancs et trois pins ; le dard de sa langue tâte le vent pour prendre la direction. On dirait qu'elle sait où elle va. Et c'est son mufle dégouttant de sang que Maurras aperçut dans la combe.

JEAN GIONO, *Colline*, Librairie Grasset & Fasquelle, 1929.

Exercice 4

Relevez les mots du texte qui sont employés de façon connotée. Puis écrivez une phrase dans laquelle vous rendrez à ces mots leur sens premier.

La chaîne des monts correctement et nettement dessinée se découpe au matin sur un ciel bleu, d'un bleu tendre et pur, d'un bleu pourpre et joli, d'un bleu idéal de plage méridionale. Mais le soir, les flancs boisés des côtes s'assombrissent et plaquent une tache noire sur un ciel de feu, sur un ciel invraisemblable, dramatique et rouge. Je n'ai jamais vu nulle part ces couchers de soleil de féerie, ces incendies de l'horizon tout entier, ces explosions de nuages, cette mise en scène habile et superbe, ce renouvellement quotidien d'effets excessifs et magnifiques qui forcent l'admiration et feraient un peu sourire s'ils étaient peints par des hommes.

MAUPASSANT, *Sur l'eau*.

Exercice 5

Relevez les mots du texte qui sont employés de façon connotée. Puis expliquez à qui sont ainsi comparées les épingles et à qui sont comparés les hommes. Puis vous écrirez un paragraphe dans lequel vous personnifierez un objet grâce à une série de connotations.

Et voici... Tu sais, mon cher, que les femmes ont toujours sur elles une armée d'épingles. Les épingles à cheveux, je les connais, je m'en méfie, et j'y veille, mais les autres sont bien plus perfides, ces sacrées petites épingles à tête noire qui nous semblent toutes pareilles, à nous grosses bêtes que nous sommes, mais qu'elles distinguent, elles, comme nous distinguons un cheval d'un chien.

MAUPASSANT, *Les épingles*.

Quand les héros actuels ressemblent aux modèles anciens

Antihéros d'hier et d'aujourd'hui

Texte 5

Dans *Notre-Dame de Paris*, Victor Hugo crée un personnage inoubliable, Quasimodo. D'une laideur extrême, il est aussi sensible et courageux. À son image, de nombreux héros actuels sont à la fois difformes et généreux et nous montrent que l'apparence physique n'est pas le reflet des qualités morales.

Nous n'essaierons pas de donner au lecteur une idée de ce nez tétraèdre[1], de cette bouche en fer à cheval, de ce petit œil gauche obstrué d'un sourcil roux en broussailles tandis que l'œil droit disparaissait entièrement sous une énorme verrue, de ces dents désordonnées, ébréchées çà et là, comme les créneaux d'une forteresse, de cette lèvre calleuse sur laquelle une de ses dents empiétait comme la défense d'un éléphant, de ce menton fourchu, et surtout de la physionomie répandue sur tout cela, de ce mélange de malice, d'étonnement et de tristesse. Qu'on rêve, si l'on peut, cet ensemble. [...]

La grimace était son visage. Ou plutôt toute sa personne était une grimace. Une grosse tête hérissée de cheveux roux ; entre les deux épaules une bosse énorme dont le contrecoup se faisait sentir par devant ; un système de cuisses et de jambes si étrangement fourvoyées[2] qu'elles ne pouvaient se toucher que par les genoux, et, vues de face, ressemblaient à deux croissants de faucilles qui se rejoignent par la poignée ; de larges pieds, des mains monstrueuses ; et, avec toute cette difformité, je ne sais quelle allure redoutable de vigueur, d'agilité et de courage ; étrange exception à la règle éternelle qui veut que la force, comme la beauté, résulte de l'harmonie. Tel était le pape que les fous venaient de se donner.

On eût dit un géant brisé et mal ressoudé.

HUGO, *Notre-Dame de Paris*, 1831-1832.

Quasimodo est le personnage principal de *Notre-Dame de Paris*. Sonneur de cloches, il vit reclus dans la cathédrale car son apparence physique monstrueuse le tient à l'écart du monde. Il va néanmoins tomber amoureux de la danseuse Esméralda et lui sauver la vie, sans pour autant parvenir à éviter un dénouement tragique.

1. **Tétraèdre :** en forme de pyramide.
2. **Fourvoyées :** bâties.

CAPACITÉ

Analyser comment un personnage se construit à travers des mots, des attributs et des avatars.

COMPRENDRE

1. Relevez les champs lexicaux de la grandeur et de la laideur. Quel type de personnage ce mélange crée-t-il ?
2. À partir de « avec toute cette difformité... » (l. 16), dites ce qui distingue ce personnage d'un être ordinaire.
3. Quel est l'effet que l'auteur cherche à produire par cette description ?

ÉCRIRE

Faites le portrait de Shrek en veillant à opposer comme le fait Hugo le vocabulaire du monstrueux et de la grandeur.

À RETENIR

Dans la littérature antique puis médiévale, le personnage relève le plus souvent d'une caractérisation sans nuances qui façonne le bon et le méchant de façon tranchée. Au XIXe siècle, les personnages sont le reflet d'une vision du monde plus complexe. Le héros n'est pas toujours invincible, ni même courageux ou moralement irréprochable. Il a des failles et des doutes qui l'humanisent.

Shrek, un héros inattendu.

Lexique

Le portrait physique et moral

À RETENIR

L'évocation d'un personnage s'intéresse à son apparence et à son caractère : elle est donc à la fois physique et morale. Les adjectifs et les noms permettent cette description.

Exercice 1

Les mots soulignés correspondent-ils à des caractéristiques physiques ou morales ?

a. Le point de vue qu'il a sur la situation montre à quel point il est clairvoyant.
b. Son raisonnement bancal ne convaincra jamais personne.
c. J'ai pu constater sa maladresse lorsque je l'ai vu en compagnie de ma sœur.
d. Nous avons tous pu reconnaître sa générosité, à l'occasion du secours aux réfugiés.
e. Son caractère sombre se manifeste chaque fois qu'on évoque sa famille.

Exercice 2

a) Reliez chacun des adjectifs à sa définition. Désigne-t-il une qualité ou un défaut ?
b) Quels mots permettraient de décrire ces personnages de Molière : Scapin (*Les Fourberies de Scapin*), Harpagon (*L'Avare*), Don Juan.

Borné •	• Qui n'hésite pas à affronter le danger
Humble •	• Qui ne se laisse pas abattre par les difficultés
Susceptible •	• Qui considère les autres comme inférieurs
Persévérant •	• Qui s'emporte violemment, colérique
Méprisant •	• Synonyme de modeste
Courageux •	• Qui agit toujours dans son propre intérêt
Intéressé •	• Qui manque d'esprit d'ouverture, de tolérance

Exercice 3

a) Dans chacune des listes suivantes s'est glissé un intrus : lequel ? Justifiez votre réponse.
b) Utilisez ces quatre « intrus » pour faire le portrait d'un personnage imaginaire.

Liste 1 : rêveur / impulsif / musclé / généreux / rancunier
Liste 2 : séduisant / agréable / distrayant / prétentieux / charmant
Liste 3 : discret / pacifique / autoritaire / serviable / affable
Liste 4 : trapu / obtus / poilu / dégingandé / pâle

Exercice 4

Dans *L'Éducation sentimentale*, Flaubert décrit le parcours de Frédéric Moreau. Dans le passage suivant, celui-ci fait la connaissance d'une inconnue, madame Arnoux.
a) Dans quelle position Madame Arnoux se tient-elle ? Que voit Frédéric ? Suivez le mouvement de son regard. Que remarquez-vous ?
b) Relevez les mots qui montrent la beauté de Madame Arnoux.
c) Faites le portrait moral de Madame Arnoux, telle que vous l'imaginez en lisant cette scène.

Ce fut comme une apparition [...]. Elle était en train de broder quelque chose ; et son nez droit, son menton, toute sa personne se découpait sur le fond de l'air bleu [...]. Jamais il n'avait vu cette splendeur de sa peau brune, la séduction de sa taille, ni cette finesse des doigts que la lumière traversait. Il considérait son panier à ouvrage avec ébahissement, comme une chose extraordinaire. [...] Il la supposait d'origine andalouse, créole peut-être.

FLAUBERT, *L'Éducation sentimentale*, 1869.

Exercice 5

Relevez les éléments de caractérisation physique et ceux qui esquissent un portrait moral.

Resté dans l'angle, derrière la porte, si bien qu'on l'apercevait à peine, le nouveau était un gars de la campagne, d'une quinzaine d'années environ, et plus haut de taille qu'aucun de nous tous. Il avait les cheveux coupés droit sur le front, comme un chantre de village, l'air raisonnable et fort embarrassé. Quoiqu'il ne fût pas large des épaules, son habit-veste de drap vert à boutons noirs devait le gêner aux entournures et laissait voir, par la fente des parements, des poignets rouges habitués à être nus. Ses jambes, en bas bleus, sortaient d'un pantalon jaunâtre très tiré par les bretelles. Il était chaussé de souliers forts, mal cirés, garnis de clous.

FLAUBERT, *Madame Bovary*, 1857.

Jean Valjean dans *Les Misérables*

CAPACITÉ

Montrer comment un personnage évolue depuis son apparition dans l'œuvre jusqu'à la fin.

Jean Valjean

Plusieurs histoires s'entrecroisent dans *Les Misérables*.
Le roman se compose de cinq parties dont chacune est un récit complet. Ces histoires ont en commun de mettre en scène le peuple des pauvres gens et de suivre un personnage principal, **Jean Valjean**.

Fantine

- La première partie s'appelle « **Fantine** ». Elle raconte le triste destin de celle-ci abandonnée par le jeune homme qu'elle aimait après la naissance de leur enfant. Cette petite fille, Cosette, est déposée chez des aubergistes, les Thénardier. Fantine s'épuise au travail pour payer la pension de sa petite fille. Lorsqu'elle meurt, Jean Valjean, qui est devenu son protecteur, lui promet de s'occuper de sa fille.
- La deuxième partie, intitulée « **Cosette** », décrit la vie malheureuse de la petite fille chez les Thénardier qui l'exploitent. Puis un inconnu la soustrait à ce triste sort. Elle le suit, trouvant auprès de lui sécurité et affection. Cet homme, c'est Jean Valjean.

Cosette

- La troisième partie, titrée « **Marius** », introduit dans le roman le regard d'un bourgeois. C'est en effet selon le point de vue de ce jeune homme mélancolique et séduisant que nous est racontée la suite des aventures de Jean Valjean.
Marius tombe amoureux de Cosette et s'enflamme pour les combats politiques du temps.
- La quatrième partie ne porte le nom d'aucun personnage mais elle est consacrée à la passion qui unit Marius et Cosette. Leur amour est contrarié par Jean Valjean.
Désespéré, Marius rejoint les barricades de l'insurrection de 1832.

Javert

- La cinquième partie porte le nom du personnage principal, Jean Valjean. Il sauve Marius se sacrifiant ainsi au bonheur de Cosette.

Jean Valjean, personnage principal des *Misérables* est l'incarnation de tous ceux qui n'ont pas droit aux honneurs, aux richesses ni à la reconnaissance des gens qui seraient, eux, « respectables ».

Victor Hugo oppose et concilie en Jean Valjean un personnage marginal, endurci par le bagne, rugueux et un héros noble et courageux, soucieux des autres plus que de lui-même. Il dresse ainsi le portrait d'un antihéros, proche de nous.

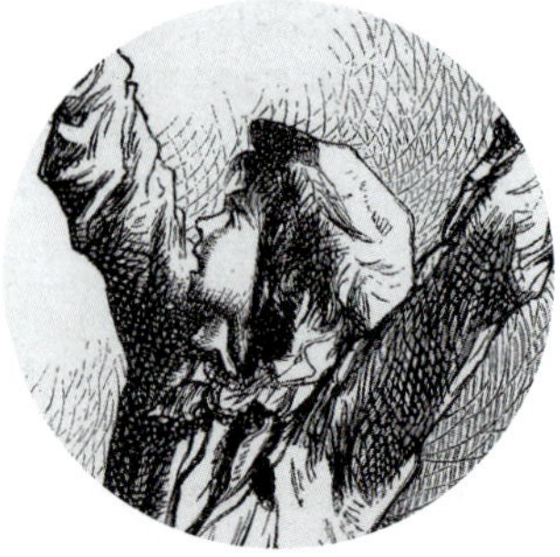

Gavroche

Les Thénardiers

Le roman *Les Misérables* paraît en 1862, alors que Victor Hugo est en exil. Dans une lettre à son éditeur, il écrit : « Ma conviction est que ce livre sera un des principaux sommets, sinon le principal, de mon œuvre. » Il semble que l'histoire lui ait donné raison.

Texte 1 Une enfance difficile

Au début du roman, Jean Valjean habite le village de Faverolles, en Picardie. Il a 25 ans (1794).

Jean Valjean était d'un caractère pensif sans être triste [...]. Il avait perdu en très bas âge son père et sa mère. Sa mère était morte d'une fièvre de lait[1] mal soignée. Son père, émondeur[2] comme lui, s'était tué en tombant d'un arbre. Il n'était resté à Jean Valjean qu'une sœur plus âgée que lui, veuve, avec sept enfants, filles et garçons. Cette sœur avait élevé Jean Valjean, et tant qu'elle eut son mari elle logea et nourrit son jeune frère. Le mari mourut. L'aîné des sept enfants avait huit ans, le dernier un an. Jean Valjean venait d'atteindre, lui, sa vingt-cinquième année. Il remplaça le père, et soutint à son tour sa sœur qui l'avait élevé [...]. Il gagnait dans la saison de l'émondage dix-huit sous par jour, puis il se louait comme moissonneur, comme manœuvre[3], comme garçon de ferme bouvier[4], comme homme de peine. Il faisait ce qu'il pouvait.

1. **Fièvre de lait :** maladie qui atteint les femmes après l'accouchement.
2. **Émondeur :** l'émondeur coupe les branches des arbres.
3. **Manœuvre :** ouvrier agricole.
4. **Garçon de ferme bouvier :** en charge du bétail.

PISTE DE RÉFLEXION

Sur quels aspects du personnage l'auteur insiste-t-il dans ce passage ?

Texte 2 La chute

En 1795, Jean Valjean, qui ne parvient pas à faire vivre sa famille, vole un pain dans une boulangerie. Il est immédiatement incarcéré et condamné à cinq ans de galères, c'est-à-dire de bagne.

Le 22 avril 1796, [...] une grande chaîne fut ferrée à Bicêtre. Jean Valjean fit partie de cette chaîne [...]. Pendant qu'on rivait à grands coups de marteau derrière sa tête le boulon de son carcan[1], [Jean Valjean] pleurait, les larmes l'étouffaient, elles l'empêchaient de parler, il parvenait seulement à dire de temps en temps : « J'étais émondeur à Faverolles ». Puis, tout en sanglotant, il élevait sa main droite et l'abaissait graduellement sept fois comme s'il touchait successivement sept têtes inégales, et par ce geste on devinait que la chose quelconque qu'il avait faite, il l'avait faite pour vêtir et nourrir sept petits enfants.
Il partit pour Toulon. Il y arriva après un voyage de vingt-sept jours, sur une charrette, la chaîne au cou. À Toulon, il fut revêtu de la casaque[2] rouge. Tout s'effaça de ce qui avait été sa vie, jusqu'à son nom ; il ne fut même plus Jean Valjean ; il fut le numéro 24601. Que devint la sœur ? Que devinrent les sept enfants ? Qui est-ce qui s'occupe de cela ?

Jean Valjean au bagne.

1. **Carcan :** collier métallique.
2. **Casaque :** uniforme des bagnards.

PISTE DE RÉFLEXION

D'où provient le caractère particulièrement poignant de ce passage ?

Texte 3 Les effets du bagne

Condamné initialement à cinq ans de galères, Jean Valjean reste emprisonné dix-neuf ans car à chaque tentative d'évasion sa peine est prolongée. Pendant son séjour au bagne de Toulon, Jean Valjean a le temps de réfléchir à son destin, et à la justice des hommes. À presque 40 ans (1809), voici le regard qu'il porte sur sa vie.

Il commença par se juger lui-même.
Il reconnut qu'il n'était pas un innocent injustement puni. Il s'avoua

qu'il avait commis une action extrême et blâmable[1] ; qu'on ne lui eût peut-être pas refusé ce pain s'il l'avait demandé ; que dans tous les cas il eût mieux valu l'attendre, soit de la pitié, soit du travail [...] ; enfin qu'il avait eu tort.

Puis il se demanda :

S'il était le seul qui avait eu tort dans sa fatale histoire ? Si d'abord ce n'était pas une chose grave qu'il eût, lui travailleur, manqué de travail, lui laborieux, manqué de pain. Si, ensuite, la faute commise et avouée, le châtiment n'avait pas été féroce et outré[2] [...]. Si cette peine, compliquée des aggravations successives pour les tentatives d'évasion, ne finissait pas par être une sorte d'attentat du plus fort sur le plus faible, un crime de la société sur l'individu, un crime qui recommençait tous les jours, un crime qui durait dix-neuf ans. S'il n'était pas exorbitant[3] que la société traitât ainsi précisément ses membres les plus mal dotés dans la répartition de biens que fait le hasard, et par conséquent les plus dignes de ménagements.

Ces questions faites et résolues, il jugea la société et la condamna. Il la condamna à sa haine [...]. Comme on voit, ce n'était pas sans raison que le passeport[4] qualifiait Jean Valjean d'homme très dangereux.

D'année en année, cette âme s'était desséchée de plus en plus, lentement, mais fatalement. À cœur sec, œil sec. À sa sortie du bagne, il y avait dix-neuf ans qu'il n'avait versé une larme.

1. **Blâmable :** condamnable.
2. **Outré :** excessif.
3. **Exorbitant :** anormal.
4. **Passeport :** document réalisé pour l'envoi au bagne qui caractérise la condamné.

PISTE DE RÉFLEXION

Entre le moment où Jean Valjean est entré au bagne et le moment où il en est sorti, a-t-il changé ?

Texte 4 La tentation du pire

Pour un ancien bagnard tel que Jean Valjean, la récidive impliquait une condamnation à perpétuité ; c'est ce à quoi il s'expose, en cambriolant, de nuit, la maison de l'évêque de Digne, monseigneur Bienvenu. Jean Valjean a 46 ans (1815).

Depuis près d'une demi-heure un grand nuage couvrait le ciel. Au moment où Jean Valjean s'arrêta en face du lit, ce nuage se déchira, comme s'il l'eût fait exprès, et un rayon de lune, traversant la longue fenêtre, vint éclairer subitement le visage pâle de l'évêque [...]. Il y avait sur son front l'inexprimable réverbération d'une lumière qu'on ne voyait pas. L'âme des justes pendant le sommeil contemple un ciel mystérieux. Un reflet de ce ciel était sur l'évêque [...].

Jean Valjean, lui, était dans l'ombre, son chandelier de fer à la main, debout, immobile, effaré de ce vieillard lumineux. Jamais il n'avait rien vu de pareil [...]. Mais quelle était sa pensée ? il eût été impossible de le deviner. Ce qui était évident, c'est qu'il était ému et bouleversé. Mais de quelle nature était cette émotion ? On eût dit qu'il hésitait entre les deux abîmes, celui où l'on se perd et celui où l'on se sauve. Il semblait prêt à briser ce crâne ou à baiser cette main.

Au bout de quelques instants, son bras gauche se leva lentement vers son front, et il ôta sa casquette, puis son bras retomba avec la même lenteur, et Jean Valjean rentra dans sa contemplation, sa casquette dans la main gauche, sa massue[1] dans la main droite, ses cheveux hérissés[2] sur sa tête farouche.

L'évêque continuait de dormir dans une paix profonde sous ce regard effrayant.

Un reflet de lune faisait confusément visible au-dessus de la cheminée le crucifix qui semblait leur ouvrir les bras à tous les deux, avec une bénédiction pour l'un et un pardon pour l'autre.

Jean Gabin dans le rôle de Jean Valjean dans le film de J. P. Le Chanois, 1957.

Tout à coup Jean Valjean remit sa casquette sur son front, puis marcha rapidement, le long du lit, sans regarder l'évêque, droit au placard qu'il entrevoyait près du chevet ; il leva le chandelier de fer comme pour forcer la serrure ; la clef y était ; il l'ouvrit ; la première chose qui lui apparut fut le panier d'argenterie ; il le prit, traversa la chambre à grands pas sans précaution et sans s'occuper du bruit, gagna la porte, rentra dans l'oratoire[3], ouvrit la fenêtre, saisit un bâton, enjamba l'appui du rez-de-chaussée, mit l'argenterie dans son sac, jeta le panier, franchit le jardin, sauta par-dessus le mur comme un tigre, et s'enfuit.

1. Massue : gros bâton ; ici, le chandelier qu'il a volé.
2. Hérissés : dressés.
3. Oratoire : chapelle.

PISTE DE RÉFLEXION

Quel effet a sur Jean Valjean la vision de l'évêque en train de dormir ?

Texte 5 Les bienfaits du pardon

Pris par les gendarmes, Jean Valjean est ramené sans ménagement dans la maison de l'évêque qu'il vient de cambrioler.

– Ah ! vous voilà ! s'écria-t-il en regardant Jean Valjean. Je suis aise de vous voir. Et bien, mais ! je vous avais donné les chandeliers aussi, qui sont en argent comme le reste et dont vous pourrez bien avoir deux cents francs. Pourquoi ne les avez-vous pas emportés avec vos couverts ?

Jean Valjean ouvrit les yeux et regarda le vénérable évêque avec une expression qu'aucune langue humaine ne pourrait rendre.

– Monseigneur, dit le brigadier de gendarmerie, ce que cet homme disait était donc vrai ? Nous l'avons rencontré. Il allait comme quelqu'un qui s'en va. Nous l'avons arrêté pour voir. Il avait cette argenterie.

– Et il vous a dit, interrompit l'évêque en souriant, qu'elle lui avait été donnée par un vieux bonhomme de prêtre chez lequel il avait passé la nuit ? Je vois la chose. Et vous l'avez ramené ici ? C'est une méprise[1].

– Comme cela, reprit le brigadier, nous pouvons le laisser aller ?

– Sans doute, reprit l'évêque.

Les gendarmes lâchèrent Jean Valjean qui recula […].

– Mon ami, reprit l'évêque, avant de vous en aller, voici vos chandeliers. Prenez-les […].

Jean Valjean tremblait de tous ses membres. Il prit les deux chandeliers machinalement et d'un air égaré.

– Maintenant, dit l'évêque, allez en paix […].

Puis se tournant vers la gendarmerie :

– Messieurs, vous pouvez vous retirer.

Les gendarmes s'éloignèrent. Jean Valjean était comme un homme qui va s'évanouir.

L'évêque s'approcha de lui, et lui dit à voix basse :

– N'oubliez pas, n'oubliez jamais que vous m'avez promis d'employer cet argent à devenir honnête homme.

Jean Valjean, qui n'avait aucun souvenir d'avoir rien promis, resta interdit. L'évêque avait appuyé sur ces paroles en les prononçant. Il reprit avec solennité :

– Jean Valjean, mon frère, vous n'appartenez plus au mal, mais au bien. C'est votre âme que je vous achète ; je la retire aux pensées noires et à l'esprit de perdition[2], et je la donne à Dieu.

Adaptation américaine des *Misérables*.

1. Méprise : erreur.
2. Perdition : la tentation du mal.

PISTE DE RÉFLEXION

Pour quelles raisons peut-on parler, dans ce passage, d'un « coup de théâtre » ?

Texte 6 Jean Valjean face à lui-même

L'année 1815 est doublement décisive : pour la France, c'est la fin du Premier Empire, avec la défaite de Waterloo (en juin) ; pour le héros du roman de Victor Hugo, c'est le début d'une nouvelle vie.

Jean Valjean pleura longtemps. Il pleura à chaudes larmes, il pleura à sanglots, avec plus de faiblesse qu'une femme, avec plus d'effroi qu'un enfant.

Pendant qu'il pleurait, le jour se faisait de plus en plus dans son cerveau, un jour extraordinaire, un jour ravissant et terrible à la fois. Sa vie passée, sa première faute, sa longue expiation[1], son abrutissement extérieur, son endurcissement intérieur, sa mise en liberté réjouie par tant de plans de vengeance, ce qui lui était arrivé chez l'évêque, la dernière chose qu'il avait faite, ce vol de quarante sous à un enfant, crime d'autant plus lâche et d'autant plus monstrueux qu'il venait après le pardon de l'évêque, tout cela lui revint et lui apparut, clairement, mais dans une clarté qu'il n'avait jamais vue jusque-là. Il regarda sa vie, et elle lui parut horrible ; son âme, et elle lui parut affreuse. Cependant un jour doux était sur cette vie et sur cette âme [...].

Combien d'heures pleura-t-il ainsi ? que fit-il après avoir pleuré ? où alla-t-il ? on ne l'a jamais su.

1. **Expiation :** punition.

PISTE DE RÉFLEXION

Comment décririez-vous le caractère de Jean Valjean à présent ?

Javert, gravure du XIXe siècle.

Texte 7 Javert

Jean Valjean « disparaît dans la nature ». En réalité, il profite d'un accident pour se faire passer pour mort, et prend l'identité d'un autre homme. C'est donc incognito qu'il peut refaire sa vie, sous l'apparence d'un homme respectable. Mais un policier a des doutes, et se dit que le « vrai » Jean Valjean n'a pas quitté le monde des vivants ; ce policier se nomme Javert.
L'inspecteur Javert est muté à Montreuil-sur-Mer au moment où Jean Valjean est devenu le maire de la petite commune, sous le nom de Monsieur Madeleine.

Javert était né dans une prison d'une tireuse de cartes dont le mari était aux galères. En grandissant, il pensa qu'il était en dehors de la société et désespéra d'y rentrer jamais. Il remarqua que la société maintient irrémissiblement[1] en dehors d'elle deux classes d'hommes, ceux qui l'attaquent et ceux qui la gardent ; il n'avait le choix qu'entre ces deux classes ; en même temps il se sentait je ne sais quel fond de rigidité, de régularité et de probité[2], compliqué d'une inexprimable haine pour cette race de bohèmes dont il était. Il entra dans la police. [...]

Donnez une face humaine à ce chien fils d'une louve, et ce sera Javert [...]. La face humaine de Javert consistait en un nez camard[3], avec deux profondes narines vers lesquelles montaient sur ses deux joues d'énormes favoris[4]. On se sentait mal à l'aise la première fois qu'on voyait ces deux forêts et ces deux cavernes. Quand Javert riait, ce qui était rare et terrible, ses lèvres minces s'écartaient, et laissaient voir, non seulement ses dents, mais ses gencives, et il se faisait autour de son nez un plissement épaté et sauvage comme sur un mufle de bête fauve. Javert sérieux était un dogue[5] ; lorsqu'il riait, c'était un tigre. Du reste, peu de crâne, beaucoup de mâchoire, les cheveux cachant le

1. **Irrémissiblement :** sans fin.
2. **Probité :** honnêteté.
3. **Camard :** un nez plat.
4. **Favoris :** barbe sur les joues qui rejoint la base des cheveux.
5. **Dogue :** chien.

front et tombant sur les sourcils, entre les deux yeux un froncement central permanent comme une étoile de colère, le regard obscur, la bouche pincée et redoutable, l'air du commandement féroce.

PISTE DE RÉFLEXION

Dans ce portrait de Javert, montrez que la caractérisation physique rejoint le portrait moral ?

Texte 8 Face à face

Javert a reconnu Jean Valjean et il l'a arrêté. Jean Valjean s'est évadé peu après son arrestation. Les deux hommes se retrouvent à Paris, pendant l'insurrection de 1832, alors que l'inspecteur a été fait prisonnier par les insurgés qu'il espionnait. Quand vient le moment d'exécuter Javert, Valjean, qui fait partie des insurgés, lui offre la vie sauve.

Quand Jean Valjean fut seul avec Javert, il défit la corde qui assujettissait[1] le prisonnier par le milieu du corps, et dont le nœud était sous la table. Après quoi, il lui fit signe de se lever.

Javert obéit, avec cet indéfinissable sourire où se condense la suprématie de l'autorité enchaînée.

Jean Valjean prit Javert par la martingale[2] comme on prendrait une bête de somme par la bricole[3], et, l'entraînant après lui, sortit du cabaret, lentement, car Javert, entravé aux jambes, ne pouvait faire que de très petits pas.

Jean Valjean avait le pistolet au poing.

Ils franchirent ainsi le trapèze intérieur de la barricade. Les insurgés, tout à l'attaque imminente, tournaient le dos.

Marius, seul, placé de côté à l'extrémité gauche du barrage, les vit passer. Ce groupe du patient et du bourreau s'éclaira de la lueur sépulcrale qu'il avait dans l'âme.

Jean Valjean fit escalader, avec quelque peine, à Javert garrotté[4], mais sans le lâcher un seul instant, le petit retranchement de la ruelle Mondétour.

Quand ils eurent enjambé ce barrage, ils se trouvèrent seuls tous les deux dans la ruelle [...].

Jean Valjean mit le pistolet sous son bras, et fixa sur Javert un regard qui n'avait pas besoin de paroles pour dire :

– Javert, c'est moi.

Javert répondit :

– Prends ta revanche.

Jean Valjean tira de son gousset[5] un couteau, et l'ouvrit.

– Un surin[6] ! s'écria Javert. Tu as raison. Cela te convient mieux.

Jean Valjean coupa la martingale que Javert avait au cou, puis il coupa les cordes qu'il avait aux poignets, puis se baissant, il coupa la ficelle qu'il avait aux pieds et, se redressant, il lui dit :

– Vous êtes libre.

PISTE DE RÉFLEXION

Comment qualifieriez-vous le comportement de Javert dans ce passage ? Pour quelles raisons Jean Valjean donne-t-il la liberté à Javert ?

1. Assujettisait : emprisonnait, retenait.
2. Martingale : ceinture placée au dos d'un vêtement pour le serrer.
3. Bricole : pièce du harnais placée sur la poitrine des animaux de trait.
4. Garrotté : attaché.
5. Gousset : poche à l'intérieur de la ceinture du pantalon.
6. Surin : couteau, en argot.

L'insurrection de 1832 est un soulèvement populaire. Louis-Philippe est arrivé au pouvoir deux ans plus tôt mais le régime n'a pas tenu ses promesses. La contestation prend la forme d'une insurrection populaire. En juin, le centre de Paris est occupé par les insurgés qui dressent des barricades. La répression causera la mort de 800 personnes. Dans *Les Misérables*, Victor Hugo fait de Gavroche une de ces victimes.

Texte 9 Un pardon impossible

La générosité dont Jean Valjean a fait preuve à son égard a, sur Javert, un effet dévastateur : impossible d'arrêter l'homme qui lui a sauvé la vie.

Javert souffrait affreusement. Depuis quelques heures Javert avait cessé d'être simple. Il était troublé ; ce cerveau, si limpide dans sa cécité[1], avait perdu sa transparence ; il y avait un nuage dans ce cristal. Javert sentait dans sa conscience le devoir se dédoubler, et il ne pouvait se le dissimuler [...]. Sa situation était inexprimable. Devoir la vie à un malfaiteur, accepter cette dette et la rembourser, être, en dépit de soi-même, de plain-pied avec un repris de justice, et lui payer un service avec un autre service ; se laisser dire : Va-t'en, et lui dire à son tour : Sois libre ; sacrifier à des motifs personnels le devoir, cette obligation générale, et sentir dans ces motifs personnels quelque chose de général aussi, et de supérieur peut-être ; trahir la société pour rester fidèle à sa conscience ; que toutes ces absurdités se réalisassent et qu'elles vinssent s'accumuler sur lui-même, c'est ce dont il était atterré[2] [...]. Où en était-il ? Il se cherchait et ne se trouvait plus.

Que faire maintenant ? Livrer Jean Valjean, c'était mal ; laisser Jean Valjean libre, c'était mal [...]. Dans tous les partis qu'on pouvait prendre, il y avait de la chute [...]. Jean Valjean le déconcertait. Tous les axiomes[3] qui avaient été les points d'appui de toute sa vie s'écroulaient devant cet homme. La générosité de Jean Valjean envers lui, Javert, l'accablait [...]. Cela ne pouvait durer ainsi [...].

Tout à coup, il ôta son chapeau et le posa sur le rebord du quai. Un moment après, une figure haute et noire, que de loin quelque passant attardé eût pu prendre pour un fantôme, apparut debout sur le parapet, se courba vers la Seine, puis se redressa, et tomba droite dans les ténèbres ; il y eut un clapotement sourd, et l'ombre seule fut dans le secret des convulsions de cette forme obscure disparue sous l'eau.

1. **Cécité :** aveuglement.
2. **Atterré :** frappé de stupeur.
3. **Axiomes :** règles, principes.

PISTE DE RÉFLEXION

Pour quelles raisons Javert ne peut-il supporter l'idée qu'un repris de justice lui ait sauvé la vie ?

Michel Bouquet incarnant Javert dans *Les Misérables*, 1982.

RÉCAPITULONS

1. Donnez toutes les raisons pour lesquelles Jean Valjean appartient au peuple des « misérables » ?
2. Quelles ont été les étapes principales de son existence ? En quoi sont-elles le reflet de l'époque à laquelle il est censé avoir appartenu (milieu du XIXe siècle) ?
3. Sachant que Victor Hugo a accordé beaucoup d'importance au personnage de Jean Valjean, quelles sont les valeurs qu'il lui fait incarner ?
4. Quels héros actuels, réels ou fictifs, vous semblent porter les valeurs de Jean Valjean ?

CAPACITÉ
Montrer comment un personnage évolue depuis son apparition dans l'œuvre jusqu'à la fin.

Raconter le parcours d'un personnage

OBJECTIFS

Racontez le parcours d'un personnage en vous laissant guider pas à pas.

Dans beaucoup d'œuvres de fiction, les personnages connaissent des évolutions importantes entre le moment de leur apparition et la fin. Ces évolutions peuvent être liées à leur vieillissement progressif ou à des raisons diverses, liées par exemple à des événements, à des rencontres, à un cheminement intérieur, etc. Pour raconter le parcours d'un personnage de votre choix, vous devrez être attentif aux causes et à la nature de cette évolution.

DÉMARCHE

1. Choisir un personnage

Choisissez un personnage de fiction (roman, théâtre, cinéma, série télévisée, jeu vidéo). Ce personnage doit jouer un rôle important dans le récit et connaître une évolution sensible entre le moment de son apparition et la fin de l'œuvre.

2. Caractériser le personnage

a) Lors de son apparition
- Aspect physique
- Âge
- Traits de caractère
- Ce que nous savons de son histoire et de son environnement
- Ses rapports avec d'autres personnages
- Ses goûts
- Ses motivations / le but qu'il se fixe / sa quête
- Ses difficultés / inhibitions / limites / faiblesses
- Ses atouts/ forces

b) Au moment du dénouement
Notez « inchangé » les rubriques qui ne permettent pas d'observer une évolution.

3. Expliquer les causes de l'évolution du personnage

Comparez vos réponses de la question 2 et rédigez une synthèse en indiquant quels sont les points sur lesquels le personnage a évolué.
Chaque fois que c'est possible, expliquez les causes du changement du personnage que vous avez choisi.

4. Rédiger

Vous reprenez vos réponses aux questions ci-dessus et rédigez un paragraphe d'une quinzaine de lignes dans lequel vous décrivez le parcours du personnage, ses principales évolutions et leurs causes.

VOCABULAIRE

Pour commencer un récit
Depuis son enfance…
Elle avait toujours beaucoup aimé…
À chaque fois qu'il entre dans une pièce…
La première fois…
Ce matin-là…
Il est né le…
Son nom est… mais on l'appelle… à cause
On le remarquait à cause de…
Sa famille était…
Pour son premier jour…
Il avait toujours rêvé…

Pour finir un récit
Finalement…
Ainsi, se termine…
À la fin…
Le destin lui avait joué un drôle de tour.

VOCABULAIRE

Péripéties : accident ; erreur ; rencontre ; exploit ; combat ; coup de foudre ; etc.
Connecteur : soudain ; tout à coup ; subitement ; sans s'y attendre ; etc.

En quoi l'histoire du personnage étudié, ses aventures, son évolution aident-elles le lecteur à se construire ?

SOMMAIRE

CAPACITÉS

- Analyser comment un personnage se construit à travers des mots, des attributs, des avatars.
- Montrer comment un personnage évolue depuis son apparition dans l'œuvre jusqu'à la fin.
- Rendre compte à l'oral et à l'écrit de ce qu'un personnage de fiction dit de la réalité.
- Comprendre en quoi un personnage porte le projet de son auteur.

ATTITUDES

- Être curieux de connaître d'autres personnages, d'autres expériences, d'autres lieux, d'autres époques, à travers des œuvres de fiction.
- Se laisser interroger par les valeurs incarnées dans un personnage.

AUDIO

Compléments sonores.

Les dix **droits** du **lecteur**

par **Daniel Pennac** illustrations de **Quentin Blake**

1. Le droit de ne pas lire

2. Le droit de sauter des pages

3. Le droit de ne pas finir un livre

4. Le droit de relire

5. Le droit de lire n'importe quoi

6. Le droit au bovarysme

7. Le droit de lire n'importe où

8. Le droit de grappiller

9. Le droit de lire à voix haute

10. Le droit de nous taire

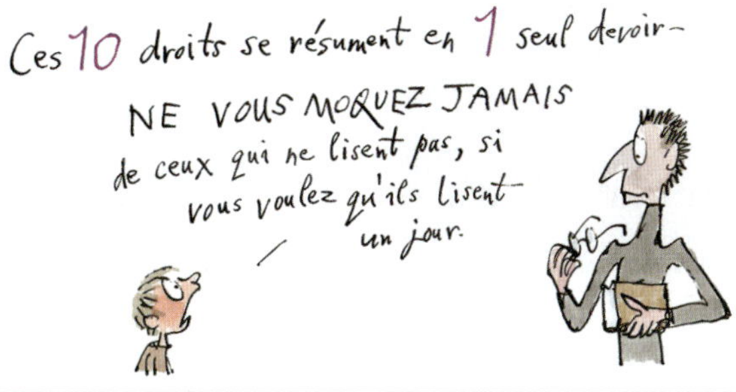

GALLIMARD JEUNESSE

Écriture d'échauffement

Parmi ces dix droits du lecteur, lesquels vous semblent les plus précieux ? Expliquez votre point de vue.

Ces histoires qui nous font rêver

Gustave Flaubert (1821-1880) est une figure majeure du roman réaliste au XIXe siècle. Il a fait, dans plusieurs de ses ouvrages, une peinture à la fois désenchantée et ironique de ses contemporains. Tel est le cas de l'héroïne de son chef-d'œuvre, *Madame Bovary*.

Dans *Madame Bovary*, Gustave Flaubert dépeint la vie d'une bourgeoise de province qui ne parvient pas à échapper à sa vie ennuyeuse. La frustration d'Emma Bovary est d'autant plus grande qu'elle a la tête pleine de personnages aux destins romanesques auxquels elle s'identifie.

Ce n'étaient qu'amours, amants, amantes, dames persécutées s'évanouissant dans des pavillons solitaires, postillons[1] qu'on tue à tous les relais, chevaux qu'on crève à toutes les pages, forêts sombres, troubles du cœur, serments, sanglots, larmes et baisers, nacelles[2] au clair de lune, rossignols dans les bosquets, messieurs braves comme des lions, doux comme des agneaux, vertueux comme on ne l'est pas, toujours bien mis, et qui pleurent comme des urnes[3]. Pendant six mois, à quinze ans, Emma se graissa donc les mains à cette poussière des vieux cabinets de lecture[4]. [...] Elle aurait voulu vivre dans quelque vieux manoir, comme ces châtelaines au long corsage, qui, sous le trèfle des ogives[5], passaient leurs jours, le coude sur la pierre et le menton dans la main, à regarder venir du fond de la campagne un cavalier à plume blanche qui galope sur un cheval noir. Elle eut dans ce temps-là le culte de Marie Stuart, et des vénérations enthousiastes à l'endroit des femmes illustres ou infortunées, Jeanne d'Arc, Héloïse, Agnès Sorel, la belle Ferronnière et Clémence Isaure[6].

FLAUBERT, *Madame Bovary*, 1857.

1. Postillons : conducteurs de diligence.
2. Nacelles : petites barques.
3. Comme des urnes : abondamment.
4. Cabinet de lecture : bibliothèque.
5. Trèfle des ogives : fenêtres en pierre, taillées en forme de trèfle.
6. Marie Stuart, Jeanne d'Arc, Héloïse, Agnès Sorel, la belle Ferronnière, Clémence Isaure : femmes des XVe et XVIe siècles, aux destins souvent beaux et tragiques.

ROSSETTI, *Jeanne d'Arc*, 1882.
Musée Fitzwilliam, Université de Cambridge.

CAPACITÉ

Analyser comment un personnage se construit à travers des mots, des attributs, des avatars.

COMPRENDRE

1. D'après ce texte, quels sont les traits de caractère principaux d'Emma, l'héroïne du roman de Flaubert ?
2. Emma Bovary aime des livres qui la plongent dans le passé. Que cherche-t-elle au travers de ces époques révolues ?
3. À quels types de personnages Emma Bovary s'identifie-t-elle ? Qu'ont-ils en commun ?

ÉCRIRE

« Madame Bovary, c'est moi ! » affirma Gustave Flaubert. Nous avons tous comme l'héroïne un monde imaginaire peuplé de tous les personnages auxquels nous nous sommes identifiés ou qui nous ont fait rêver. En vous inspirant du texte, rédigez trois paragraphes dans lesquels vous retracerez la succession des personnages qui vous ont marqué depuis votre enfance.

CAPACITÉ
Comprendre en quoi un personnage porte le projet de son auteur.

Oral

Exposé : concevoir une affiche pour présenter des œuvres de fiction

RÉALISER UNE AFFICHE

1. Définissez l'univers graphique de votre affiche

Choisissez une collection de BD, par exemple de *fantasy* ou de manga que vous aimez. En vous inspirant des affiches ci-dessus, imaginez un lecteur plongé dans l'univers de cette collection. Vous pouvez découper des images dans des magazines, chercher des images sur Internet. Votre affiche peut avoir un format A4.

2. Créez un slogan

Vous inscrirez en haut de l'image un slogan et, sous le nom de l'éditeur (de votre choix, réel ou imaginaire), vous donnerez en une courte phrase une définition de la collection.

PRÉSENTER SON TRAVAIL

Dans un exposé structuré de 5 à 10 minutes, vous expliquerez à vos camarades :
- comment vous avez travaillé ;
- pourquoi vous avez choisi ce traitement de l'image ;
- ce que votre slogan veut démontrer ;
- pourquoi votre définition de la collection est formulée en ces termes ;
- quel lecteur vous visez par cette affiche ;
- quelles motivations vous pensez qu'il aura à lire ces BD.

L'aventurier, un personnage à qui s'identifier

Avant la lecture

Quels sont les personnages d'aventuriers auxquels vous pourriez vous identifier ?

Alexandre Dumas (1802-1870) fut un écrivain extrêmement prolifique : on lui doit des dizaines de romans et pièces de théâtre. Au sein du mouvement romantique, il est également connu comme l'auteur de romans « de cape et d'épée » fameux, tel *Les Trois Mousquetaires*.

Edmond Dantès est un jeune officier de marine. Il est amoureux de Mercédès qu'il doit épouser. Mais son bonheur fait des jaloux. Ses rivaux parviennent à le compromettre et à le faire enfermer dans le château d'If. L'abbé Faria qui y est détenu comme lui, le prend en affection. Il lui transmet son savoir et le secret de son trésor caché. S'étant évadé, Edmond Dantès parvient à récupérer le trésor, il devient comte de Monte-Cristo et entreprend de reconquérir Mercédès et de se venger de ses ennemis.

Pour s'échapper de l'île où il est injustement enfermé, Edmond Dantès a pris la place d'un cadavre, dans un sac de toile que les geôliers ont jeté à la mer. Mais s'il s'est échappé du sinistre château d'If, il n'est pas sauvé pour autant.

Dantès étourdi, presque suffoqué, eut cependant la présence d'esprit de retenir son haleine, et, comme sa main droite, ainsi que nous l'avons dit, préparé qu'il était à toutes les chances, tenait son couteau tout ouvert, il éventra rapidement le sac, sortit le bras, puis la tête ; mais alors, malgré ses mouvements pour soulever le boulet[1], il continua de se sentir entraîné ; alors il se cambra, cherchant la corde qui liait ses jambes, et, par un effort suprême, il la trancha précisément au moment où il suffoquait ; alors, donnant un vigoureux coup de pied, il remonta libre à la surface de la mer, tandis que le boulet entraînait dans ses profondeurs inconnues le tissu grossier qui avait failli devenir son linceul[2]. Dantès ne prit que le temps de respirer, et replongea une seconde fois ; car la première précaution qu'il devait prendre était d'éviter les regards. Lorsqu'il reparut pour la seconde fois, il était déjà à cinquante pas au moins du lieu de sa chute ; il vit au-dessus de sa tête un ciel noir et tempétueux, à la surface duquel le vent balayait quelques nuages rapides, découvrant parfois un petit coin d'azur rehaussé d'une étoile ; devant lui s'étendait la plaine sombre et mugissante, dont les vagues commençaient à bouillonner comme à l'approche d'une tempête, tandis que, derrière lui, plus noir que la mer, plus noir que le ciel, montait, comme un fantôme menaçant, le géant de granit[3], dont la porte sombre semblait un bras étendu pour ressaisir sa proie ; sur la roche la plus haute était un falot[4] éclairant deux ombres.

DUMAS, *Le Comte de Monte-Cristo*, 1845.

1. **Boulet :** pour que le sac où se trouve le « cadavre » disparaisse au fond de l'eau, il a été lesté par un boulet de canon.
2. **Linceul :** drap dont on entoure le défunt.
3. **Géant de granit :** il s'agit du château d'If, où Edmond Dantès a été enfermé.
4. **Falot :** lanterne.

CAPACITÉ

Analyser comment un personnage se construit à travers des mots, des attributs, des avatars.

COMPRENDRE

1. Quels sont les risques que le héros court dans ce passage ?
2. Parmi ces dangers, lesquels constituent des périls mortels ?
3. Quelles sont les qualités que révèle Edmond Dantès au cours de cet épisode ?

ANALYSER

Grâce à quels mots ou expressions l'auteur parvient-il à rendre la description de la mer particulièrement angoissante ?

ÉCRIRE

Essayez de décrire l'épisode précédent : Edmond Dantès prend la place du cadavre dans le sac de toile, sent qu'on le sort de la prison, puis qu'on le jette par-dessus la muraille, dans la mer. Vous serez attentif(ive) à insister sur les émotions du personnage au moment de son évasion.

GUSTAVE COURBET, *Trombes d'eau*, 1870.

Le méchant, repoussoir indispensable

Avant la lecture

Qu'est-ce qu'un « méchant » réussi ?

Arthur Conan Doyle (1859-1930) est un écrivain anglais dont l'œuvre est très vaste, et va du roman d'aventure à la science-fiction. Il est en particulier le créateur de Sherlock Holmes, modèle de l'enquêteur aux raisonnements infaillibles.

Dans les romans de l'Anglais Conan Doyle, l'ignoble Moriarty est le seul à pouvoir mettre en échec Sherlock Holmes. Aussi ce dernier reconnaît-il sa grandeur, même si elle est au service du mal.

Cet homme, Watson, c'est le Napoléon[1] du crime. Je le tiens pour responsable de la moitié des méfaits, connus ou inconnus, qui se commettent à Londres. Il a du génie. C'est un philosophe et un penseur. Un cerveau. Il ne bouge pas. Il est comme l'araignée au milieu de sa toile, une toile immense, qui a des milliers de ramifications[2], dont le moindre frémissement lui est sensible. Personnellement, il agit peu : il se contente de dresser des plans de campagne. Mais ses agents sont innombrables et merveilleusement organisés. Y a-t-il un crime à commettre, un document à voler, une maison à cambrioler, un homme à faire disparaître ? On alerte le professeur, il prépare le coup et on travaille sur ses données. L'agent d'exécution peut être pris. Dans ce cas, on trouve de l'argent pour le faire mettre en liberté provisoire et lui assurer un bon défenseur. Quant à la force occulte[3] qui l'a mis en mouvement, elle n'est ni inquiétée ni même soupçonnée. Cette organisation, le raisonnement, Watson, me permettait d'affirmer qu'elle existait : j'entrepris de la combattre de toute mon énergie, résolu à la démasquer et à la détruire. [Mais] je m'aperçus bientôt que les précautions de Moriarty était si savamment prises que, quoi que je pusse tenter, il me serait impossible de réunir les preuves indispensables pour obtenir contre lui une condamnation [...]. Au bout de trois mois, j'étais pourtant obligé de convenir que, cette fois, je me heurtais à un adversaire qui, sur le plan intellectuel, était mon égal. L'horreur que m'inspiraient ses crimes se confondait avec l'admiration que j'éprouvais pour sa diabolique habileté.

CONAN DOYLE, *Le Dernier Problème*, 1891.

1. **Napoléon :** homme d'État français qui domina l'Europe par des guerres de conquête dans les années qui suivirent la Révolution française.
2. **Ramifications :** extensions.
3. **Occulte :** cachée.

À RETENIR

La littérature policière est apparue au XIXe siècle. Elle se caractérise par une intrigue visant à l'élucidation d'un crime et par la mise en avant de la figure du détective.

On distingue plusieurs types de roman policier :

- **le roman de détection,** centré sur la figure du détective (Sherlock Holmes, Hercule Poirot) ;
- **le roman noir** vise à décrire des milieux et des climats sociaux, au travers de l'enquête policière.

CAPACITÉ

Analyser comment un personnage se construit à travers des mots, des attributs et des avatars.

COMPRENDRE

1. Quel est le personnage qui fait, dans ce texte, le portrait de Moriarty ?
2. Même s'il s'agit d'un criminel, Moriarty a quelque chose de fascinant ; d'où cette fascination provient-elle ?

ANALYSER

1. Moriarty est comparé à Napoléon (l. 1), mais également à une araignée. Pourquoi ?
2. À quels détails voit-on que ce texte est l'extrait d'une conversation avec un autre personnage ?

ÉCRIRE

Un officier de police décrit à l'un de ses collègues un génie du mal de la trempe de Moriarty. Imaginez quelles pourraient être ses paroles.

LECTURE Fabrice, apprenti soldat

Avant la lecture

Citez trois personnages différents qui pourtant vous ressemblent. Expliquez pourquoi.

Stendhal (1783-1842) participa aux guerres napoléoniennes, fut diplomate, journaliste et écrivain. Si ses romans, *Le Rouge et le Noir* et *La Chartreuse de Parme*, ne connurent pas le succès à son époque, ils sont actuellement reconnus comme des chefs-d'œuvre de la littérature française.

1. **Rosse :** mauvais cheval.
2. **Cantinière :** personne chargée du ravitaillement des soldats (synonyme : vivandière).
3. **Nanan :** friandise, dans le langage enfantin.

Décidé à prouver son héroïsme, le jeune Fabrice del Dongo rejoint l'armée de Napoléon sur le champ de bataille de Waterloo.

Bientôt le chemin, moins rempli d'eau, ne fut plus qu'un sentier au milieu du gazon. Fabrice n'avait pas fait cinq cents pas que sa rosse[1] s'arrêta tout court : c'était un cadavre, posé en travers du sentier, qui faisait horreur au cheval et au cavalier. La figure de Fabrice, très pâle naturellement, prit une teinte verte fort prononcée ; la cantinière[2] après avoir regardé le mort, dit, comme en se parlant à elle-même :

– Ça n'est pas de notre division.

Puis, levant les yeux sur notre héros, elle éclata de rire.

– Ah ! Ah ! mon petit ! s'écria-t-elle, en voilà du nanan[3] ! [...] Une balle, entrée à côté du nez, était sortie par la tempe opposée, et défigurait ce cadavre d'une façon hideuse ; il était resté avec un œil ouvert.

– Descends donc de cheval, petit, dit la cantinière, et donne-lui une poignée de main pour voir s'il te la rendra.

Sans hésiter, quoique prêt à rendre l'âme de dégoût, Fabrice se jeta à bas de cheval et prit la main du cadavre qu'il secoua ferme ; puis il resta comme anéanti, il sentait qu'il n'avait pas la force de remonter à cheval. Ce qui lui faisait horreur surtout, c'était cet œil ouvert. « La vivandière va me croire un lâche », se disait-il avec amertume, mais il sentait l'impossibilité de faire un mouvement : il serait tombé. Ce moment fut affreux, Fabrice fut sur le point de se trouver mal tout à fait. La vivandière s'en aperçut, sauta lestement à bas de sa petite voiture, et lui présenta, sans mot dire, un verre d'eau-de-vie qu'il avala d'un trait ; il put remonter sur sa rosse, et continua la route sans dire une parole. La vivandière le regardait de temps à autre du coin de l'œil.

– Tu te battras demain, mon petit, lui dit-elle enfin, aujourd'hui tu resteras avec moi. Tu vois bien qu'il faut que tu apprennes le métier de soldat.

STENDHAL, *La Chartreuse de Parme*, 1839.

La vivandière lui présenta, sans mot dire, un petit verre d'eau-de-vie, qu'il avala d'un trait.

Illustration de Bertall datant de 1854.

CAPACITÉ

Analyser comment un personnage se construit à travers des mots, des attributs, des avatars.

COMPRENDRE

1. De quelles qualités Fabrice manque-t-il pour faire un soldat ?
2. Comment décririez-vous le comportement de la cantinière ?
3. Le personnage a-t-il le sentiment d'être à la hauteur des événements ? À quoi le voit-on ?

ANALYSER

À quels détails voit-on que ce personnage féminin a déjà l'expérience de la guerre ? Quelles conclusions en tirez-vous ?

ÉCRIRE

« Descends donc de cheval, petit, dit la cantinière, et donne-lui une poignée de main pour voir s'il te la rendra. » Imaginez et rédigez ce que Fabrice pense au moment où il reçoit cet ordre.

La glorification du soldat

THÉODORE GÉRICAULT, *Officier de chasseurs à cheval chargeant*, 1812. Paris, musée du Louvre.

QUESTIONS

1. Comment le tumulte de la guerre est-il montré dans le tableau ?
2. En quoi la posture du cheval et du cavalier sont-elles spectaculaires ?
3. Quel contraste remarque-t-on entre l'expression du cheval et celle du cavalier ?
4. En quoi Fabrice est-il différent de ce soldat ?

Rastignac, histoire d'un destin

Honoré de Balzac (1799-1850) commence sa carrière littéraire en 1829 en publiant un roman historique, *Les Chouans*. Travailleur acharné, mondain invétéré, Balzac est aussi un dépensier compulsif dont le goût du luxe le condamne à être perpétuellement endetté. Vivant de sa plume, il écrit dans les journaux, les revues et publie ses romans à un rythme soutenu.

Texte 1

Arrivé plein d'illusions à Paris, Eugène de Rastignac est confronté à la dureté et au cynisme de cette société sans pitié pour les faibles. À la fin du *Père Goriot*, son apprentissage est fait ; il est décidé à réussir, par tous les moyens.

Rastignac, resté seul, fit quelques pas vers le haut du cimetière et vit Paris tortueusement couché le long des deux rives de la Seine, où commençaient à briller les lumières. Ses yeux s'attachèrent presque avidement entre la colonne de la place Vendôme et le dôme des Invalides, là où vivait ce beau monde dans lequel il avait voulu pénétrer. Il lança sur cette ruche bourdonnante un regard qui semblait par avance en pomper le miel, et dit ces mots grandioses :
– À nous deux maintenant !

BALZAC, *Le Père Goriot*, 1834.

Texte 2

Eugène de Rastignac réapparaîtra dans plusieurs romans de Balzac qui nous montrent son ascension. Dans *L'Interdiction*, il a déjà fait du chemin.

En 1828, vers une heure du matin, deux personnes sortaient d'un hôtel situé dans la rue du Faubourg-Saint-Honoré, près de l'Élysée-Bourbon : l'une était un médecin célèbre, Horace Bianchon ; l'autre un des hommes les plus élégants de Paris, le baron de Rastignac, tous deux amis depuis longtemps. Chacun d'eux avait renvoyé sa voiture, il ne s'en trouva point dans le faubourg ; mais la nuit était belle et le pavé sec.
– Allons à pied jusqu'au boulevard, dit Eugène de Rastignac à Bianchon, tu prendras une voiture au Cercle ; il y en a là jusqu'au matin. Tu m'accompagneras jusque chez moi.
– Volontiers.
– Eh bien, mon cher, qu'en dis-tu ?
– De cette femme ? répondit froidement le docteur. [...]
– Eh bien, moi, je l'aime [...]. Elle est marquise d'Espard, elle est née Blamont-Chauvry, elle est à la mode, elle a de l'âme, elle a un pied aussi joli que celui de la duchesse de Berry, elle a peut-être cent mille livres de rente, et je l'épouserai peut-être un jour ! enfin elle me mettra dans une position où je pourrai payer mes dettes.

BALZAC, *L'Interdiction*, 1836.

La *Comédie humaine* est un ensemble de cent trente-sept romans. Balzac y décrit la société française à travers les différents milieux qui la composent.

Eugéne de Rastignac découvre que les femmes sont la clé de l'ascension sociale.

CAPACITÉ
Rendre compte à l'oral et à l'écrit de ce qu'un personnage de fiction dit de la réalité.

COMPRENDRE

1. Dans le texte 1, à quoi voit-on que Rastignac est décidé à réussir à tout prix ?
2. Dans les textes 1 et 2, analysez le chemin parcouru par Eugène de Rastignac.
3. Quelle voie Rastignac choisit-il pour arriver à ses fins ?

ANALYSER

Pourquoi être un Rastignac signifie-t-il aujourd'hui être un ambitieux ?

ÉCRIRE

En vous inspirant des textes, quels conseils donneriez-vous à quelqu'un qui veut « arriver » le plus rapidement possible.

La caractérisation et les expansions du nom

À RETENIR

La caractérisation consiste à décrire un être, un objet, une idée par une qualité qui le caractérise.
Exemple : *une dame blonde*.

Les expansions du nom sont des procédés utilisés pour la caractérisation. Elles servent à préciser le sens du nom de trois manières :
- par un adjectif qualificatif en fonction épithète liée ou détachée (séparé du nom par une virgule) ;
- par un complément du nom ;
- par une proposition relative.

Exercice 1

Dans les phrases suivantes, relevez les expansions du nom (adjectifs, compléments du nom ou de l'adjectif, propositions relatives) qui précisent le sens des noms ou GN soulignés.

1. Le capitaine, homme courageux et volontaire, ordonna l'évacuation immédiate du navire.
2. Rayonnant, le marié embrassa sa jeune épouse sous les yeux du prêtre.
3. La plupart des cyclistes de cette compétition abandonnèrent lors de cette étape.
4. La cage aux oiseaux est restée ouverte : les perruches qui s'y trouvaient se sont enfuies.

Exercice 2

Complétez les mots suivis de points de suspension, par des expansions du nom de votre invention. Variez les procédés, en vous inspirant de l'exercice précédent.

1. Au petit matin, il aimait regarder l'océan...
2. À sa retraite, il décida de s'occuper de sa famille...
3. L'accident s'est produit sur une route...
4. Mon frère aime observer, dans la nuit, les étoiles...
5. J'ai trouvé cet objet dans une foire...

Exercice 3

Remplacez les propositions relatives par une expansion du nom du même sens.

1. Un enfant qui observe avec soin le reconnaîtra.
2. Voici le livre dont nous nous servons le plus.
3. La femme qu'on aime est parée de toutes les qualités.
4. Il préfère un candidat qui rit ou qui sourit.

Exercice 4

Relevez les mots démonstratifs et indiquez leur classe grammaticale. Soulignez les expansions du nom.

« Ellénore, lui écrivais-je un jour, vous ne savez pas tout ce que je souffre. Près de vous, loin de vous, je suis également malheureux. Pendant les heures qui nous séparent, j'erre au hasard, courbé sous le fardeau d'une existence que je ne sais comment supporter. La société m'importune, la solitude m'accable. Ces indifférents qui m'observent, qui ne connaissent rien de ce qui m'occupe, qui me regardent avec une curiosité sans intérêt, avec un étonnement sans pitié, ces hommes qui osent me parler d'autre chose que de vous, portent dans mon sein une douleur mortelle. Je les fuis ; mais, seul, je cherche en vain un air qui pénètre dans ma poitrine oppressée. Je me précipite sur cette terre qui devrait s'entrouvrir pour m'engloutir à jamais ; je pose ma tête sur la pierre froide qui devrait calmer la fièvre ardente qui me dévore. Je me traîne vers cette colline d'où l'on aperçoit votre maison ; je reste là, les yeux fixés sur cette retraite que je n'habiterai jamais avec vous. Et si je vous avais rencontrée plus tôt, vous auriez pu être à moi ! »

CONSTANT, *Adolphe*, 1816.

Femme cousant, XIXe siècle. Paris, Musée du Louvre.

Le personnage romantique, ses doutes, ses révoltes, ses passions

Les tourments du personnage romantique

Dans son histoire de la littérature en bande dessinée, Catherine Meurisse passe en revue les causes du mal-être romantique. Elles sont nombreuses.

Document 1

CATHERINE MEURISSE, *Mes hommes de lettres*, Éd. Sarbacane, 2008.

CAPACITÉ
Rendre compte à l'oral et à l'écrit de ce qu'un personnage de fiction dit de la réalité.

COMPRENDRE

1. Comment Catherine Meurisse parvient-elle à rendre comiques les tourments romantiques ?
2. Pourquoi peut-on dire que le XIXe siècle est une période de grands bouleversements politiques ?
3. Quels sont les tourments romantiques ?

Le romantisme

■ Qu'est-ce que le romantisme ?

Le romantisme, mot apparu en 1804, désigne un mouvement artistique englobant littérature, peinture et musique. En littérature, le romantisme réagit contre la littérature d'idées du XVIIIe siècle et contre le classicisme. Poésie, théâtre, roman, toutes les formes sont propices à l'art romantique du moment que l'auteur y exprime son moi profond.

■ Que signifie être romantique ?

Les romantiques montrent la beauté de la nature et la noblesse de l'homme, mais surtout disent la vérité de leur cœur. L'expression des sentiments passe par l'utilisation d'un registre lyrique, mais les auteurs s'accordent une liberté de ton et de forme dans leurs écrits, comme dans leur vie et leur apparence physique.

■ Pourquoi en faire un drame ?

Le théâtre français est dominé par le souvenir des tragédies classiques : les romantiques vont le sortir de ce carcan. Le drame romantique n'obéit pas à la règle des trois unités, il n'hésite pas à mettre à mal l'alexandrin et à déranger la bienséance. En 1830, Victor Hugo présente *Hernani*, un drame libéré de toutes les règles classiques. La première représentation donne lieu à une bataille entre les jeunes, menés par Théophile Gautier, partisans de cette liberté d'expression, et les anciens attachés à la norme classique.

Décor romantique de l'acte I d'Hernani.

Victor Hugo définit dans la Préface de son drame *Cromwell*, écrit en 1827, le drame romantique.

Le théâtre est un point d'optique. Tout ce qui existe dans le monde, dans l'histoire, dans la vie, dans l'homme, tout doit et peut s'y réfléchir, mais sous la baguette magique de l'art. [...] C'est une grande et belle chose que de voir se déployer avec cette largeur un drame où l'art développe puissamment la nature ; un drame enfin où le poète remplisse pleinement le but multiple de l'art, qui est d'ouvrir au spectateur un double horizon, d'illuminer à la fois l'intérieur et l'extérieur des hommes [...].

HUGO, Préface de *Cromwell* (1827)

Que représente-t-on au théâtre ? Quel est le but de l'art ?

Première représentation d'*Hernani* à la Comédie-Française.

TROIS ÉCRIVAINS DE L'ÉPOQUE ROMANTIQUE

Parmi les romantiques, on pourrait citer Charles Nodier, Alphonse de Lamartine, Théophile Gautier, Alfred de Vigny, Alfred de Musset, George Sand ou Gérard de Nerval. Mais trois autres écrivains éclairent la diversité du groupe, qui n'est pas une école.

À l'orée du romantisme, **Chateaubriand (1768-1848)** est, pour la génération née au début du XIXe siècle, un modèle vivant. Homme de lettres et homme politique, il est le chantre d'une nature sauvage, d'amours magnifiques et de ferveur religieuse (*Mémoires d'outre-tombe*, 1848).

Bien que ne se rattachant pas totalement au courant romantique, **Stendhal (pseudonyme d'Henri Beyle : 1783-1842)** en est proche. Cet individualiste passionné sera peu lu de son vivant. Il se complaît dans sa différence et analyse dans une riche œuvre romanesque et autobiographique les méandres du cœur humain en général et du sien en particulier (*Le Rouge et le Noir*, 1830).

Au cœur du romantisme, **Victor Hugo (1802-1885)** écrivit sur son cahier d'écolier : « Je serai Chateaubriand ou rien... » C'est dire l'influence de Chateaubriand et l'ambition du jeune Hugo ! Poète lyrique et épique, dramaturge, auteur de fresques romanesques, dessinateur visionnaire, écrivain engagé et homme politique, c'est un génie créateur complet.

Le personnage romantique, ses doutes, ses révoltes, ses passions

Les victimes du « mal du siècle »

Texte 2

Chateaubriand appartient à la première génération romantique. Exilé après la Révolution française, il se consacre à l'écriture. Dans *René*, une de ses premières œuvres, il met en scène un personnage en proie à cette mélancolie diffuse qu'on qualifiera de « mal du siècle ».

François René, vicomte de Chateaubriand (1768-1848), fut témoin de la Révolution française dont les violences l'indignèrent. Engagé dans l'armée contre-révolutionnaire puis réfugié en Angleterre, il vécut pendant dix ans dans la misère et la souffrance de l'exil. Après son retour en France en 1800, il publie *René*, un récit à résonances autobiographiques dans lequel il met en évidence le malaise de sa génération.

Cette vie, qui m'avait d'abord enchanté, ne tarda pas à me devenir insupportable. Je me fatiguai de la répétition des mêmes scènes et des mêmes idées. Je me mis à sonder mon cœur, à me demander ce que je désirais. Je ne savais pas ; mais je crus tout à coup que les bois me seraient délicieux. Me voilà soudain résolu d'achever, dans un exil champêtre, une carrière à peine commencée, et dans laquelle j'avais déjà dévoré des siècles.

J'embrassai ce projet avec l'ardeur que je mets à tous mes desseins ; je partis précipitamment pour m'ensevelir dans une chaumière, comme j'étais parti autrefois pour faire le tour du monde.

On m'accuse d'avoir des goûts inconstants, de ne pouvoir jouir longtemps de la même chimère, d'être la proie d'une imagination qui se hâte d'arriver au fond des plaisirs, comme si elle était accablée de leur durée ; on m'accuse de passer toujours le but que je puis atteindre : hélas ! je cherche seulement un bien inconnu, dont l'instinct me poursuit. Est-ce ma faute si je trouve partout des bornes, si ce qui est fini n'a pour moi aucune valeur ?

CHATEAUBRIAND, *René*, 1802.

CASPAR DAVID FRIEDRICH, *Le Rêveur*, 1835-1840. Saint-Pétersbourg, musée de l'Ermitage.

Le personnage romantique, ses doutes, ses révoltes, ses passions

Les victimes du « mal du siècle »

Texte 3

Triste destin que celui de ces hommes, nés après la Révolution française, et trop jeunes pour avoir pu participer à l'aventure des guerres napoléoniennes. Tous sont rongés par le « mal du siècle ». C'est le cas du héros de *La Confession d'un enfant du siècle* d'Alfred de Musset.

Alfred de Musset (1810-1857) met en scène, dans *La Confession d'un enfant du siècle,* un personnage avec lequel il partage tant de points communs qu'il est difficile de ne pas y voir un double de lui-même.

Alors s'assit sur un monde en ruines une jeunesse soucieuse. Tous ces enfants étaient des gouttes d'un sang brûlant qui avait inondé la terre ; ils étaient nés au sein de la guerre, pour la guerre. Ils avaient rêvé pendant quinze ans des neiges de Moscou et du soleil des Pyramides[1] ; on les avait trempés dans le mépris de la vie comme de jeunes épées. Ils n'étaient pas sortis de leurs villes, mais on leur avait dit que par chaque barrière de ces villes on allait à une capitale d'Europe. Ils avaient dans la tête tout un monde ; ils regardaient la terre, le ciel, les rues et les chemins; tout cela était vide, et les cloches de leurs paroisses résonnaient seules dans le lointain [...]. Trois éléments partageaient donc la vie qui s'offrait alors aux jeunes gens : derrière eux un passé à jamais détruit, s'agitant encore sur ses ruines, avec tous les fossiles des siècles de l'absolutisme[2] ; devant eux l'aurore d'un immense horizon, les premières clartés de l'avenir; et entre ces deux mondes... quelque chose de semblable à l'Océan qui sépare le vieux continent de la jeune Amérique, je ne sais quoi de vague et de flottant, une mer houleuse et pleine de naufrages, traversée de temps en temps par quelque blanche voile lointaine ou par quelque navire soufflant une lourde vapeur ; le siècle présent, en un mot, qui sépare le passé de l'avenir, qui n'est ni l'un ni l'autre et qui ressemble à tous deux à la fois, et où l'on ne sait, à chaque pas qu'on fait, si l'on marche sur une semence ou sur un débris. Voilà dans quel chaos il fallut choisir alors ; voilà ce qui se présentait à des enfants pleins de force et d'audace, fils de l'Empire[3] et petits-fils de la Révolution[4].

MUSSET, *La Confession d'un enfant du siècle*, 1836.

1. Moscou... les Pyramides : allusion aux campagnes de Russie (1812-13) et d'Égypte (1798-1801) par Napoléon Ier.
2. Absolutisme : pouvoir royal sous l'Ancien Régime.
3. Empire : règne de Napoléon Ier (1804-1814).
4. Révolution : l'ère révolutionnaire commence en 1789, et s'achève en 1799, avec le coup d'État de Napoléon Bonaparte.

GÉRICAULT, *Le Radeau de la Méduse*, 1818. Paris, musée du Louvre.

CAPACITÉ

Être curieux de connaître d'autres personnages, d'autres expériences, d'autres lieux, d'autres époques, à travers des œuvres de fiction.

COMPRENDRE

1. Le narrateur du texte 2 pourrait-il être représenté comme dans le tableau ? Justifiez votre réponse.
2. L'auteur du texte 3 semble regretter une époque, laquelle ? À quoi le voit-on ?
3. Comment se manifeste l'inconstance du personnage dans le texte 2 ?
4. Dans la première partie du texte 2, quelles expressions traduisent les rêves de grandeur de la génération que décrit l'auteur ?

ÉCRIRE

Souffrez-vous, vous aussi, du « mal du siècle », c'est-à-dire de cette impression de vivre une époque vide de tout grand événement historique ? Ou, au contraire, avez-vous le sentiment de vivre une époque intéressante ? Répondez à la question en justifiant votre point de vue de façon précise et argumentée.

Le personnage romantique, ses doutes, ses révoltes, ses passions

Félix de Vandenesse, l'amoureux

Avant la lecture

Citez dans une œuvre de fiction (théâtre, roman, cinéma) un coup de foudre mémorable.

Texte 4

Le héros du roman de Balzac, Félix de Vandenesse, est d'abord un enfant mal aimé ; devenu jeune homme, la « céleste créature » qu'il rencontre devient comme sa mère de substitution – en même temps qu'une femme inatteignable.

Il était impossible de sortir, je me réfugiai dans un coin au bout d'une banquette abandonnée, où je restai les yeux fixes, immobile et boudeur. Trompée par ma chétive apparence, une femme me prit pour un enfant prêt à s'endormir en attendant le bon plaisir de sa mère, et se posa près de moi par un mouvement d'oiseau qui s'abat sur son nid. Aussitôt je sentis un parfum de femme qui brilla dans mon âme comme y brilla depuis la poésie orientale. Je regardai ma voisine, et fus plus ébloui par elle que je ne l'avais été par la fête ; elle devint toute ma fête. [...] Mes yeux furent tout à coup frappés par de blanches épaules rebondies sur lesquelles j'aurais voulu pouvoir me rouler, des épaules légèrement rosées qui semblaient rougir comme si elles se trouvaient nues pour la première fois, de pudiques épaules qui avaient une âme, et dont la peau satinée[1] éclatait à la lumière comme un tissu de soie. Ces épaules étaient partagées par une raie, le long de laquelle coula mon regard, plus hardi que ma main. Je me haussai tout palpitant pour voir le corsage et fus complètement fasciné par une gorge chastement couverte d'une gaze[2], mais dont les globes azurés et d'une rondeur parfaite étaient douillettement couchés dans des flots de dentelle. Les plus légers détails de cette tête furent des amorces qui réveillèrent en moi des jouissances infinies : le brillant des cheveux lissés au-dessus d'un cou velouté comme celui d'une petite fille, les lignes blanches que le peigne y avait dessinées et où mon imagination courut comme en de frais sentiers, tout me fit perdre l'esprit.

BALZAC, *Le Lys dans la vallée*, 1836.

1. **Satinée :** blanche et douce.
2. **Gaze :** voile léger.

G. DI NITTIS, *Le Salon de la princesse Mathilde*, 1883.

CAPACITÉ
Analyser comment un personnage se construit à travers des mots, des attributs, des avatars.

COMPRENDRE

1. Quels sentiments Félix de Vaudenesse éprouve-t-il successivement dans ce texte ?
2. Chez sa « voisine », quels détails physiques impressionnent particulièrement le jeune homme ?
3. À partir de « Je regardai ma voisine... » (l. 7) et jusqu'à la fin du texte, relevez les phrases qui traduisent l'émotion du personnage.

ÉCRIRE

À votre tour, décrivez ce que se dirait et ce qu'éprouverait un personnage placé par hasard à côté d'un être dont il tombe sur-le-champ très amoureux.

Le personnage romantique, ses doutes, ses révoltes, ses passions

Julien Sorel, un héros romantique

Stendhal (1783-1842) crée trois personnages complexes, au destin tumultueux. Dans *La Chartreuse de Parme* Fabrice del Dongo, dans *Le Rouge et le Noir* Julien Sorel et enfin Lucien Leuwen dans le roman éponyme qui resta inachevé.

Texte 5

Julien Sorel est le héros du roman *Le Rouge et le Noir*. Ambitieux et passionné, ce jeune homme met ses amours au service de sa réussite.
Le portrait que fait Stendhal du jeune Julien au début du roman montre les premiers pas de son ascension.

Une taille svelte et bien prise annonçait plus de légèreté que de vigueur. Dès sa première jeunesse, son air extrêmement pensif et sa grande pâleur avaient donné l'idée à son père qu'il ne vivrait pas, ou qu'il vivrait pour être une charge à sa famille. Objet des mépris de tous à la maison, il haïssait ses frères et son père ; dans les jeux du dimanche, sur la place publique, il était toujours battu.
Il n'y avait pas un an que sa jolie figure commençait à lui donner quelques voix amies parmi les jeunes filles. [...]
Dès sa première enfance, il avait eu des moments d'exaltation. Alors, il songeait avec délices qu'un jour il serait présenté aux jolies femmes de Paris, il saurait attirer leur attention par quelque action d'éclat. Pourquoi ne serait-il pas aimé de l'une d'elles, comme Bonaparte, pauvre encore, avait été aimé de la brillante madame de Beauharnais ? Depuis bien des années, Julien ne passait peut-être pas une heure de sa vie sans se dire que Bonaparte, lieutenant obscur et sans fortune, s'était fait le maître du monde avec son épée. Cette idée le consolait de ses malheurs qu'il croyait grands, et redoublait sa joie quand il en avait.

STENDHAL, *Le Rouge et le Noir*, 1830.

HORACE VERNET, *Napoléon Ier sur le champ de bataille de Wagram, en 1809.*

CAPACITÉ
Être curieux de connaître d'autres personnages, d'autres expériences, d'autres lieux, d'autres époques, à travers des œuvres de fiction.

COMPRENDRE

1. Pourquoi Julien déteste-t-il son père et ses frères ? En quoi est-il différent ?
2. Pourquoi Bonaparte le fascine-t-il ?
3. Quelles caractéristiques de Julien Sorel en font un héros romantique ?

ÉCRIRE

Julien Sorel rêve d'attirer l'attention des jolies femmes de Paris par une action d'éclat. Développez ses réflexions sur ce thème.

Gérard Philipe interprétant Julien Sorel, 1954.

Le personnage romantique, ses doutes, ses révoltes, ses passions

L'homme face aux éléments

Texte 6

Dans *La Légende des siècles*, c'est le souffle de l'épopée qui embrasse le passé, le présent et l'avenir. Le thème romantique de la confrontation de l'homme et de la nature est traité de façon récurrente. Le pathétique est ici accru du fait du contraste entre la fragilité du pêcheur et le déchaînement grandiose de l'océan.

Victor Hugo a écrit *La Légende des siècles* entre 1859 et 1876. L'humanité y est décrite comme « un grand individu collectif » porté par le progrès, s'émancipant peu à peu pour accéder, grâce à la Révolution française – qui ne fait pourtant pas partie des tableaux peints par Hugo –, à la lumière et au bien. Philosophique et prophétique, l'œuvre monumentale fut admirée et contestée dès sa parution.

LES PAUVRES GENS

L'homme est en mer. Depuis l'enfance matelot,
Il livre au hasard sombre une rude bataille.
Pluie ou bourrasque, il faut qu'il sorte, il faut qu'il aille,
Car les petits enfants ont faim. Il part le soir,
Quand l'eau profonde monte aux marches du musoir[1]
Il gouverne à lui seul sa barque à quatre voiles.
La femme est au logis, cousant les vieilles toiles,
Remmaillant[2] les filets, préparant l'hameçon,
Surveillant l'âtre[3] où bout la soupe de poisson,
Puis priant Dieu sitôt que les cinq enfants dorment.
Lui, seul, battu des flots qui toujours se reforment,
Il s'en va dans l'abîme et s'en va dans la nuit.
Dur labeur ! tout est noir, tout est froid ; rien ne luit.
Dans les brisants[4], parmi les lames en démence,
L'endroit bon à la pêche, et, sur la mer immense,
Le lieu mobile, obscur, capricieux, changeant,
Où se plaît le poisson aux nageoires d'argent,
Ce n'est qu'un point ; c'est grand deux fois comme la chambre.
Or, la nuit, dans l'ondée[5] et la brume, en décembre,
Pour rencontrer ce point sur le désert mouvant,
Comme il faut calculer la marée et le vent !
Comme il faut combiner sûrement les manœuvres !
Les flots le long du bord glissent, vertes couleuvres.
Le gouffre roule et tord ses plis démesurés
Et fait râler d'horreur des agrès[6] effarés.
Lui songe à Jeannie, au sein des mers glacées,
Et Jeannie en pleurant l'appelle ; et leurs pensées
Se croisent la nuit, divins oiseaux du cœur.

HUGO, *La Légende des siècles*, 1859.

1. **Musoir :** l'extrémité de la jetée.
2. **Remmaillant :** réparant.
3. **Âtre :** foyer, partie de la cheminée où on fait le feu.
4. **Brisant :** rocher sur lequel la mer se brise et déferle.
5. **Ondée :** pluie soudaine.
6. **Agrès :** gréements, mâts.

CAPACITÉ
Comprendre en quoi un personnage porte le projet de son auteur.

COMPRENDRE

1. Pourquoi le destin ordinaire de ce pêcheur est-il tragique ?
2. Comment la mer nous est-elle décrite ?
3. En quoi la vie périlleuse du pêcheur est-elle source d'angoisse pour toute sa famille ?
4. Par quels mots, expressions et comparaisons Hugo montre-t-il le contraste entre la fragilité de l'homme et la puissance des éléments ? L'homme sort-il grandi de cette évocation ? Justifiez votre réponse.

ÉCRIRE

Choisissez un passage du poème, complétez-le pour composer un texte de rap ou de slam en prolongeant jusqu'à aujourd'hui cette évocation du destin tragique des pêcheurs.

Le vrai, le faux, le réel

Lexique

À RETENIR

Le vrai et **le faux** sont deux notions opposées.
Le lexique du vrai et du faux permet de démontrer ou au contraire de contester le bien-fondé d'une opinion.
Il permet également de distinguer ce qui relève de l'imagination de ce qui appartient à la réalité.

Exercice 1

Associez chacun des adjectifs à sa définition.

• Vocabulaire du réel et de la vérité :
1. Véritable ; 2. Réel ; 3. Prouvé ; 4. Vrai ; 5. Exact ; 6. Certain
a) Conforme à la vérité.
b) Qui a été l'objet d'une démonstration.
c) Conforme aux normes, aux règles, aux usages.
d) Qui ne peut être remis en question.
e) Que l'on juge conforme à ce qui existe ou a existé.
f) Qui n'est pas le produit de l'imagination.

• Vocabulaire de l'erreur :
1.Irrecevable ; 2. Erroné ; 3. Illusoire ; 4. Faux ; 5. Douteux ; 6. Illogique
a) Qui va contre le bon sens et la logique.
b) Qui ne semble ni vrai ni juste.
c) Qui est le produit d'une erreur.
d) Qui relève d'un raisonnement mal fondé.
e) Qui ne peut être admis.
f) Qui est le produit d'une illusion.

Exercice 2

Formez des phrases à l'aide de ces mots et expressions.

Exemple : *Deux plus deux – quatre – erreur → Dire que deux plus deux font quatre est une erreur.*

1. Réputation – montres suisses – exactitude
2. Désert – mirage – optique – illusion.
3. Croyance – loups garous et vampires – absurdité
4. Colonies martiennes – Lune – doute
5. Paris – capitale de la France – certitude

Exercice 3

a) À travers quels mots, quelles expressions, le futur est-il évoqué ?
b) Relevez les expressions renvoyant au lexique du faux et du vrai.

Nous sommes au vingt-cinquième siècle [...]. Les joyeux aéronefs ne sillonnaient plus l'espace avec leur vivacité habituelle. Les aéroplanes, les aviateurs, les poissons aériens, les oiseaux mécaniques, les hélicoptères électriques, les machines volantes, tout s'était ralenti, presque arrêté. Les gares aéronautiques élevées au sommet des tours et des édifices étaient vides et solitaires. La vie humaine semblait suspendue dans son cours. L'inquiétude était peinte sur tous les visages. On s'abordait sans se connaître. Et toujours la même question sortait des lèvres pâlies et tremblantes : « C'est donc vrai !... » La plus effroyable épidémie aurait moins terrifié les cœurs que la prédiction astronomique si universellement commentée ; elle aurait fait moins de victimes, car déjà la mortalité commençait à croître par une cause inconnue. À tout moment, chacun se sentait traversé d'un électrique frisson de terreur. Quelques-uns, voulant paraître plus énergiques, moins alarmés, jetaient parfois une note de doute ou même d'espérance : « On peut se tromper », ou bien : « Elle passera à côté », ou encore « Ça ne sera rien, on en sera quitte pour la peur », ou quelques autres palliatifs du même ordre. Mais l'attente, l'incertitude est souvent plus terrible que la catastrophe même.

CAMILLE FLAMMARION, *La Fin du monde*, 1894.

Exercice 4

Réécrivez ce texte en introduisant cinq des mots listés dans l'exercice 2.

Et voilà que l'on écrit partout que mes personnages sont tous également ignobles, qu'ils se vautrent tous dans la paresse et dans l'ivrognerie. Vraiment, est-ce moi qui perds la tête ou sont-ce les autres qui ne l'ont pas lu ?
Il n'y en a qu'un qui soit un gredin, Lantier. Celui-là est malpropre, je le confesse. J'estime que j'ai le droit de mettre un personnage malpropre dans mon roman, comme on met de l'ombre dans un tableau. Seulement celui-là n'est pas un ouvrier. Il a été chapelier en Province, et il n'a pas touché un outil depuis qu'il est à Paris. Il porte un paletot, il affecte des allures de Monsieur. Certes, je n'insulte pas en lui la classe ouvrière, car il s'est placé de lui-même en dehors de cette classe.

ZOLA, *Lettre au directeur du* Bien public, 1877.

Lorenzaccio, un personnage maudit et torturé

Écrite en 1834, la pièce se passe à Florence au XVIe siècle. Lorenzo de Médicis est surnommé Lorenzaccio, Lorenzo le mauvais. Il veut accomplir une action héroïque pour l'humanité : tuer un des tyrans qui maltraitent les hommes.
Il tente d'abord d'assassiner le pape Clément VII, à Rome, mais échoue et est banni de la ville.
De retour à Florence, il décide de se rapprocher d'Alexandre de Médicis, son cousin, qui mène une politique de dictateur et une vie de débauche. Pour cela, Lorenzo change sa personnalité afin d'endormir sa méfiance. Il complote avec lui et brave la morale, devenant aux yeux de tous Lorenzo le mauvais.
Ce « masque » qu'il applique sur son visage devient pour tous, et peut-être même pour lui, sa véritable personnalité. Quand il arrive à ses fins, il a vu et vécu tant de trahisons et de perversions qu'il a perdu toutes ses illusions sur les hommes, sur sa propre honnêteté et tout goût à la vie.

Alfred de Musset (1810-1857) connut des débuts difficiles au théâtre mais c'est pourtant dans ce genre littéraire qu'il écrivit ses œuvres les plus célèbres. C'est pendant sa liaison avec George Sand qu'il écrivit *Lorenzaccio*. Puis il se consacra à la comédie avec, notamment, *On ne badine pas avec l'amour* et *Il ne faut jurer de rien*.

Texte 1 « Le libertin »

Au début de la pièce, sire Maurice vient faire part au duc, Alexandre de Médicis, du mécontentement de Paul III, le pape.

SIRE MAURICE. – Les désordres de la Cour irritent le pape.

LE DUC. – Que dis-tu là, toi ?

SIRE MAURICE. – J'ai dit les désordres de la Cour, Altesse ; les actions du duc n'ont d'autre juge que lui-même. C'est Lorenzo de Médicis que le pape réclame comme transfuge[1] de sa justice.

LE DUC. – De sa justice ? Il n'a jamais offensé de pape, à ma connaissance, que Clément VII, feu mon cousin, qui, à cette heure, est en enfer.

SIRE MAURICE. – Clément VII a laissé sortir de ses États le libertin[2] qui, un jour d'ivresse, avait décapité les statues de l'arc de Constantin. Paul III ne saurait pardonner au modèle titré de la débauche florentine.

LE DUC. – Ah ! [...] Cette mutilation revient toujours sur l'eau, à propos de ce pauvre Renzo. Moi, je trouve cela drôle, d'avoir coupé la tête de tous ces hommes de pierre. Je protège les arts comme un autre, et j'ai chez moi les premiers artistes de l'Italie ; mais je n'entends rien au respect du pape pour ces statues qu'il excommunierait demain, si elles étaient en chair et en os.

SIRE MAURICE. – Lorenzo est un athée[3] ; il se moque de tout. Si le gouvernement de Votre Altesse n'est pas entouré d'un profond respect, il ne saurait être solide. Le peuple appelle Lorenzo, Lorenzaccio ; on sait qu'il dirige vos plaisirs, et cela suffit.

LE DUC. – Paix ! tu oublies que Lorenzo de Médicis est cousin d'Alexandre. *(Entre le cardinal Cibo)* Cardinal, écoutez un peu ces messieurs qui disent que le pape est scandalisé des désordres de ce pauvre Renzo, et qui prétendent que cela fait tort à mon gouvernement.

LE CARDINAL. – Messire Francesco Molza vient de débiter à l'Académie romaine une harangue[4] en latin contre le mutilateur de l'arc de Constantin.

LE DUC. – Allons donc, vous me mettriez en colère ! Renzo, un homme à craindre ! le plus fieffé poltron ! une femmelette, l'ombre d'un ruffian[5] énervé ! un rêveur qui marche nuit et jour sans épée, de peur d'en apercevoir l'ombre à son côté ! [...] J'aime Lorenzo, moi, et, par la mort de Dieu ! il restera ici.

1. **Transfuge :** désobéissant, dissident.
2. **Libertin :** aux mœurs libres, qui ne suit pas la religion.
3. **Athée :** qui ne croit pas en Dieu.
4. **Harangue :** discours officiel et solennel.
5. **Ruffian :** un petit voyou.

Le Cardinal. – Si je craignais cet homme, ce ne serait pas pour votre Cour, ni pour Florence, mais pour vous, Duc.
Le Duc. – Plaisantez-vous, Cardinal, et voulez-vous que je vous dise la vérité ? *(il lui parle tout bas)* Tout ce que je sais de ces damnés bannis, de tous ces républicains entêtés qui complotent autour de moi, c'est par Lorenzo que je le sais. Il est glissant comme une anguille ; il se fourre partout et me dit tout. [...] Tenez ! *(Lorenzo paraît au fond d'une galerie basse)* Regardez-moi ce petit corps maigre, ce lendemain d'orgie ambulant. Regardez-moi ces yeux plombés, ces mains fluettes et maladives, à peine assez fermes pour soutenir un éventail, ce visage morne, qui sourit quelquefois, mais qui n'a pas la force de rire. C'est là un homme à craindre ?

Acte I, scène 4.

PISTE DE RÉFLEXION

Quels traits du caractère de Lorenzo le duc Alexandre de Médicis retient-il ?

Lorenzaccio, mise en scène de Daniel Mesguich, théâtre Gérard Philipe, 1985.

Texte 2 « Je tuerai Alexandre »

Philippe Strozzi voit ses deux fils, Pierre et Thomas, arrêtés et emmenés en prison, car ils ont tenté d'assassiner le libertin Salviati qui voulait déshonorer leur sœur, Louise. Effondré, il pleure quand survient Lorenzo.

Philippe. – Il faut nous délivrer des Médicis, Lorenzo. Tu es un Médicis toi-même, mais seulement par ton nom. Si je t'ai bien connu, si la hideuse comédie que tu joues m'a trouvé impassible et fidèle spectateur, que l'homme sorte de l'histrion[1] ! Si tu as jamais été quelque chose d'honnête, sois-le aujourd'hui. Pierre et Thomas sont en prison.
Lorenzo. – Oui, oui, je sais cela.
Philippe. – Est-ce là ta réponse ? Est-ce là ton visage, homme sans épée ?
Lorenzo. – Que veux-tu ? dis-le, et tu auras alors ma réponse.
Philippe. – Agir ! Comment, je n'en sais rien. [...] Ô Lorenzo, le temps est venu. N'es-tu pas diffamé, traité de chien et de sans-cœur ? Si je

1. **Histrion :** farceur, bouffon.

t'ai tenu en dépit de tout ma porte ouverte, ma main ouverte, mon cœur ouvert, parle, et que je voie si je me suis trompé. Ne m'as-tu pas parlé d'un homme qui s'appelle aussi Lorenzo, et qui se cache derrière le Lorenzo que voilà ? [...] Quand les pierres criaient à ton passage, quand chacun de tes pas faisait jaillir des mares de sang humain, je t'ai appelé du nom sacré d'ami, je me suis fait sourd pour te croire, aveugle pour t'aimer ; j'ai laissé l'ombre de ta mauvaise réputation passer sur mon honneur, et mes enfants ont douté de moi en trouvant sur ma main la trace hideuse du contact de la tienne. Sois honnête, car je l'ai été ; agis, car tu es jeune, et je suis vieux.

LORENZO. – Pierre et Thomas sont en prison ; est-ce là tout ? [...] N'avez-vous dans la tête que cela – délivrer vos fils ? Mettez la main sur la conscience. – Quelque autre pensée plus vaste, plus terrible, ne vous entraîne-t-elle pas, comme un chariot étourdissant, au milieu de cette jeunesse ?

PHILIPPE. – Eh bien ! oui, que l'injustice faite à ma famille soit le signal de la liberté. Pour moi, et pour tous, j'irai !

LORENZO. – Prends garde à toi, Philippe, tu as pensé au bonheur de l'humanité.

PHILIPPE. – Que veut dire ceci ? Es-tu dedans comme au-dehors une vapeur infecte ? Toi qui m'as parlé d'une liqueur précieuse dont tu étais le flacon, est-ce là ce que tu renfermes ?

LORENZO. – Je suis en effet précieux pour vous, car je tuerai Alexandre.

PHILIPPE. – Toi ?

LORENZO. – Moi, demain ou après-demain. Rentrez chez vous, tâchez de délivrer vos enfants – si vous ne le pouvez pas, laissez-leur subir une légère punition – je sais pertinemment qu'il n'y a pas d'autres dangers pour eux, et je vous répète que, d'ici à quelques jours, il n'y aura pas plus d'Alexandre de Médicis à Florence, qu'il n'y a de soleil à minuit.

Acte III, scène 3.

Le drame romantique est marqué par un souci de réalisme qui pousse souvent les auteurs à privilégier la prose.

PISTE DE RÉFLEXION

Comment Philippe considère-t-il Lorenzo depuis toujours ?

Lorenzaccio, mise en scène de J.-P. Vincent, festival d'Avignon, 2000.

Affiche de 1896, réalisée par Mucha.

Texte 3 « Une étincelle de tonnerre »

Dans la même scène, Lorenzo explique à Philippe ce qui l'a porté à être ce qu'il est aujourd'hui.

LORENZO. – Ma jeunesse a été pure comme l'or. Pendant vingt ans de silence, la foudre s'est amoncelée dans ma poitrine ; et il faut que je sois réellement une étincelle du tonnerre, car tout à coup, une certaine nuit que j'étais assis dans les ruines du Colisée antique, je ne sais pourquoi je me levai ; je tendis vers le ciel mes bras trempés de rosée, et je jurai qu'un des tyrans de ma patrie mourrait de ma main. J'étais un étudiant paisible, et je ne m'occupais alors que des arts et des sciences, et il m'est impossible de dire comment cet étrange serment s'est fait en moi. Peut-être est-ce là ce qu'on éprouve quand on devient amoureux [...]. Les hommes ne m'avaient fait ni bien ni mal, mais j'étais bon, et, pour mon malheur éternel, j'ai voulu être grand. Il faut que je l'avoue, si la Providence m'a poussé à la résolution de tuer un tyran, quel qu'il fût, l'orgueil m'y a poussé aussi. [...] J'ai voulu d'abord tuer Clément VII. Je n'ai pu le faire parce qu'on m'a banni de Rome avant le temps. J'ai recommencé mon ouvrage avec Alexandre. Je voulais agir seul, sans le secours d'aucun homme. [...] La tâche que je m'imposais était rude avec Alexandre. Florence était, comme aujourd'hui, noyée de vin et de sang. L'empereur et le pape avaient fait un duc d'un garçon boucher. Pour plaire à mon cousin, il fallait arriver à lui, porté par les larmes des familles ; pour devenir son ami, et acquérir sa confiance, il fallait baiser sur ses lèvres épaisses tous les restes de ses orgies. J'étais pur comme un lis, et cependant je n'ai pas reculé devant cette tâche. Ce que je suis devenu à cause de cela, n'en parlons pas. [...] J'ai fait ce que j'ai fait. Tu sauras seulement que j'ai réussi dans mon entreprise. Alexandre viendra bientôt dans un certain lieu d'où il ne sortira pas debout.

Acte III, scène 3.

PISTE DE RÉFLEXION

Qu'est-ce qui pousse Lorenzo à tuer Alexandre ?

Texte 4 « Traître à la patrie »

Lorenzo a tué Alexandre et a fui à Venise où il veut retrouver Philippe Strozzi qui y vit en exil depuis la mort de sa fille, Louise.

LORENZO. – Philippe, je t'apporte le plus beau joyau de ta couronne.

PHILIPPE. – Qu'est-ce que tu jettes là ? une clef ?

LORENZO. – Cette clef ouvre ma chambre, et dans ma chambre est Alexandre de Médicis, mort de la main que voilà.

PHILIPPE. – Vraiment ! vraiment ! – cela est incroyable.

LORENZO. – Crois-le si tu veux. – Tu le sauras par d'autres que moi.

PHILIPPE, *prenant la clef.* – Alexandre est mort ! cela est-il possible ?

LORENZO. – Que dirais-tu, si les républicains t'offraient d'être duc à sa place ?

PHILIPPE. – Je refuserais, mon ami.

LORENZO. – Vraiment ! vraiment ! – cela est incroyable.

PHILIPPE. – Pourquoi ? – cela est tout simple pour moi.

LORENZO. – Comme pour moi de tuer Alexandre. – Pourquoi ne veux-tu pas me croire ? [...]

PHILIPPE. – N'as-tu pas averti nos amis. N'ont-ils pas l'épée à la main à l'heure qu'il est ?

LORENZO. – Je les ai avertis ; j'ai frappé à toutes les portes républicaines, avec la constance d'un frère quêteur – je leur ai dit de frotter leurs épées, qu'Alexandre serait mort quand ils s'éveilleraient. – Je pense qu'à l'heure qu'il est ils se sont éveillés plus d'une fois, et rendormis à l'avenant. – Mais, en vérité, je ne pense pas autre chose.

PHILIPPE. – As-tu averti les Pazzi ? – L'as-tu dit à Corsini ?

LORENZO. – À tout le monde – je l'aurais dit, je crois, à la lune, tant j'étais sûr de n'être pas écouté.

PHILIPPE. – Comment l'entends-tu ?

LORENZO. – J'entends qu'ils ont haussé les épaules, et qu'ils sont retournés à leurs dîners, à leurs cornets[1] et à leurs femmes. [...]

PHILIPPE. – Il me semble qu'il y a un attroupement dans la rue ; un crieur lit une proclamation. Holà, Jean, allez acheter le papier de ce crieur.

LORENZO. – Ô Dieu ! ô Dieu !

PHILIPPE. – Tu deviens pâle comme un mort. Qu'as-tu donc !

LORENZO. – N'as-tu rien entendu ?

Un domestique entre, apportant la proclamation.

PHILIPPE. – Non ; lis donc un peu ce papier, qu'on criait dans la rue.

LORENZO, *lisant.* – « À tout homme, noble ou roturier, qui tuera Lorenzo de Médicis, traître à la patrie et assassin de son maître, en quelque lieu et de quelque manière que ce soit, sur toute la surface de l'Italie, il est promis par le conseil des Huit à Florence : 1° quatre mille florins d'or sans aucune retenue ; 2° une rente de cent florins par an, pour lui durant sa vie, et ses héritiers en ligne directe après sa mort ; 3° la permission d'exercer toutes les magistratures, de posséder tous les bénéfices et privilèges de l'État, malgré sa naissance s'il est roturier ; 4° grâce perpétuelle pour toutes ses fautes, passées et futures, ordinaires et extraordinaires ». Signé de la main des Huit. Eh bien, Philippe, vous ne vouliez pas croire tout à l'heure que j'avais tué Alexandre ? Vous voyez bien que je l'ai tué.

Acte V, scène 2.

1. Un cornet : cornet à dés utilisé dans les tripots.

PISTE DE RÉFLEXION

En quoi cette scène prouve que Lorenzo avait raison quand il disait : « Je suis perdu, et les hommes n'en profiteront pas plus qu'ils ne me comprendront » ?

Lorenzaccio, mise en scène de Anne Cécile Moser, théâtre des Quartiers d'Ivry, 2004.

Lorenzaccio, mise en scène de J.-P. Vincent, théâtre des Amandiers, 2000.

Texte 5 « Une statue de fer-blanc »

Alors que Lorenzo se cache à Venise, Florence est la proie de tous les désordres. Les républicains ne se décident pas à prendre le pouvoir. Côme de Médicis, un autre cousin d'Alexandre, soutenu par Charles Quint et par le pape, est hissé au pouvoir.

LORENZO. – Voilà une lettre qui m'apprend que ma mère est morte. Venez donc faire un tour de promenade, Philippe.

PHILIPPE. – Je vous en supplie, mon ami, ne tentez pas la destinée. Vous allez et venez continuellement, comme si cette proclamation de mort n'existait pas.

LORENZO. – Au moment où j'allais tuer Clément VII, ma tête a été mise à prix à Rome. Il est naturel qu'elle le soit dans toute l'Italie, aujourd'hui que j'ai tué Alexandre. Si je sortais de l'Italie, je serais bientôt sonné au son de trompe dans toute l'Europe, et à ma mort, le bon Dieu ne manquera pas de faire placarder ma condamnation éternelle dans tous les carrefours de l'immensité.

PHILIPPE. – Votre gaieté est triste comme la nuit ; vous n'êtes pas changé, Lorenzo.

LORENZO. – Non, en vérité, je porte les mêmes habits, je marche toujours sur mes jambes, et je bâille avec ma bouche ; il n'y a de changé en moi qu'une misère – c'est que je suis plus creux et plus vide qu'une statue de fer-blanc. [...]

PHILIPPE. – Votre esprit se torture dans l'inaction ; c'est là votre malheur. Vous avez des travers, mon ami.

LORENZO. – J'en conviens, que les républicains n'aient rien fait à Florence, c'est là un grand travers de ma part. Qu'une centaine de jeunes étudiants, braves et déterminés, se soient fait massacrer en vain, que Côme, un planteur de choux, ait été élu à l'unanimité – oh ! je l'avoue, je l'avoue, ce sont là des travers impardonnables, et qui me font le plus grand tort.

PHILIPPE. – Ne raisonnons point sur un événement qui n'est pas achevé. L'important est de sortir d'Italie ; vous n'avez point encore fini sur la terre.

LORENZO. – J'étais une machine à meurtre, mais à un meurtre seulement.

PHILIPPE. – N'avez-vous pas été heureux autrement que par ce meurtre ? Quand vous ne devriez faire désormais qu'un honnête homme, pourquoi voudriez-vous mourir ?

LORENZO. – Je ne puis que vous répéter mes propres paroles : Philippe, j'ai été honnête. – Peut-être le redeviendrais-je, sans l'ennui qui me prend ? – J'aime encore le vin et les femmes ; c'est assez, il est vrai, pour faire de moi un débauché, mais ce n'est pas assez pour me donner envie de l'être. Sortons, je vous prie. [...]

Il sort. [...] *Entre Pippo.*

PIPPO. – Monseigneur, Lorenzo est mort. Un homme était caché derrière la porte, qui l'a frappé par-derrière, comme il sortait.

PHILIPPE. – Courons vite ! Il n'est peut-être que blessé.

PIPPO. – Ne voyez-vous pas tout ce monde ? Le peuple s'est jeté sur lui. Dieu de miséricorde ! On le pousse dans la lagune.

PHILIPPE. – Quelle horreur ! quelle horreur ! Eh quoi ! pas même un tombeau ? *Il sort.*

Acte V, scène 7.

PISTE DE RÉFLEXION

Pourquoi Lorenzo est-il pris d'« ennui » et refuse-t-il de continuer à vivre ?

RÉCAPITULONS

1. Relevez tous les traits de caractère, les actes et les pensées de Lorenzo qui justifient son surnom péjoratif de *Lorenzaccio*.
2. Relevez tous les aspects du personnage qui contredisent cette facette ?
3. Quels traits de caractère, aspirations, actions, expressions des sentiments font de Lorenzaccio un héros romantique ?

Les valeurs qu'incarne le personnage étudié sont-elles celles de l'auteur, celles d'une époque ?

SOMMAIRE

CAPACITÉS

- Analyser comment un personnage se construit à travers des mots, des attributs, des avatars.
- Montrer comment un personnage évolue depuis son apparition dans l'œuvre jusqu'à la fin.
- Rendre compte à l'oral et à l'écrit de ce qu'un personnage de fiction dit de la réalité.
- Comprendre en quoi un personnage porte le projet de son auteur.

ATTITUDES

- Être curieux de connaître d'autres personnages, d'autres expériences, d'autres lieux, d'autres époques, à travers des œuvres de fiction.
- Se laisser interroger par les valeurs incarnées dans un personnage.

AUDIO

Compléments sonores.

Écriture d'échauffement

Dans cette caricature, l'écrivain Émile Zola examine l'humanité à la loupe. Que verrait un écrivain d'aujourd'hui en scrutant l'homme actuel ?

LECTURE

DE DÉCOUVERTE

L'écrivain à la recherche du sens caché de son époque

Balzac est un des écrivains les plus prolifiques du XIXe siècle. Ses romans constituent un ensemble intitulé *La Comédie humaine*. Dans l'avant-propos, il explique le projet de cette œuvre ambitieuse et complexe.

En dressant l'inventaire des vices et des vertus, en rassemblant les principaux faits des passions, en peignant les caractères, en choisissant les événements principaux de la Société, en composant des types par la réunion des traits de plusieurs caractères homogènes, peut-être pouvais-je arriver à écrire l'histoire oubliée par tant d'historiens, celle des mœurs. […]

Ce travail n'était rien encore. S'en tenant à cette reproduction rigoureuse, un écrivain pouvait devenir un peintre plus ou moins fidèle, plus ou moins heureux, patient ou courageux des types humains, le conteur des drames de la vie intime, l'archéologue du mobilier social, le nomenclateur[1] des professions, l'enregistreur du bien et du mal ; mais pour mériter les éloges que doit ambitionner tout artiste, ne devais-je pas étudier les raisons ou la raison de ces effets sociaux, surprendre le sens caché dans cet immense assemblage de figures, de passions et d'événements ?

BALZAC, Avant-propos de *La Comédie humaine*, 1842.

1. Nomenclateur : ici, celui qui donne un nom aux professions.

BALZAC, *La Femme supérieure*, 1re partie. Manuscrit autographe et épreuves corrigées, mai-juin 1837. Paris, BNF, Manuscrits.

CAPACITÉ

Comprendre en quoi un personnage porte le projet de son auteur.

COMPRENDRE

1. Quel est le projet d'écriture que se fixe Balzac ?
2. En quoi ce projet est-il ambitieux et difficile ?

ANALYSER

Relevez les mots qui, dans le deuxième paragraphe, désignent les différents rôles possibles de l'écrivain. Qu'ont en commun tous ces rôles ? Qu'est-ce qui les distingue du rôle que s'est choisi Balzac ?

ÉCRIRE

Rédigez les questions (une dizaine) d'une interview destinée à un écrivain ou à un cinéaste (que vous nommerez) et dans laquelle vous vous fixez comme objectif d'explorer ses motivations. Vous vous appuierez sur les buts que Balzac donne à l'artiste.

CAPACITÉ
Comprendre en quoi un personnage porte le projet de son auteur.

Oral

Exposé : blogs d'écrivains

Jean Van Hamme et Lewis Trondheim sont les auteurs de deux séries de BD à succès, *XIII* et *Donjon*. Un lecteur assidu de *XIII* a créé un site Internet consacré à sa série préférée. Quant à Lewis Trondheim, il a créé son blog : il y parle de son travail et de ses personnages.

En vous inspirant de ces deux sites, vous allez concevoir un blog de lecteur consacré à votre auteur favori.

COMPRENDRE LA STRUCTURE D'UN SITE D'AUTEUR

Analysez les sites de ces deux auteurs de BD (organisation du site, types d'informations, ce qu'on apprend sur l'auteur, ses livres, ses sources d'inspiration, ses personnages).

- Jean Van Hamme, le créateur de la série de BD *XIII*. http://www.bdxiii.com/pages/auteurs.html
- Lewis Trondheim, le créateur de la série de BD *Donjon*. http://www.lewistrondheim.com/blog/

Rubriques proposées sur la page d'accueil
Informations qui manquent
Informations en trop
Éléments interactifs
Nature et place de l'image

CONCEVOIR UN SITE

Concevez pour votre auteur préféré un plan de site. Pour cela vous ferez :
- une liste des rubriques utiles,
- une liste de toutes les informations qui devront figurer sur le site,
- un projet pour la page d'accueil (quelles images, quelles informations y trouve-t-on ?).

EXPOSER SON PROJET

Dans un exposé structuré de 5 à 10 minutes, vous expliquez pourquoi vous aimeriez consacrer un site à cet auteur. Vous présentez votre projet en expliquant toutes les ressources qui seront disponibles sur votre site et quels types d'échanges seront possibles avec les lecteurs.

Ces personnages qui portent les valeurs de l'auteur

Un médecin idéaliste

Avant la lecture

Citez tous les personnages de médecin que vous avez croisés dans des œuvres de fiction. Choisissez-en un et dites quelles valeurs il incarne.

Dans *Le Médecin de campagne* comme dans *Le Curé de village*, Balzac montre la solidarité au sein de structures communautaires qui lui semblent seules aptes à procurer une vie sociale sereine.

Texte 1

Le personnage principal du *Médecin de campagne* s'appelle Benassis. Après une jeunesse brillante et mondaine, la mort de sa femme et de son fils brise sa vie. Il décide alors de consacrer sa vie à la médecine et se met au service d'une petite communauté campagnarde. Il soigne les pauvres gratuitement mais ne se contente pas de son rôle de médecin. Il met son savoir au service de sa commune dont il améliore l'habitat et à laquelle il donne un nouvel essor. À la fin du roman, dans un chapitre intitulé « La confession du médecin de campagne », il livre le secret de sa vocation. Ce médecin humaniste reflète la conception qu'a Balzac d'une vie généreuse.

Je fus, comme je vous l'avais déjà dit, obligé de coucher ici. Pendant la nuit, je crus entendre un ordre de Dieu dans la compatissante pensée que m'inspira l'état de ce pauvre pays. J'avais goûté aux cruels délices de la maternité, je résolus de m'y livrer entièrement, d'assouvir ce sentiment dans une sphère plus étendue que celle des mères en devenant une sœur de charité pour tout un pays, en y pansant continuellement les plaies du pauvre.

[...] L'habitude de vivre avec des paysans, mon éloignement du monde m'ont réellement transformé. Mon visage a changé d'expression, il s'est habitué au soleil qui l'a ridé, durci. J'ai pris d'un campagnard l'allure, le langage, le costume, le laisser-aller [...].

Aujourd'hui tout ce qui est extérieur m'est complètement indifférent, comme à tous ceux qui marchent sous la conduite d'une seule pensée. Je n'ai plus d'autre but dans la vie que celui de la quitter, je ne veux rien faire pour en prévenir ni pour en hâter la fin ; mais je me coucherai sans chagrin pour mourir, le jour où la maladie viendra. Voilà, monsieur, dans toute leur sincérité, les événements de la vie antérieure à celle que je mène ici. Je ne vous ai rien déguisé de mes fautes, elles ont été grandes, elles me sont communes avec quelques hommes. J'ai beaucoup souffert, je souffre tous les jours ; mais j'ai vu dans mes souffrances la condition d'un heureux avenir.

BALZAC, *Le Médecin de campagne*, 1833.

OTTO SCHOLDERER, *Portrait du professeur Auguste Weismann*, huile sur toile (1896). Université Albert-Ludwig

Ces personnages qui portent les valeurs de l'auteur

Lantier, porte-parole des mineurs

Émile Zola (1840-1902) fait ses débuts dans la presse, comme critique littéraire et artistique. Il écrit aussi des contes qu'il fait paraître dans les journaux. Sa plume se fait progressivement plus polémique et il attaque les milieux réactionnaires dans des chroniques politiques. Son œuvre romanesque s'affirme avec le succès retentissant de *L'Assommoir* en 1877. Dans les années qui suivent son activité littéraire est intense mais il reste un journaliste engagé. En 1897, il prend la défense du capitaine Dreyfus, accusé à tort de trahison. Son article, titré *J'accuse*, démontre l'inanité des accusations portées contre Dreyfus et leur caractère antisémite.

Texte 2

Étienne Lantier est le héros du roman d'Émile Zola, *Germinal*. Lors de la grève qui éclate dans la mine où il travaille, il prend la parole devant les mineurs.

Mais Étienne, déjà, continuait d'une voix changée. Ce n'était plus le secrétaire de l'association qui parlait, c'était le chef de bande, l'apôtre apportant la vérité. Est-ce qu'il se trouvait des lâches pour manquer à leur parole ? Quoi ! depuis un mois, on aurait souffert inutilement, on retournerait aux fosses, la tête basse, et l'éternelle misère recommencerait ! Ne valait-il pas mieux mourir tout de suite, en essayant de détruire cette tyrannie[1] du capital qui affamait le travailleur ? Toujours se soumettre devant la faim, jusqu'au moment où la faim, de nouveau, jetait les plus calmes à la révolte, n'était-ce pas un jeu stupide qui ne pouvait durer davantage ? Et il montrait les mineurs exploités, supportant à eux seuls les désastres des crises, réduits à ne plus manger, dès que les nécessités de la concurrence abaissaient le prix de revient. Non ! le tarif de boisage[2] n'était pas acceptable, il n'y avait là qu'une économie déguisée, on voulait voler à chaque homme une heure de son travail par jour. C'était trop cette fois, le temps venait où les misérables, poussés à bout, feraient justice.

Il resta les bras en l'air. La foule, à ce mot de justice, secouée d'un long frisson, éclata en applaudissements, qui roulaient avec un bruit de feuilles sèches. Des voix criaient :

– Justice !.. Il est temps, justice !

ZOLA, *Germinal*, 1885.

1. **Tyrannie :** autorité abusive.
2. **Tarif de boisage :** tarif des mineurs pour la consolidation des galeries de la mine.

Claude Berri adapte le roman de Zola, *Germinal*, en 1993.

Les Rougon-Macquart **est un ensemble de vingt romans. Zola dépeint la société du Second Empire à travers le destin de deux familles dont les membres réapparaissent d'un roman à l'autre. Plusieurs de ces ouvrages ont pour objet la condition ouvrière.**

CAPACITÉ

Comprendre en quoi un personnage porte le projet de son auteur.

COMPRENDRE

1. Lisez les deux textes. Quelles sont les points communs et les différences entre ces deux personnages ?
2. Dans le texte 1, quel but le docteur Benassis a-t-il donné à sa vie ?
3. Dans le texte 2, quels sont les arguments de Lantier ? Que dénonce-t-il par-dessus tout ?

ÉCRIRE

Transposez le discours d'Étienne Lantier (texte 2) dans le contexte actuel d'une délocalisation d'usine et réécrivez-le.

Vautrin, un personnage inquiétant

Avant la lecture
Quel personnage de fiction (théâtre, roman, cinéma) vous a le plus marqué par son caractère inquiétant ? Analysez les raisons de ce malaise.

Vautrin est un personnage récurrent de *La Comédie humaine*. Il développe des théories subversives, à l'image de son parcours en marge de la société. Dangereux et violent, il représente pour Balzac un repoussoir d'autant plus inquiétant qu'il n'est pas dépourvu de séduction.

Il avait les épaules larges, le buste bien développé, les muscles apparents, des mains épaisses, carrées et fortement marquées aux phalanges par des bouquets de poils touffus et d'un roux ardent. Sa figure, rayée par des rides prématurées, offrait des signes de dureté que démentaient ses manières souples et liantes. Sa voix de basse-taille, en harmonie avec sa grosse gaieté, ne déplaisait point. Il était obligeant et rieur. Si quelque serrure allait mal, il l'avait bientôt démontée, rafistolée, huilée, limée, remontée, en disant : Ça me connaît. Il connaissait tout d'ailleurs, les vaisseaux, la mer, la France, l'étranger, les affaires, les hommes, les événements, les lois, les hôtels et les prisons. Si quelqu'un se plaignait par trop, il lui offrait aussitôt ses services. Il avait prêté plusieurs fois de l'argent à Madame Vauquer et à quelques pensionnaires ; mais ses obligés seraient morts plutôt que de ne pas le lui rendre, tant, malgré son air bonhomme, il imprimait de crainte par un certain regard profond et plein de résolution. À la manière dont il lançait un jet de salive, il annonçait un sang-froid imperturbable qui ne devait pas le faire reculer devant un crime pour sortir d'une position équivoque. Comme un juge sévère, son œil semblait aller au fond de toutes les questions, de toutes les consciences, de tous les sentiments. Ses mœurs consistaient à sortir après le déjeuner, à revenir pour dîner, à décamper pour toute la soirée, et à rentrer vers minuit, à l'aide d'un passe-partout que lui avait confié Madame Vauquer. Lui seul jouissait de cette faveur. [...] Il savait ou devinait les affaires de ceux qui l'entouraient, tandis que nul ne pouvait pénétrer ni ses pensées ni ses occupations. Quoiqu'il eût jeté son apparente bonhomie, sa constante complaisance et sa gaieté comme une barrière entre les autres et lui, souvent il laissait percer l'épouvantable profondeur de son caractère.

BALZAC, *Le Père Goriot*, 1834.

Au centre Vautrin, entouré des pensionnaires de la maison Vauquer.

À RETENIR

Tous les personnages ne portent pas les valeurs de l'auteur. Certains sont des repoussoirs destinés à montrer par leur noirceur, la complexité de l'être humain, le caractère néfaste de certains choix de vie, la force destructrice d'un mauvais concours de circonstances, les effets de certaines dispositions de caractère.

CAPACITÉ
Comprendre en quoi un personnage porte le projet de son auteur.

COMPRENDRE
1. Quelles sont les qualités de Vautrin ?
2. Qu'est-ce qui suscite la crainte dans l'apparence physique, le caractère et le comportement de Vautrin ?
3. Que peut-on imaginer de sa vie d'après ce texte ?

ANALYSER
Quelle phrase vous semble résumer la complexe personnalité de Vautrin ? Justifiez votre réponse.

ÉCRIRE
Faites le portrait physique et moral d'un personnage inquiétant.

Discours rapportés

À RETENIR

Les paroles du personnage peuvent être rapportées de deux manières.

- **Discours direct** : elles sont transcrites telles qu'elles sont prononcées. Les paroles seront alors « isolées » par des guillemets ou des tirets. *« Quelles émissions regardes-tu ? » demande Joseph à son fils.*
- **Discours indirect** : elles sont intégrées à une phrase comportant un verbe d'énonciation (*dire, déclarer, penser*, etc.). *Joseph demande à son fils quelles émissions il regarde.*

Exercice 1

Réécrivez les phrases suivantes.

– Au style indirect

a. « Laisse-le tranquille ! »

b. « Cela fait bien dix ans que je n'ai pas fait de ski. »

c. « Surtout, n'oubliez pas de me réveiller à 5 heures ! »

– Au style direct

d. Il lui expliqua que deux et deux font quatre, et non huit et demi.

e. Le dentiste lui suggéra de lever les yeux au ciel chaque fois qu'il aurait mal.

f. La mariée reprocha à son futur mari de n'avoir pas cessé, pendant la cérémonie, de regarder ses invitées.

Exercice 2

Héros du roman de Bram Stoker (1847-1912), Jonathan Harker est invité par le comte Dracula dans son château.

a) Réécrivez le passage en gras, en remplaçant la première personne « je » par la troisième « il ». Quel changement de focalisation avez-vous effectué ?

b) Décrivez sur cinq lignes la suite des événements en adoptant la focalisation « zéro ».

Je descendis en prenant beaucoup de précautions, car l'escalier n'était éclairé que par deux meurtrières pratiquées dans l'épaisse maçonnerie. Arrivé à la dernière marche, je me trouvai dans un nouveau couloir obscur, un vrai tunnel où régnait une odeur âcre qui évoquait la mort : l'odeur de vieille terre que l'on vient de remuer. Tandis que j'avançais, l'odeur devenait plus lourde, presque insupportable [...]. Il n'y avait personne. Aussi continuai-je mes recherches : peut-être existait-il une sortie dans les environs ? Non, aucune. **Alors, j'examinai les lieux plus minutieusement encore. Je descendis même dans les caveaux où parvenait une faible lumière, encore que mon âme elle-même y répugnât. Dans les deux premiers, je ne vis rien sinon des fragments de vieux cercueils et des monceaux de poussière. Dans le troisième pourtant, je fis une découverte.**

Là, dans un des grands cercueils posés sur un tas de terre fraîchement retournée, gisait le comte ! Était-il mort ou bien dormait-il ?

BRAM STOKER, *Dracula*, 1897.

Focalisation

À RETENIR

L'auteur peut raconter l'histoire de ses personnages en adoptant différents points de vue.

La focalisation « zéro » : c'est lorsque le narrateur connaît tout de l'histoire racontée. On sait pourquoi le personnage agit, avec qui, dans quel but, etc.

La focalisation externe : c'est lorsque le narrateur est seulement témoin de l'histoire qu'il raconte. On voit les personnages agir sans que le narrateur nous révèle leur sentiment, leur motivation. Le narrateur tient ainsi le lecteur en attente.

La focalisation interne : c'est lorsque le narrateur raconte l'histoire à travers sa propre perception. Dans ce cas, le récit est le plus souvent à la première personne du singulier (je).

Exercice 3

Chacun des textes suivants met en scène les mêmes personnages (Antoinette et Jean-Pierre) et la même situation (une rencontre).

a) Quelles informations apporte chaque texte sur la rencontre ?

b) Que nous montre la comparaison des trois textes ?

1. La femme, jeune, blonde, s'approcha de l'homme, qui était assis sur un banc. Il avait apparemment la cinquantaine, il était distingué, il avait un large front. Mais il eut l'air gêné en la voyant s'approcher.

2. [C'est Antoinette qui s'exprime :] « Quel homme charmant, se dit la jeune femme. Son air distingué, son front d'intellectuel me feraient presque oublier qu'il a la cinquantaine. Ah ! Il m'a vue. Mon Dieu, comme il a de beaux yeux bleus ! »

3. Le rendez-vous avait été fixé par l'agence matrimoniale. Antoinette, jeune célibataire de trente-trois ans, aux cheveux teints en blond, fut conquise en voyant Jean-Pierre. Ce dernier, dentiste de son état, âgé de cinquante-deux ans, fut aussitôt effrayé par l'implantation dentaire calamiteuse de la jeune femme qui s'approchait de lui, un numéro de *Elle* à la main.

Le personnage, reflet d'une époque

Le roman de l'ascension sociale

Avant la lecture

- Qu'est-ce qu'un arriviste ?
- Qu'est-ce qu'un ambitieux ?
- Qu'est-ce qui les différencie ?

Guy de Maupassant (1850-1893) est l'auteur de contes, de romans et de nouvelles, réalistes ou fantastiques. C'est le romancier Gustave Flaubert qui l'introduisit dans le milieu littéraire et guida ses premiers pas d'écrivain. Après le succès de *Boule-de-Suif*, Maupassant devint journaliste. Il écrivit des articles mais publia aussi ses contes et ses romans dans les journaux. Ainsi, en 1885, il fit paraître *Bel-Ami* dans la presse en feuilleton.

Texte 1

De nombreux romans réalistes évoquent les trajectoires d'ascension sociale de jeunes gens ambitieux, prêts à tout pour s'élever et réussir dans une société en plein essor économique. C'est le cas de Georges Duroy, le héros cynique de *Bel-Ami*.
Au début du roman, le jeune homme est un provincial sans le sou et sans travail, venu tenter sa chance à Paris.

Quand la caissière lui eut rendu la monnaie de sa pièce de cent sous, Georges Duroy sortit du restaurant.

Comme il portait beau, par nature et par pose d'ancien sous-officier, il cambra sa taille, frisa sa moustache d'un geste militaire et familier, et jeta sur les dîneurs attardés un regard rapide et circulaire, un de ces regards de joli garçon, qui s'étendent comme des coups d'épervier[1].

Les femmes avaient levé la tête vers lui, trois petites ouvrières, une maîtresse de musique entre deux âges, mal peignée, négligée, coiffée d'un chapeau toujours poussiéreux et vêtue d'une robe toujours de travers, et deux bourgeoises avec leurs maris, habituées de cette gargote à prix fixe.

Lorsqu'il fut sur le trottoir, il demeura un instant immobile, se demandant ce qu'il allait faire. On était le 28 juin, et il lui restait juste en poche trois francs quarante pour finir le mois. Cela représentait deux dîners sans déjeuners, ou deux déjeuners sans dîners, au choix. Il réfléchit que les repas du matin étant de vingt-deux sous, au lieu de trente que coûtaient ceux du soir, il lui resterait, en se contentant des déjeuners, un franc vingt centimes de boni[2], ce qui représentait encore deux collations au pain et au saucisson, plus deux bocks[3] sur le boulevard. C'était là sa grande dépense et son grand plaisir des nuits ; et il se mit à descendre la rue Notre-Dame-de-Lorette.

MAUPASSANT, *Bel-Ami*, 1885.

1. **Épervier :** filet de pêche lesté de plomb, qui se déploie quand on le lance.
2. **Boni :** supplément.
3. **Bock :** verre de bière.

ÉDOUARD MANET, *Chez le Père Lathuille en plein air*, huile sur toile (1879). Tournai, musée des Beaux-Arts.

Texte 2

Georges Duroy met à profit ses charmes pour réussir à Paris. Il devient l'amant de femmes riches ou influentes, comme Clotilde de Marelle. Ces femmes l'aident à s'élever socialement et son manque de scrupules lui permet de réussir dans tous les milieux où elles l'introduisent (la presse, la politique).
À la fin du roman, il est parvenu à épouser la fille du patron de son journal, Suzanne Walter, en écartant de sa route la mère de la jeune fille, une autre de ses maîtresses.
Il a atteint son but : il est devenu riche et célèbre. Son mariage est un triomphe.

George reprit le bras de Suzanne pour retraverser l'église. Elle était pleine de monde, car chacun avait regagné sa place, afin de les voir passer ensemble. Il allait lentement, d'un pas calme, la tête haute, les yeux fixés sur la grande baie ensoleillée de la porte. Il sentait sur la peau courir de légers frissons, ces frissons froids que donnent les immenses bonheurs. Il ne voyait personne. Il ne pensait qu'à lui.

Lorsqu'il parvint sur le seuil, il aperçut la foule amassée, une foule noire, bruissante, venue là pour lui, pour lui George Duroy. Le peuple de Paris le contemplait et l'enviait.

Puis, relevant les yeux, il découvrit là-bas, derrière la place de la Concorde, la Chambre des députés. Et il lui sembla qu'il allait faire un bon du portique de la Madeleine au portique du Palais-Bourbon.

Il descendit avec lenteur les marches du haut perron entre deux haies de spectateurs. Mais il ne les voyait point ; sa pensée maintenant revenait en arrière, et devant ses yeux éblouis par l'éclatant soleil flottait l'image de Mme de Marelle rajustant en face de la glace les petits cheveux frisés de ses tempes, toujours défaits au sortir du lit.

MAUPASSANT, *Bel-Ami*, 1885.

GUSTAVE CAILLEBOTTE, *L'Homme au balcon boulevard Haussmann* (1880), huile sur toile, coll. part.

CAPACITÉ
Montrer comment un personnage évolue depuis son apparition dans l'œuvre jusqu'à la fin.

COMPRENDRE
1. Qu'est-ce qui caractérise George Duroy tel qu'il nous est décrit dans le texte 1 ?
2. A-t-il changé à la fin du roman (texte 2) ?
3. Pourquoi ce mariage n'est-il pour lui qu'une étape ?

ÉCRIRE
Réécrivez le texte 2 en adoptant le point de vue de George Duroy qui raconte la scène à la première personne du singulier.

Le personnage, reflet d'une époque

Une classe sociale naissante, les vendeuses des grands magasins

Texte 3

Dans *Au Bonheur des dames*, Zola met en scène deux personnages. Octave Mouret, le patron du premier grand magasin parisien, est un homme ambitieux. Denise Baudu est une jeune fille courageuse arrivée de Normandie. Elle gravit tous les échelons, subissant les humiliations imposées par les clientes et la rivalité de ses collègues. Denise est logée par le grand magasin.

Comme Denise évitait les moindres dépenses, elle montait se coucher de bonne heure. Que pouvait-elle faire sur les trottoirs, sans un sou, avec sa sauvagerie, et toujours inquiétée par la grande ville, où elle ne connaissait que les rues voisines du magasin ? Après s'être risquée jusqu'au Palais-Royal[1], pour prendre l'air, elle rentrait vite, s'enfermait, se mettait à coudre ou à savonner. C'était, le long du couloir des chambres, une promiscuité[2] de caserne, des filles souvent peu soignées, des commérages[3] d'eaux de toilette et de linges sales, toute une aigreur qui se dépensait en brouilles et en raccommodements continuels. Du reste, défense de remonter pendant le jour ; elles ne vivaient pas là, elles y logeaient la nuit, n'y rentrant le soir qu'à la dernière minute, s'en échappant le matin, endormies encore, mal réveillées par un débarbouillage rapide ; et ce coup de vent qui balayait sans cesse le couloir, la fatigue des treize heures de travail qui les jetait au lit dans un souffle, achevaient de changer les combles en une auberge traversée par la maussaderie éreintée d'une débandade de voyageurs. Denise n'avait pas d'amie. De toutes ces demoiselles, une seule, Pauline Cugnot, lui témoignait quelque tendresse ; et encore, les rayons de confections[4] et de la lingerie, installés côte à côte, se trouvant en guerre ouverte, la sympathie des deux vendeuses avait dû jusque-là se borner à de rares paroles, échangées en courant.

ZOLA, *Au Bonheur des dames*, 1883.

***Au Bonheur des dames* s'attarde sur un des aspects les plus frappants de la mutation économique de la fin du XIXe siècle : l'apparition des grands magasins qui mettent à mal le petit commerce et créent une nouvelle classe sociale, celle des vendeurs et autres commis, un personnel précaire et exploité.**

1. **Palais-Royal :** jardin de Paris sur la rive droite de la Seine.
2. **Promiscuité :** voisinage désagréable.
3. **Commérages :** bavardages.
4. **Confections :** vêtements.

CAPACITÉ
Rendre compte à l'oral et à l'écrit de ce qu'un personnage de fiction dit de la réalité.

COMPRENDRE

1. Qu'est-ce qui caractérise les conditions de vie des vendeuses ?
2. Pourquoi l'amitié et la solidarité sont-elles impossibles entre les vendeuses ?
3. Pourquoi les vendeuses se voient-elles refuser l'accès à leurs chambres dans la journée ?

ÉCRIRE

Denise écrit à une cousine restée en Normandie pour lui décrire ses conditions de vie. Rédigez sa lettre d'une dizaine de lignes.

Couverture du catalogue Hiver 1901-1902.

Connecteurs spatiaux et temporels, lexique de l'action

Lexique

À RETENIR

Le connecteurs spatiaux et temporels sont des mots ou des expressions qui permettent de situer les événements les uns par rapport aux autres, et les placer dans le cadre où ils se déroulent, notamment lorsqu'il s'agit des éléments d'une description.
Ils sont indispensables dans le récit, où les verbes d'action sont nombreux.

Exercice 1

Le texte suivant est extrait de l'*Odyssée* : Ulysse y décrit son séjour parmi les Lotophages.
Remplacez les points de suspension par un connecteur temporel.

Mots à placer : aussitôt – pendant neuf jours – alors – désormais – le dixième

J'aurais pu ... rejoindre ma patrie, si tous les éléments (vents, vagues, courants) ne s'étaient ligués contre nous au passage du cap Malée. ..., des vents de mort nous poussèrent et, ..., nous débarquâmes chez les Lotophages. J'envoyai mes compagnons s'informer des habitants de ce rivage. Oh, les Lotophages ne leur firent aucun mal, non ! Ils leur donnèrent seulement à manger du lotus, une plante délicieuse, qui fait tout oublier. Mes compagnons oublièrent ... le but de leur voyage. Leur seule envie était ... de rester à manger le lotus.

MARIE-THÉRÈSE DAVIDSON, PHILIPPE POIRIER, *Sur les traces d'Ulysse*, Éd. Gallimard Jeunesse, 2001.

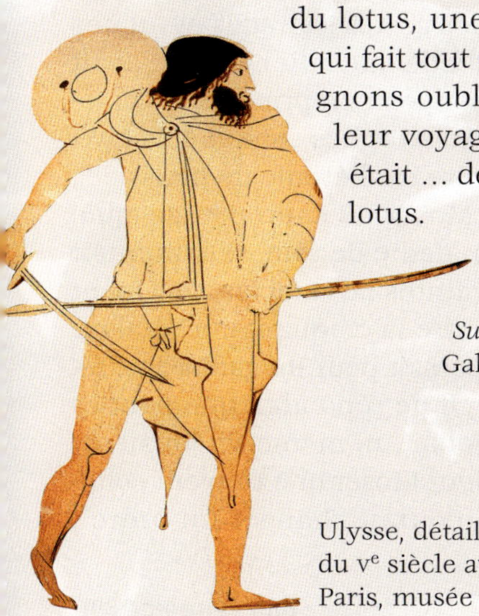

Ulysse, détail d'un vase grec du ve siècle avant J.-C.
Paris, musée du Louvre.

Exercice 2

Relevez les verbes d'action dans la première phrase.

Les balles qui écorchaient la terre par raies droites en soulevant de minces nuages linéaires, trouaient, labouraient les corps rigidement collés au sol, cassaient les membres raides, s'enfonçaient dans des faces blafardes et vidées, crevaient, avec des éclaboussements, des yeux liquéfiés et on voyait sous la rafale se remuer un peu et se déranger par endroits la file des morts [...].

HENRI BARBUSSE, *Le Feu*, 1916.

Exercice 3

Un pâtissier réalise un chef-d'œuvre de gâteau de mariage, décrit dans ce texte. Remplacez les points de suspension par un connecteur spatial.

Mots à placer : au sommet – Au second étage – À la base – sur la plate-forme supérieure – tout autour

On avait été chercher un pâtissier, et il apporta, lui-même, au dessert, une pièce montée qui fit pousser des cris. ..., d'abord, c'était un carré de carton bleu figurant un temple avec portiques, colonnades et statuettes, ... dans des niches constellées d'étoiles en papier doré ; puis se tenait ... un donjon en gâteau de Savoie, entouré de menues fortifications en pâte d'amandes, raisins secs, quartiers d'oranges ; et enfin, ..., qui était une prairie verte où il y avait des rochers avec des lacs de confitures et des bateaux en noisettes émincées, on voyait un petit Amour, se balançant à une balançoire de chocolat, dont les deux poteaux étaient terminés par deux boutons de rose naturels, en guise de boules, ...

D'après FLAUBERT, *Madame Bovary*, 1857.

Exercice 4

À la fin de *Candide*, Pangloss résume toute l'histoire en quelques lignes. Soulignez les verbes d'action, puis récrivez le passage entre guillemets en remplaçant « si vous n'aviez pas » par « vous avez ». Vous introduirez cette expression par un connecteur temporel différent à chaque fois.

Pangloss disait quelquefois à Candide : « Tous les événements sont enchaînés dans le meilleur des mondes possibles : car enfin si nous n'aviez pas été chassé d'un beau château à grands coups de pied dans le derrière pour l'amour de mademoiselle Cunégonde, si vous n'aviez pas donné un bon coup d'épée au baron, si vous n'aviez pas été chassé d'un beau château pour l'amour de mademoiselle Cunégonde, si vous n'aviez pas été mis à l'Inquisition, si vous n'aviez pas donné un bon coup d'épée au baron, si vous n'aviez pas perdu tous vos moutons du bon pays d'Eldorado, vous ne mangeriez pas ici des cédrats confits et des pistaches. Cela est bien dit, répondit Candide, mais il faut cultiver notre jardin. »

VOLTAIRE, *Candide*, 1759.

Le personnage, reflet d'une époque

Le roman boursier, reflet de l'essor du capitalisme financier

Avant la lecture

Pensez-vous qu'un roman sur un *trader* pourrait vous intéresser ?

De nombreux romans sont consacrés à la fin du XIXe siècle au développement de la Bourse. Fortunes vite faites et faillites spectaculaires sont autant de ressorts dramatiques qui passionnent les écrivains et qui garantissent le succès de leurs livres.

Texte 4

Aristide Saccard est le héros de *La Curée*, roman dans lequel il fait fortune. Dans *L'Argent*, Zola raconte la suite du parcours de son personnage qui, ruiné à la suite de plusieurs échecs, repart de zéro. Au début du roman, Saccard est à la Bourse où il cherche à nouer des contacts pour se lancer dans sa nouvelle entreprise : la création d'une banque.

Saccard, s'étant tourné, reconnut Mazaud, l'agent de change[1], à la table voisine de la sienne. Il tendit la main.

« Tiens ! c'est vous. Bonjour !

– Bonjour ! » répondit Mazaud, en donnant une poignée de main distraite.

Petit, brun, très vif, joli homme, il venait d'hériter de la charge d'un de ses oncles, à trente-deux ans. Et il semblait tout au convive qu'il avait en face de lui, un gros monsieur à figure rouge et rasée, le célèbre Amadieu, que la Bourse vénérait, depuis son fameux coup sur les Mines de Selsis. Lorsque les titres[2] étaient tombés à quinze francs, et que l'on considérait tout acheteur comme un fou, il avait mis dans l'affaire sa fortune, deux cent mille francs au hasard, sans calcul ni flair, par un entêtement de brute chanceuse. [...]

Saccard, n'ayant pu obtenir d'Amadieu même un sourire, salua la table d'en face, où se trouvaient réunis trois spéculateurs[3] de sa connaissance, Pillerault, Moser et Salmon.

« Bonjour ! ça va bien ?

– Oui, pas mal... Bonjour ! »

Chez ceux-ci encore il sentit la froideur, l'hostilité presque. Pillerault pourtant, très grand, très maigre, avec des gestes saccadés et un nez en lame de sabre, dans un visage osseux de chevalier errant, avait d'habitude la familiarité d'un joueur qui érigeait en principe le casse-cou, déclarant qu'il culbutait dans des catastrophes chaque fois qu'il s'appliquait à réfléchir. Il était d'une nature exubérante de haussier[4], toujours tourné à la victoire, tandis que Moser, au contraire, de taille courte, le teint jaune, ravagé par une maladie de foie, se lamentait sans cesse, en proie à de continuelles craintes de cataclysme. Quant à Salmon, un très bel homme luttant contre la cinquantaine, étalant une barbe superbe, d'un noir d'encre, il passait pour un gaillard extraordinairement fort. Jamais il ne parlait, il ne répondait que par des sourires, on ne savait dans quel sens il jouait, ni même s'il jouait ; et sa façon d'écouter impressionnait tellement Moser que souvent celui-ci, après lui avoir fait une confidence, courait changer un ordre[5], démonté par son silence.

ZOLA, *L'Argent*, 1891.

1. **Agent de change :** ancêtre du *trader*, l'agent de change achète et vend des titres en Bourse pour des clients.
2. **Titres :** actions.
3. **Spéculateurs :** ils vivent de leurs placements boursiers, achetant et revendant des titres pour faire des profits.
4. **Haussier :** qui parie sur la hausse des cours boursiers, par optimisme.
5. **Ordres :** décisions d'achat ou de vente des titres cotés en Bourse.

CAPACITÉ
Rendre compte à l'oral et à l'écrit de ce qu'un personnage de fiction dit de la réalité.

COMPRENDRE

1. Quelles sont les caractéristiques communes aux trois spéculateurs ?
2. Comment Zola fait-il le lien entre le caractère des hommes et leur façon de placer leur argent en Bourse ?
3. Montrez tout ce qui, dans le texte, prouve que la Bourse est un lieu irrationnel où on se comporte plus comme dans un casino que dans un lieu de décision économique.

ÉCRIRE

Expliquez quel regard Zola porte sur la Bourse. Puis dites si son point de vue serait différent aujourd'hui. Vous vous appuierez sur des exemples précis.

CAPACITÉ
Rendre compte à l'écrit de ce qu'un personnage de fiction dit de la réalité.

Faire le portrait d'un personnage d'aujoud'hui

OBJECTIFS

Faites le portrait d'un personnage de notre temps en vous laissant guider pas à pas.

Les personnages sont souvent le reflet de leur temps. À votre tour, créez un personnage qui corresponde au plus près à l'époque actuelle.

VOCABULAIRE

Devises
Qui m'aime me suive.
À cœur vaillant, rien d'impossible.
Qui s'y frotte s'y pique.
Sans peur et sans reproche.
Brûle de t'élever au-dessus de tous.
Que sais-je ?
Plus vite, plus haut, plus fort.

DÉMARCHE

1. Faire le portrait

Ces rubriques vont vous guider dans votre création d'un personnage qui soit le reflet de notre époque.

- Son sexe
- Son âge
- Son lieu d'habitation
- Sa profession
- Ses loisirs
- Ce qu'il aime
- Ce qu'il n'aime pas
- Sa devise
- Son modèle dans la fiction
- Son modèle dans la réalité
- Son objectif
- Ses adjuvants (ce qui lui vient en aide)
- Ses opposants (ce qui fait obstacle à ses projets)
- Le type d'histoire dont il pourrait être le héros

2. Créer l'univers du personnage

Dans des journaux et des magazines, découpez des images qui correspondent à votre personnage et permettent de situer son univers (les lieux où il vit, les personnes qu'il fréquente, sa façon de s'habiller, les ambiances qu'il aime, etc.).

3. Expliquer en quoi il est le reflet de son époque

Dans un paragraphe argumenté, expliquez pourquoi ce personnage est le reflet de notre époque.

4. Rédiger

Vous reprenez vos réponses aux questions ci-dessus, puis vous rédigez un paragraphe d'une quinzaine de lignes dans lequel vous reprenez les principales caractéristiques du personnage que vous avez créé et expliquez pourquoi il est particulièrement représentatif de l'époque dans laquelle nous vivons.

Le personnage, reflet d'une époque

Madame Bovary, un regard sur la bourgeoisie

Avant la lecture

Citez un personnage de fiction reflet de l'époque actuelle.

Pour avoir fait commettre l'adultère à son héroïne, Flaubert s'est vu accuser d'immoralité. Le procureur Ernest Pinard lui a reproché d'avoir peint avec trop de réalisme ce qu'il considérait comme des actes de débauche. La vision que donne Flaubert de la bourgeoisie est en effet très choquante pour l'époque.

Texte 5

Accablée par l'ennui dans sa petite ville de province, déprimée par son mari aimant mais terne, Emma Bovary tombe amoureuse d'un jeune homme, Léon, le clerc du notaire.

Ce fut un dimanche de février, une après-midi qu'il neigeait. Ils étaient tous, M. et Mme Bovary, Homais[1] et M. Léon, partis voir, à une demi-lieue d'Yonville, dans la vallée, une filature de lin que l'on établissait. [...] Rien pourtant n'était moins curieux que cette curiosité. Un grand espace de terrain vide, où se trouvaient pêle-mêle, entre des tas de sable et de cailloux, quelques roues d'engrenage déjà rouillées, entourait un long bâtiment quadrangulaire que perçaient quantité de petites fenêtres. [...] Emma qui donnait le bras à Homais, s'appuyait un peu sur son épaule, et elle regardait le disque du soleil irradiant au loin, dans la brume, sa pâleur éblouissante ; mais elle tourna la tête : Charles était là. Il avait sa casquette enfoncée sur les sourcils, et ses deux grosses lèvres tremblotaient, ce qui ajoutait à son visage quelque chose de stupide ; son dos même, son dos tranquille était irritant à voir, et elle y trouvait étalée sur la redingote toute la platitude du personnage.

Pendant qu'elle le considérait, goûtant ainsi dans son irritation une sorte de volupté dépravée, Léon s'avança d'un pas. Le froid qui le pâlissait semblait déposer sur sa figure une langueur plus douce ; entre sa cravate et son cou, le col de sa chemise, un peu lâche, laissait voir la peau ; un bout d'oreille dépassait sous une mèche de cheveux, et son grand œil bleu, levé vers les nuages, parut à Emma plus limpide et plus beau que ces lacs des montagnes où le ciel se mire.

FLAUBERT, *Madame Bovary*, 1857.

1. **Homais** est le pharmacien de la ville et l'ami du couple Bovary.

JOSEPH-DÉSIRÉ COURT, portrait de jeune femme associé traditionnellement au personnage de Madame Bovary, 1844.

CAPACITÉ

Rendre compte à l'oral et à l'écrit de ce qu'un personnage de fiction dit de la réalité.

COMPRENDRE

1. Que ressent Madame Bovary pour son mari ?
2. Pourquoi Léon est-il aussi désirable ?
3. Expliquez la phrase : « son dos même, son dos tranquille était irritant à voir ».

ÉCRIRE

En quoi le regard que porte Madame Bovary sur Léon nous prouve-t-il que la jeune femme est marquée par sa lecture des auteurs romantiques ?

Le réalisme

▪ Qu'est-ce que le réalisme ?

Au milieu du XIXe siècle, en rupture avec le romantisme, certains auteurs à la poursuite de la vérité vont préférer représenter la réalité dans ce qu'elle a de plus crue, plutôt que de l'enjoliver. L'école réaliste rassemble quelques écrivains engagés dans les luttes sociales pour qui la littérature est le témoin des inégalités.

▪ Et après ?

Cette école réaliste ne s'est pas imposée dans l'histoire littéraire, mais elle a donné naissance au naturalisme qui, avec Émile Zola à sa tête, sera un des grands mouvements de la fin du siècle dans le domaine du roman.

▪ Le XIXe siècle, siècle du roman ?

Au XIXe siècle, le roman devient le genre dominant de la production littéraire. À partir de cette époque, les lecteurs et des auteurs se dirigent massivement vers ce genre. Le réalisme, art narratif, participe de cette évolution des goûts. Le roman y gagnera : il n'est pas une simple histoire, il est aussi une création poétique et un texte d'analyse et de réflexion.

GUSTAVE CAILLEBOTTE, *Au café*, 1880. Rouen, musée des Beaux-Arts.

Voici la définition du réalisme résumée par Guy de Maupassant dans la Préface de *Pierre et Jean* (1887).

Le romancier d'aujourd'hui écrit l'histoire du cœur, de l'âme et de l'intelligence à l'état normal. Pour produire l'effet qu'il poursuit, c'est-à-dire l'émotion de la simple réalité, et pour dégager l'enseignement artistique qu'il veut en tirer, c'est-à-dire la révélation de ce qu'est véritablement l'homme contemporain devant ses yeux, il devra n'employer que des faits d'une vérité irrécusable et constante. Mais [...], leur intention étant de dégager la philosophie de certains faits constants et courants, ils devront souvent corriger les événements au profit de la vraisemblance et au détriment de la vérité, car le vrai peut quelquefois n'être pas vraisemblable.
Le réaliste, s'il est artiste, cherchera, non pas à nous montrer la photographie banale de la vie, mais à nous en donner la vision plus complète, plus saisissante, plus probante que la réalité même.

MAUPASSANT, Préface de *Pierre et Jean*, 1887.

Pourquoi l'écrivain doit-il modifier la réalité pour être réaliste ?

TROIS ROMANCIERS RÉALISTES

Honoré de Balzac (1799-1850) est l'auteur d'une vaste fresque sociale intitulée *La Comédie humaine* et composée de 137 romans. Elle est le fruit de l'observation et de l'analyse de la société de son temps (*Le Père Goriot*, 1834).

Guy de Maupassant (1850-1893) a débuté sa carrière littéraire avec le soutien de Gustave Flaubert. Il se lia ensuite avec Émile Zola. Journaliste et romancier, il connut le succès avec *Bel-Ami* en 1885. Mais il affectionnait les formes brèves et il est particulièrement connu pour ses nouvelles.

Gustave Flaubert (1821-1880) allie dans son œuvre le lyrisme romantique de sa jeunesse, l'objectivité réaliste et la recherche du mot juste, de la prose parfaite et de la beauté du style (*Madame Bovary*, 1857).

Madame Bovary à l'écran

CAPACITÉ
Analyser comment un personnage se construit à travers des mots, des attributs, des avatars.

Madame Bovary (1991), filmé par Claude Chabrol, est une adaptation du roman de Gustave Flaubert. Ce n'est pas la première adaptation cinématographique du roman, mais le film de Chabrol est particulièrement fidèle au texte.

Du livre au film

Chabrol ne peut adapter tous les épisodes du roman, voici ceux qu'il retient.

La rencontre de Charles
Emma rencontre Charles, le médecin venu au chevet de son père blessé. Ils se marient et s'installent.

Le bal
Lors du bal aristocratique auquel le couple est invité par l'un des patients de Charles, Emma prend conscience de ce qu'aurait pu être sa vie si elle avait fait un mariage brillant.

La rencontre avec Léon
Charles, pour sauver Emma de l'ennui, déménage dans une petite ville où la jeune femme tombe amoureuse de Léon, le clerc de notaire.

La rencontre avec Rodolphe
Mais c'est avec Rodolphe qu'elle trompe pour la première fois son mari. Celui-ci ayant refusé de fuir avec elle, Emma se désespère.

L'opération
Se sentant coupable, elle pousse Charles à réaliser une première chirurgicale dont elle espère pour lui succès et renommée. Mais c'est un échec cuisant qui la convainc un peu plus de la médiocrité de son mari.

La ruine
Elle compense sa frustration par des dépenses effrénées et une liaison avec Léon qu'elle a retrouvé par hasard à Rouen. Pressée par ses créanciers et sûre de sa ruine, Emma se suicide.

Emma et Charles

Photo 1

Photo 2

QUESTIONS

1. Sur ces deux photos du film de Claude Chabrol, Emma Bovary est en compagnie de son mari. Associez chacune des images à une citation du roman :
a) « Le sable des allées disparaissait sous les feuilles mortes ; elle marchait pas à pas, en traînant ses pantoufles, et, s'appuyant à l'épaule de Charles, elle continuait à sourire. »
b) « À trois pas d'Emma, un cavalier en habit bleu causait Italie avec une jeune femme pâle, portant une parure de perles. [...] Emma écoutait de son autre oreille une conversation pleine de mots qu'elle ne comprenait pas ».

2. Pensez-vous que ces images du film sont fidèles au texte de Flaubert ?

Emma et Rodolphe

Photo 3

Justin, l'apprenti de M. Homais (à droite), vient de s'évanouir, Emma Bovary lui tend un mouchoir imprégné de vinaigre pour lui faire retrouver ses esprits. Elle est observée par son mari (à gauche) et par Rodolphe Boulanger (au fond), qu'elle croise pour la première fois.

QUESTIONS

1. Qui est au centre de la photo 3 ? Sur qui se portent tous les regards ? Pourquoi Emma se détache-t-elle de tous les autres personnages ?
2. Quelles peuvent être les pensées de Rodolphe ?

Photo 4

QUESTIONS

Flaubert décrit le visage d'Emma contemplé par Rodolphe : « Son profil était si calme, que l'on ne devinait rien. » Avez-vous cette impression ? En quoi le visage d'Emma est-il différent sur la photo 4 de celui qu'elle a sur les autres photos ?

Emma et Léon

Photo 5

QUESTIONS

1. D'après la photo 5, quel sentiment chaque personnage éprouve-t-il pour l'autre ?
2. Lisez le texte :
« Elle se penchait vers lui et murmurait, comme suffoquée d'enivrement :
– Oh ! ne bouge pas ! ne parle pas ! regarde-moi ! il sort de tes yeux quelque chose de si doux, qui me fait tant de bien !
Elle l'appelait enfant :
– Enfant, m'aimes-tu ?
Et elle n'entendait guère sa réponse, dans la précipitation de ses lèvres qui lui montaient à la bouche ».
La photo 5 traduit-elle bien la relation entre Emma et Léon ?

Un bandit corse

Journaliste et écrivain, Maupassant fut aussi un grand voyageur. Ses récits de voyage portent la marque de cette double vocation.
En journaliste, il observe, enquête, exerce sa curiosité. Et en écrivain, il comprend l'intérêt narratif d'une anecdote et puise dans l'histoire locale matière à récit.
Le bandit corse dont il raconte l'étrange destin est un personnage de légende dont Maupassant prend soin de décrire avec réalisme le parcours surprenant.

Le chemin montait doucement au milieu de la forêt d'Aïtône. Les sapins démesurés élargissaient sur nos têtes une voûte gémissante, poussaient une sorte de plainte continue et triste, tandis qu'à droite comme à gauche leurs troncs minces et droits faisaient une sorte d'armée de tuyaux d'orgue d'où semblait sortir cette musique monotone du vent dans les cimes.

Au bout de trois heures de marche, la foule de ces longs fûts[1] emmêlés s'éclaircit; de place en place, un pin-parasol gigantesque, séparé des autres, ouvert comme une ombrelle énorme, étalait son dôme d'un vert sombre; puis soudain nous atteignîmes la limite de la forêt, quelque cent mètres au-dessous du défilé qui conduit dans la vallée sauvage du Niolo.

Sur les deux sommets élancés qui dominent ce passage, quelques vieux arbres difformes semblent avoir monté péniblement, comme des éclaireurs partis devant la multitude tassée derrière. Nous étant retournés nous aperçûmes toute la forêt, étendue sous nous, pareille à une immense cuvette de verdure dont les bords, qui semblaient toucher au ciel, étaient faits de rochers nus l'enfermant de toutes parts.

On se mit en route, et dix minutes plus tard nous atteignîmes le défilé[2].

Alors j'aperçus un surprenant paysage. Au-delà d'une autre forêt, une vallée, mais une vallée comme je n'en avais jamais vu, une solitude de pierre longue de dix lieues, creusée entre des montagnes hautes de deux milles mètres et sans un champ, sans un arbre visible. C'est le Niolo, la patrie de la liberté corse, la citadelle inaccessible d'où jamais les envahisseurs n'ont pu chasser les montagnards.

Mon compagnon me dit: « C'est aussi là que se sont réfugiés tous nos bandits. »

Bientôt nous fûmes au fond de ce trou sauvage et inimaginable de beauté.

Pas une herbe, pas une plante: du granit, rien que du granit. À perte de vue devant nous, un désert de granit étincelant, chauffé comme un four par un furieux soleil qui semble exprès suspendu au-dessus de cette gorge de pierre. Quand on lève les yeux vers les crêtes, on s'arrête ébloui et stupéfait. Elles apparaissent rouges et dentelées comme des festons de corail, car tous les sommets sont en porphyre[3]; et le ciel au-dessus semble violet, lilas, décoloré par le voisinage de ces étranges montagnes. Plus bas, le granit est gris scintillant et sous nos pieds il semble râpé, broyé; nous marchons sur de la poudre luisante. À notre droite, dans une longue et tortueuse ornière, un torrent tumultueux gronde et court. Et on chancelle sous cette chaleur, dans cette lumière, dans cette vallée brûlante, aride, sauvage, coupée par ce ravin d'eau turbulente qui semble se hâter de fuir, impuissante à féconder ces rocs, perdue dans cette fournaise[4] qui la boit avidement sans en être jamais pénétrée et rafraîchie.

Mais soudain apparut à notre droite une petite croix de bois enfoncée dans un petit tas de pierres. Un homme avait été tué là, et je dis à mon compagnon:

1. **Fûts :** troncs.
2. **Défilé :** gorge, passage.
3. **Porphyre :** granit à gros cristaux.
4. **Fournaise :** chaleur étouffante.

« Parlez-moi donc de vos bandits. »

Il reprit :

« J'ai connu le plus célèbre, le terrible Sainte-Lucie, je vais vous conter son histoire. »

Son père avait été tué dans une querelle, par un jeune homme du même pays, disait-on ; et Sainte-Lucie était resté seul avec sa sœur. C'était un garçon faible et timide, petit, souvent malade, sans énergie aucune. Il ne déclara pas la vendetta[5] à l'assassin de son père. Tous ses parents le vinrent trouver, le supplièrent de se venger ; il restait sourd à leurs menaces et à leurs supplications.

Alors, suivant la vieille coutume corse, sa sœur, indignée, lui enleva ses vêtements noirs, afin qu'il ne portât pas le deuil d'un mort resté sans vengeance. Il resta même insensible à cet outrage, et, plutôt que de décrocher le fusil encore chargé du père, il s'enferma, ne sortit plus, n'osant pas braver les regards dédaigneux des garçons du pays.

Des mois se passèrent. Il semblait avoir oublié jusqu'au crime et il vivait avec sa sœur au fond de son logis.

Or, un jour, celui qu'on soupçonnait de l'assassinat se maria. Sainte-Lucie ne sembla pas ému par cette nouvelle ; mais voici que, pour le braver sans doute, le fiancé, se rendant à l'église, passa devant la maison des deux orphelins.

Le frère et la sœur, à leur fenêtre, mangeaient des petits gâteaux frits quand le jeune homme aperçut la noce qui défilait devant son logis. Tout à coup il se mit à trembler, se leva sans dire un mot, se signa, prit le fusil pendu sur l'âtre, et il sourit.

Quand il parlait de cela plus tard, il disait : « Je ne sais pas ce que j'ai eu ; ç'a été comme une chaleur dans mon sang ; j'ai bien senti qu'il le fallait ; que malgré tout je ne pourrai résister, et j'ai été cacher le fusil dans le maquis[6] sur la route de Corte. »

Une heure plus tard, il rentrait les mains vides, avec son air habituel, triste et fatigué. Sa sœur crut qu'il ne pensait plus à rien.

Mais à la nuit tombante, il disparut.

Son ennemi devait le soir même, avec ses deux garçons d'honneur, se rendre à pied à Corte.

Ils suivaient la route en chantant, quand Sainte-Lucie se dressa devant eux, et, regardant en face le meurtrier, il cria : « C'est le moment ! » puis, à bout portant, il lui creva la poitrine.

Un des garçon d'honneur s'enfuit, l'autre regardait le jeune homme en répétant : « Qu'est-ce que tu as fait, Sainte-Lucie ? »

Puis il voulut courir à Corte pour chercher du secours. Mais Sainte-Lucie lui cria : « Si tu fais un pas de plus, je vais te casser la jambe. » L'autre, le sachant jusque-là si timide, lui dit : « Tu n'oserais pas ! » et il passa. Mais il tombait aussitôt la cuisse brisée par une balle.

Et Sainte-Lucie, s'approchant de lui, reprit : « Je vais regarder ta blessure ; si elle n'est pas grave je te laisserai là ; si elle est mortelle, je t'achèverai. »

Il considéra la plaie, la jugea mortelle, rechargeant lentement son fusil, invita le blessé à faire une prière, puis lui brisa le crâne.

Le lendemain il était dans la montagne.

Et savez-vous ce qu'il a fait ensuite, ce Sainte-Lucie ?

5. Vendetta : coutume qui oblige les familles à venger les leurs lorsqu'ils ont été assassinés et qui entraîne un engrenage de violence.

6. Maquis : formations végétales denses.

Toute sa famille fut arrêtée par les gendarmes. Son oncle le curé, qu'on soupçonnait de l'avoir incité à la vengeance, fut lui-même mis en prison et accusé par les parents du mort. Mais il s'échappa, prit un fusil à son tour et rejoignit son neveu dans le maquis.

Alors Sainte-Lucie tua, l'un après l'autre, les accusateurs de son oncle, et leur arracha les yeux pour apprendre aux autres à ne jamais affirmer ce qu'ils n'avaient pas vu de leurs yeux.

Il tua tous les parents, tous les alliés de la famille ennemie. Il massacra en sa vie quatorze gendarmes, incendia les maisons de ses adversaires et fut jusqu'à sa mort le plus terrible des bandits dont on ait gardé le souvenir.

Le soleil disparaissait derrière le monte Cinto et la grande ombre du mont de granit se couchait sur les granits de la vallée. Nous hâtions le pas pour atteindre avant la nuit le petit village d'Albertacce, sorte de tas de pierres soudées aux flancs de pierre de la gorge sauvage. Et je dis, pensant au bandit : « Quelle terrible coutume que celle de votre vendetta ! »

Mon compagnon reprit avec résignation : « Que voulez-vous ? On fait son devoir ! »

MAUPASSANT, « Un bandit corse », *Gil Blas*, 25 mai 1882.

QUESTIONS

1. En quoi le paysage joue-t-il un rôle décisif dans cette histoire ?

2. Comment le personnage principal évolue-t-il dans ce récit ? Comment, par qui et par quoi son revirement est-il préparé ?

3. Pourquoi ce récit est-il réaliste ? Justifiez votre réponse en analysant précisément la construction du récit, le rôle des narrateurs, leur façon de s'exprimer, la description des paysages, la caractérisation des personnages.

ÉCRIRE

Rédigez le dialogue entre Sainte-Lucie et sa sœur, après la vengeance.
Ils sont en désaccord sur le projet du jeune homme de fuir dans la montagne et de poursuivre sa vendetta.

La mort du dernier bandit corse

La lutte contre les bandits corses s'est poursuivie jusqu'au début du XXe siècle. Dans cette image, les gendarmes s'attaquent aux derniers d'entre eux. Cette image parue dans *Le Petit Journal* en 1909 montre la mort du bandit Barreta.

QUESTIONS

1. Décrivez le paysage, en quoi est-il comparable à celui qui sert de décor à la nouvelle de Maupassant ?
2. Pourquoi ce terrain est-il favorable aux agissements des bandits ?
3. Comment se déroule l'affrontement ?
4. En quoi cette image est-elle réaliste ?
5. Cette estampe remplace dans la presse de l'époque les photos qui illustrent désormais les articles. Comment le dessinateur s'y prend-il pour dramatiser la scène ?

ÉCRIRE À PARTIR D'UNE IMAGE

Rédigez un court article décrivant la mort du dernier bandit corse.

Évaluation 1

Scène de la vie rurale

Une paysanne sortit de la maison. Son corps osseux, large et plat, se dessinait sous un caraco[1] de laine qui serrait la taille. Une jupe grise, trop courte, tombait jusqu'à la moitié des jambes, cachées en des bas bleus, et elle portait aussi des sabots pleins de paille. [...]

L'homme demanda :

– Comment qu'y va ?

La femme répondit :

– M'sieu l' curé dit que c'est la fin, qu'il n' passera point la nuit[2].

Ils entrèrent tous deux dans la maison.

Après avoir traversé la cuisine, ils pénétrèrent dans la chambre, basse, noire, à peine éclairée par un carreau, devant lequel tombait une loque d'indienne[3] normande. Les grosses poutres du plafond, brunies par le temps, noires et enfumées, traversaient la pièce de part en part, portant le mince plancher du grenier, où couraient, jour et nuit, des troupeaux de rats.

Le sol de terre, bossué, humide, semblait gras, et, dans le fond de l'appartement, le lit faisait une tache vaguement blanche. Un bruit régulier, rauque[4], une respiration dure, râlante, sifflante, avec un gargouillement d'eau comme celui que fait une pompe brisée, partait de la couche enténébrée[5] où agonisait un vieillard, le père de la paysanne.

L'homme et la femme s'approchaient et regardèrent le moribond[6] de leur œil placide et résigné.

Le gendre dit :

– C'te fois, c'est fini ; i n'ira pas seulement à la nuit.

La fermière reprit :

– C'est d'puis midi qu'i gargotte[7] comme ça.

Puis ils se turent. Le père avait les yeux fermés, le visage couleur de terre, si sec qu'il semblait en bois. Sa bouche entr'ouverte laissait passer son souffle clapotant et dur ; et le drap de toile grise se soulevait sur la poitrine à chaque aspiration

GUY DE MAUPASSANT, « Le vieux », in *Contes du jour et de la nuit*, 1885.

1. **Caraco :** corsage.
2. **Ne pas passer la nuit :** mourir avant l'aube.
3. **Indienne :** tissu de coton (autrefois fabriqué en Normandie).
4. **Rauque :** semblable à un raclement de gorge.
5. **Couche enténébrée :** lit sombre.
6. **Moribond :** agonisant.
7. **Gargotter :** émettre une plainte rauque.

Compétences de lecture (10 points)

1. Dressez la liste des différents personnages présents dans ce passage. À quel milieu social appartiennent-ils ?
2. Quels traits de caractère dominants ce récit fait-il ressortir chez ces personnages ?
3. Observez les dialogues : quelles remarques pouvez-vous faire sur les mots employés ou la tournure des phrases ?
4. En quoi ce texte relève-t-il d'une peinture réaliste des milieux sociaux ?
5. Au-delà de la description du mode de vie d'un milieu social, en quoi ce texte est-il révélateur de son époque (le XIXe siècle) ?

Compétences d'écriture (10 points)

Rédigez une scène de la vie quotidienne d'aujourd'hui dans le monde rural en veillant au réalisme de votre description.

Évaluation 2

Coelio, un amoureux romantique

Coélio est tombé follement amoureux de la belle Marianne ; mais, comme cette dernière reste indifférente, il décide de faire appel à son ami Octave pour qu'il l'aide à la conquérir

OCTAVE. – [...] Dis moi un peu, toi, qu'est-ce qui te manque ?

COELIO. – Il me manque le repos, la douce insouciance qui fait de la vie un miroir où tous les objets se peignent un instant et sur lequel tout glisse. Une dette pour moi est un remords. L'amour, dont vous autres vous faites un passe-temps, trouble ma vie entière. Ô mon ami, tu ignoreras toujours ce que c'est qu'aimer comme moi ! Mon cabinet d'étude est désert ; depuis un mois j'erre autour de cette maison la nuit et le jour. Quel charme j'éprouve, au lever de la lune, à conduire sous ces petits arbres, au fond de cette place, mon chœur modeste de musiciens[1], à marquer moi-même la mesure, à les entendre chanter la beauté de Marianne ! Jamais elle n'a paru à sa fenêtre ; jamais elle n'est venue appuyer son front charmant sur sa jalousie[2] [...]. Tous les moyens que j'ai tentés pour lui faire connaître mon amour ont été inutiles. Elle sort du couvent ; elle aime son mari et respecte ses devoirs. Sa porte est fermée à tous les jeunes gens de la ville, et personne ne peut l'approcher [...]. Vingt fois j'ai tenté de l'aborder ; vingt fois j'ai senti mes genoux fléchir en approchant d'elle [...]. Quand je la vois, ma gorge se serre et j'étouffe, comme si mon cœur se soulevait jusqu'à mes lèvres [...]. Pourquoi donc suis-je ainsi ? N'est-ce pas une vieille maxime[3], parmi les libertins, que toutes les femmes se ressemblent ? Pourquoi donc y a-t-il si peu d'amours qui se ressemblent ? En vérité, je ne saurais aimer cette femme comme toi, Octave, tu l'aimerais, ou comme j'en aimerais une autre. Qu'est-ce donc pourtant que tout cela ? Deux yeux bleus, deux lèvres vermeilles[4], une robe blanche et deux blanches mains. Pourquoi ce qui te rendrait joyeux et empressé, ce qui t'attirerait, toi, comme l'aiguille aimantée attire le fer, me rend-il triste et immobile ? Qui pourrait dire : ceci est gai ou triste ? [...] Octave ! Octave ! Viens à mon secours.

ALFRED DE MUSSET, *Les Caprices de Marianne*, 1833.

1. Chœur modeste de musiciens : ces musiciens, payés par Coelio, viennent jouer de la musique sous les fenêtres de Marianne.
2. Jalousie : fenêtre à claire-voie.
3. Maxime : proverbe.
4. Vermeilles : rouge vif.

Compétences de lecture (10 points)

1. De quoi se plaint exactement Coelio ?
2. Quels obstacles s'opposent à ses projets ?
3. À quels détails constate-t-on que Coelio est fou d'amour ?
4. Relevez les expressions qui permettent de faire le portrait de Marianne.
5. En quoi peut-on dire que Coelio est un héros romantique ?

Compétences d'écriture (10 points)

Rédigez la réponse d'Octave qui conseille son ami sur la stratégie à mettre en œuvre pour conquérir Marianne, tout en l'invitant à calmer son ardeur douloureuse.

Histoire des arts

Thématique : Arts, réalités, imaginaires

Un spectacle vivant : *Parade*, 1917

La commande d'un spectacle scandaleux

Le champ de bataille de Verdun.

En 1917, à Verdun, la bataille fait rage. À Paris, est monté un spectacle burlesque qui se veut désespéré, à la mesure du drame national.

« Étonne-moi ! » avait demandé Diaghilev, le directeur de la Compagnie des Ballets russes, à Jean Cocteau, écrivain. Pour cette œuvre de rupture dont il écrit l'argument, Cocteau fait appel aux meilleurs artistes de son temps : Pablo Picasso pour les décors et costumes ; Érik Satie pour la musique ; Léonide Massine pour la chorégraphie.

Parade est un ballet de 16 minutes en un seul tableau.

QUESTIONS

1. En quoi ce spectacle répond-il aux préoccupations de l'époque ?
2. Comment se situe ici le spectateur ? Qu'attend-on de lui ?

Le vrai et le faux : le rideau de scène

Pendant que l'orchestre jouait le prélude, le rideau restait baissé. L'ensemble de la peinture sur rideau rappelle une image populaire : un cheval blanc ailé allaite son poulain, avec sur son dos une fée aux ailes blanches tendant la main vers un singe assis au sommet d'une échelle. Ils sont regardés par deux arlequins, une colombine, un torero, une fille au chapeau pointu, un Noir enturbanné, tous assis autour d'une table. Des tentures rouges se succèdent en profondeur, créant un espace illusionniste.

QUESTIONS

1. À quel animal mythique fait penser le cheval ailé ?
2. En quoi ce rideau est-il décoratif, quelle impression s'en dégage ?

PICASSO, Rideau de *Parade* (1917), détrempe sur toile (10,60 x 17,25). Paris, Musée national d'Art moderne.

Histoire des arts

PICASSO, le costume du manager américain pour le ballet *Parade*. Photo éditions Cercle d'Art.

Un personnage : le manager américain

Chacun des personnages de la troupe vient effectuer son petit numéro. Deux « managers », un Français et un Américain, vêtus de costumes cubistes, commentent le spectacle. Ils portent des bottes de cow-boy, avec des gratte-ciel sur le dos. D'une main, ils tiennent un mégaphone, de l'autre un carton sur lequel est inscrit « Parade ». Ils se déplacent comme des automates, créant des bruits rythmiques en tapant des pieds. Ces personnages plus grands que nature symbolisent le monde des affaires et de la publicité. Ils répondent à l'engouement de Paris pour tout ce qui évoquait alors l'Amérique.

QUESTIONS

1. Comparez le style de ce « manager » avec celui du rideau ; en quoi diffèrent-ils ?
2. Qu'est-ce qui, au vu de ce costume, caractérise le cubisme ?

RACKHAM, *La Chevauchée des Walkyries*, d'après Wagner.

Un art total : le vrai et le fictif

L'idée d'art total – opérer l'alliance des arts visuels avec la musique et la poésie, au sein de l'opéra – a été le grand projet romantique de Richard Wagner. Elle est reprise par de nombreux artistes au début du XXe siècle. Tous les arts (langage, son, visuel, spectacle vivant) concourent ici au même objectif : choquer en opposant la dure réalité au monde enchanteur de l'art. Picasso revient à une figuration naturaliste avec le rideau alors que les costumes des managers restent picturalement cubistes. De son côté, Satie mêle des bruits réels (révolver, machine à écrire, crécelle) à des mélodies et Massine introduit des séquences de mime au sein d'une danse classique.

QUESTION

Qu'appelle-t-on art total ?

TICE **B2i lycée**

5.3 Je sais adapter le contenu des informations transmises aux lecteurs potentiels : niveau de langage, forme, contenu, tailles, copies.

Préparer un exposé sur un artiste en utilisant des informations en ligne

1. À l'aide d'un moteur de recherche, repérez au moins trois sites consacrés à l'un des artistes qui a participé à *Parade*. En lisant les adresses de ces sites (ou URL), repérez les sites personnels, les sites commerciaux et les sites institutionnels. À partir de ce repérage, choisissez trois sites qui vous serviront de référence.
2. Après un premier parcours de ces sites, déterminez le plan que vous allez adopter pour votre exposé.
3. Préparez votre exposé en reprenant des informations trouvées sur les sites, après les avoir vérifiées en les croisant. Votre exposé doit reformuler ces informations et les adapter à vos camarades (expliquez les mots difficiles notamment).

Atelier d'écriture

Écrire une nouvelle

Par groupes de quatre, vous rédigez une nouvelle en suivant les étapes indiquées. La préparation se fait collectivement à l'intérieur de chaque groupe et la rédaction est individuelle.

1. Le début

Voici les premières lignes de la nouvelle. Lisez-les attentivement car vous allez concevoir la suite en tenant compte de toutes les indications que contient ce début de nouvelle.

Panique à Hyde Park

Nous étions tous assis en cercle. Il faisait chaud. La pelouse était noire de monde. C'est Antonio qui, le premier, s'est aperçu de l'absence de Léa. Très vite, nous avons dû nous rendre à l'évidence : personne ne l'avait vue depuis la sortie du British Museum. Le dernier à l'avoir aperçue, Ahmed, s'est souvenu qu'elle prenait en photo la pierre de Rosette dans la grande salle du rez-de-chaussée.

Le British Museum.

Hyde Park.

2. Définir les personnages

• Renseignez les fiches de chaque personnage.

Antonio

Âge : . . . .

Profession : . . . .

Nationalité : . . . .

Situation familiale : . . . . . .

Traits de caractère : . . . . .

Lien avec Ahmed : . . . . . .

Lien avec Léa : . . . .

Ahmed

Âge : . . . .

Profession : . . . .

Nationalité : . . . .

Situation familiale : . . . . . .

Traits de caractère : . . . . .

Lien avec Antonio : . . . . . .

Lien avec Léa : . . . .

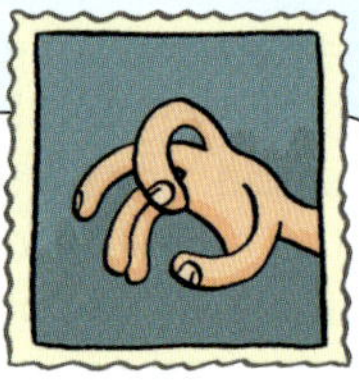

Léa

Âge : . . . .

Profession : . . . .

Nationalité : . . . .

Situation familiale : . . . . . .

Traits de caractère : . . . . .

Lien avec Ahmed : . . . . . .

Lien avec Antonio : . . . . . .

• Puis pour chacun de ces personnages, imaginez un événement vécu dans leur enfance ou leur adolescence qui permettra de mieux comprendre leur personnalité et leurs réactions dans la suite du récit (ces éléments de caractérisation vous servent à définir les personnages, vous ne les raconterez pas ensuite dans le fil du récit).

• Maintenant, répondez aux questions concernant leur présence à Londres.

– Pourquoi sont-ils à Londres ?

– Pourquoi étaient-ils au British Museum ?

– Pourquoi ont-il décidé d'aller à Hyde Park ?

Atelier d'écriture

3. Ajouter des personnages

Si vous le jugez nécessaire, vous pouvez ajouter des personnages, à ce stade du travail ou ultérieurement, en caractérisant d'autres membres du groupe ou en définissant des personnages extérieurs au groupe.

4. Le découpage du récit

• Répondez aux questions suivantes afin d'imaginer l'histoire dont vous avez lu le début :
– Qu'est-il arrivé à Léa ?
– Que vont faire Antonio, Léa et Ahmed ?
– Quel but se fixent-ils ?
– Comment s'y prennent-ils pour y parvenir ?
– Quels obstacles rencontrent-ils ?
– Comment se termine cette histoire ?

• À l'aide de vos réponses à ces questions définissez les étapes du récit.

5. Les modalités de la narration

• Définissez les lieux dans lesquels se déroulent les différentes étapes du récit.

• Vous pouvez utiliser les lieux suivants à Londres et en Grande-Bretagne, ou déplacer ailleurs votre récit selon le déroulement que vous avez imaginé :
– le site préhistorique de Stonehenge ;
– le théâtre du Globe à Londres ;
– les bains romains de Bath.

• Repérez les temps employés dans les premières lignes de la nouvelle, vous devrez les respecter pour la suite.

• Choisissez un personnage qui va raconter la suite de l'histoire.

Le théâtre du Globe à Londres.

6. La rédaction

Vous vous répartissez les différentes étapes du récit et vous rédigez cette nouvelle qui ne devra pas dépasser dans sa totalité 2 à 3 pages. Si votre travail de préparation a été bien mené, il ne devrait pas y avoir d'incohérence entre les différentes parties du récit bien qu'elles soient rédigées par quatre personnes différentes.

Les bains romains de Bath.

Le site préhistorique de Stonehenge.

Tableaux de conjugaison

➤ Être

INDICATIF					
	Présent	**Imparfait**	**Passé simple**	**Futur simple**	**Conditionnel présent**
TEMPS SIMPLES	Je suis Tu es Il (elle) est Nous sommes Vous êtes Ils (elles) sont	J'étais Tu étais Il (elle) était Nous étions Vous étiez Ils (elles) étaient	Je fus Tu fus Il (elle) fut Nous fûmes Vous fûtes Ils (elles) furent	Je serai Tu seras Il (elle) sera Nous serons Vous serez Ils (elles) seront	Je serais Tu serais Il (elle) serait Nous serions Vous seriez Ils (elles) seraient
	Passé composé	**Plus-que-parfait**	**Passé antérieur**	**Futur antérieur**	**Conditionnel passé**
TEMPS SCOMPOSÉS	J'ai été Tu as été Il (elle) a été Nous avons été Vous avez été Ils (elles) ont été	J'avais été Tu avais été Il (elle) avait été Nous avions été Vous aviez été Ils (elles) avaient été	J'eus été Tu eus été Il (elle) eut été Nous eûmes été Vous eûtes été Ils (elles) eurent été	J'aurai été Tu auras été Il (elle) aura été Nous aurons été Vous aurez été Ils (elles) auront été	J'aurais été Tu aurais été Il (elle) aurait été Nous aurions été Vous auriez été Ils (elles) auraient été

SUBJONCTIF				IMPÉRATIF	INFINITIF	PARTICIPE
	Présent		**Passé**	**Présent**	**Présent**	**Présent**
TEMPS SIMPLES	Que je sois Que tu sois Qu'il (elle) soit Que nous soyons Que vous soyez Qu'ils (elles) soient	**TEMPS COMPOSÉS**	Que j'aie été Que tu aies été Qu'il (elle) ait été Que nous ayons été Que vous ayez été Qu'ils (elles) aient été	Sois, soyons, soyez	Être	Étant
				Passé	**Passé**	**Passé**
				Aie été, ayons été, ayez été	Avoir été	Été, ayant été

➤ Avoir

INDICATIF					
	Présent	**Imparfait**	**Passé simple**	**Futur simple**	**Conditionnel présent**
TEMPS SIMPLES	J'ai Tu as Il (elle) a Nous avons Vous avez Ils (elles) ont	J'avais Tu avais Il (elle) avait Nous avions Vous aviez Ils (elles) avaient	J'eus Tu eus Il (elle) eut Nous eûmes Vous eûtes Ils (elles) eurent	J'aurai Tu auras Il (elle) aura Nous aurons Vous aurez Ils (elles) auront	J'aurais Tu aurais Il (elle) aurait Nous aurions Vous auriez Ils (elles) auraient
	Passé composé	**Plus-que-parfait**	**Passé antérieur**	**Futur antérieur**	**Conditionnel passé**
TEMPS SCOMPOSÉS	J'ai eu Tu as eu Il (elle) a eu Nous avons eu Vous avez eu Ils (elles) ont eu	J'avais eu Tu avais eu Il (elle) avait eu Nous avions eu Vous aviez eu Ils (elles) avaient eu	J'eus eu Tu eus eu Il (elle) eut eu Nous eûmes eu Vous eûtes eu Ils (elles) eurent eu	J'aurai eu Tu auras eu Il (elle) aura eu Nous aurons eu Vous aurez eu Ils (elles) auront eu	J'aurais eu Tu aurais eu Il (elle) aurait eu Nous aurions eu Vous auriez eu Ils (elles) auraient eu

SUBJONCTIF				IMPÉRATIF	INFINITIF	PARTICIPE
	Présent		**Passé**	**Présent**	**Présent**	**Présent**
TEMPS SIMPLES	Que j'aie Que tu aies Qu'il (elle) ait Que nous ayons Que vous ayez Qu'ils (elles) aient	**TEMPS COMPOSÉS**	Que j'aie eu Que tu aies eu Qu'il (elle) ait eu Que nous ayons eu Que vous ayez eu Qu'ils (elles) aient eu	Aie, ayons, ayez	Avoir	Ayant
				Passé	**Passé**	**Passé**
				Aie eu, ayons eu, ayez eu	Avoir eu	Eu(e), ayant eu

Aimer

INDICATIF					
	Présent	**Imparfait**	**Passé simple**	**Futur simple**	**Conditionnel présent**
TEMPS SIMPLES	J'aime Tu aimes Il (elle) aime Nous aimons Vous aimez Ils (elles) aiment	J'aimais Tu aimais Il (elle) aimait Nous aimions Vous aimiez Ils (elles) aimaient	J'aimai Tu aimas Il (elle) aima Nous aimâmes Vous aimâtes Ils (elles) aimèrent	J'aimerai Tu aimeras Il (elle) aimera Nous aimerons Vous aimerez Ils (elles) aimeront	J'aimerais Tu aimerais Il (elle) aimerait Nous aimerions Vous aimeriez Ils (elles) aimeraient
	Passé composé	**Plus-que-parfait**	**Passé antérieur**	**Futur antérieur**	**Conditionnel passé**
TEMPS SCOMPOSÉS	J'ai aimé Tu as aimé Il (elle) a aimé Nous avons aimé Vous avez aimé Ils (elles) ont aimé	J'avais aimé Tu avais aimé Il (elle) avait aimé Nous avions aimé Vous aviez aimé Ils (elles) avaient aimé	J'eus aimé Tu eus aimé Il (elle) eut aimé Nous eûmes aimé Vous eûtes aimé Ils (elles) eurent aimé	J'aurai aimé Tu auras aimé Il (elle) aura aimé Nous aurons aimé Vous aurez aimé Ils (elles) auront aimé	J'aurais aimé Tu aurais aimé Il (elle) aurait aimé Nous aurions aimé Vous auriez aimé Ils (elles) auraient aimé

SUBJONCTIF				IMPÉRATIF	INFINITIF	PARTICIPE
	Présent		**Passé**	**Présent**	**Présent**	**Présent**
TEMPS SIMPLES	Que j'aime Que tu aimes Qu'il (elle) aime Que nous aimions Que vous aimiez Qu'ils (elles) aiment	TEMPS COMPOSÉS	Que j'aie aimé Que tu aies aimé Qu'il (elle) ait aimé Que nous ayons aimé Que vous ayez aimé Qu'ils (elles) aient aimé	Aime, aimons, aimez	Aimer	Aimant
				Passé	**Passé**	**Passé**
				Aie aimé, ayons aimé, ayez aimé	Avoir aimé	Aimé(e), ayant aimé

Finir

INDICATIF					
	Présent	**Imparfait**	**Passé simple**	**Futur simple**	**Conditionnel présent**
TEMPS SIMPLES	Je finis Tu finis Il (elle) finit Nous finissons Vous finissez Ils (elles) finissent	Je finissais Tu finissais Il (elle) finissait Nous finissions Vous finissiez Ils (elles) finissaient	Je finis Tu finis Il (elle) finit Nous finîmes Vous finîtes Ils (elles) finirent	Je finirai Tu finiras Il (elle) finira Nous finirons Vous finirez Ils (elles) finiront	Je finirais Tu finirais Il (elle) finirait Nous finirions Vous finiriez Ils (elles) finiraient
	Passé composé	**Plus-que-parfait**	**Passé antérieur**	**Futur antérieur**	**Conditionnel passé**
TEMPS SCOMPOSÉS	J'ai fini Tu as fini Il (elle) a fini Nous avons fini Vous avez fini Ils (elles) ont fini	J'avais fini Tu avais fini Il (elle) avait fini Nous avions fini Vous aviez fini Ils (elles) avaient fini	J'eus fini Tu eus fini Il (elle) eut fini Nous eûmes fini Vous eûtes fini Ils (elles) eurent fini	J'aurai fini Tu auras fini Il (elle) aura fini Nous aurons fini Vous aurez fini Ils (elles) auront fini	J'aurais fini Tu aurais fini Il (elle) aurait fini Nous aurions fini Vous auriez fini Ils (elles) auraient fini

SUBJONCTIF				IMPÉRATIF	INFINITIF	PARTICIPE
	Présent		**Passé**	**Présent**	**Présent**	**Présent**
TEMPS SIMPLES	Que je finisse Que tu finisses Qu'il (elle) finisse Que nous finissions Que vous finissiez Qu'ils (elles) finissent	TEMPS COMPOSÉS	Que j'aie fini Que tu aies fini Qu'il (elle) ait fini Que nous ayons fini Que vous ayez fini Qu'ils (elles) aient fini	Finis, finissons, finissez	Finir	Finissant
				Passé	**Passé**	**Passé**
				Aie fini, ayons fini, ayez fini	Avoir fini	Fini(e), ayant fini

Faire

INDICATIF					
TEMPS SIMPLES	**Présent**	**Imparfait**	**Passé simple**	**Futur simple**	**Conditionnel présent**
	Je fais Tu fais Il (elle) fait Nous faisons Vous faites Ils (elles) font	Je faisais Tu faisais Il (elle) faisait Nous faisions Vous faisiez Ils (elles) faisaient	Je fis Tu fis Il (elle) fit Nous fîmes Vous fîtes Ils (elles) firent	Je ferai Tu feras Il (elle) fera Nous ferons Vous ferez Ils (elles) feront	Je ferais Tu ferais Il (elle) ferait Nous ferions Vous feriez Ils (elles) feraient
TEMPS SCOMPOSÉS	**Passé composé**	**Plus-que-parfait**	**Passé antérieur**	**Futur antérieur**	**Conditionnel passé**
	J'ai fait Tu as fait Il (elle) a fait Nous avons fait Vous avez fait Ils (elles) ont fait	J'avais fait Tu avais fait Il (elle) avait fait Nous avions fait Vous aviez fait Ils (elles) avaient fait	J'eus fait Tu eus fait Il (elle) eut fait Nous eûmes fait Vous eûtes fait Ils (elles) eurent fait	J'aurai fait Tu auras fait Il (elle) aura fait Nous aurons fait Vous aurez fait Ils (elles) auront fait	J'aurais fait Tu aurais fait Il (elle) aurait fait Nous aurions fait Vous auriez fait Ils (elles) auraient fait

SUBJONCTIF				IMPÉRATIF	INFINITIF	PARTICIPE
TEMPS SIMPLES	**Présent**	TEMPS COMPOSÉS	**Passé**	**Présent**	**Présent**	**Présent**
	Que je fasse Que tu fasses Qu'il (elle) fasse Que nous fassions Que vous fassiez Qu'ils (elles) fassent		Que j'aie fait Que tu aies fait Qu'il (elle) ait fait Que nous ayons fait Que vous ayez fait Qu'ils (elles) aient fait	Fais, faisons, faites	Faire	Faisant
				Passé	**Passé**	**Passé**
				Aie fait, ayons fait, ayez fait	Avoir fait	Fait(e), ayant fait

Prendre

INDICATIF					
TEMPS SIMPLES	**Présent**	**Imparfait**	**Passé simple**	**Futur simple**	**Conditionnel présent**
	Je prends Tu prends Il (elle) prend Nous prenons Vous prenez Ils (elles) prennent	Je prenais Tu prenais Il (elle) prenait Nous prenions Vous preniez Ils (elles) prenaient	Je pris Tu pris Il (elle) prit Nous prîmes Vous prîtes Ils (elles) prirent	Je prendrai Tu prendras Il (elle) prendra Nous prendrons Vous prendrez Ils (elles) prendront	Je prendrais Tu prendrais Il (elle) prendrait Nous prendrions Vous prendriez Ils (elles) prendraient
TEMPS SCOMPOSÉS	**Passé composé**	**Plus-que-parfait**	**Passé antérieur**	**Futur antérieur**	**Conditionnel passé**
	J'ai pris Tu as pris Il (elle) a pris Nous avons pris Vous avez pris Ils (elles) ont pris	J'avais pris Tu avais pris Il (elle) avait pris Nous avions pris Vous aviez pris Ils (elles) avaient pris	J'eus pris Tu eus pris Il (elle) eut pris Nous eûmes pris Vous eûtes pris Ils (elles) eurent pris	J'aurai pris Tu auras pris Il (elle) aura pris Nous aurons pris Vous aurez pris Ils (elles) auront pris	J'aurais pris Tu aurais pris Il (elle) aurait pris Nous aurions pris Vous auriez pris Ils (elles) auraient pris

SUBJONCTIF				IMPÉRATIF	INFINITIF	PARTICIPE
TEMPS SIMPLES	**Présent**	TEMPS COMPOSÉS	**Passé**	**Présent**	**Présent**	**Présent**
	Que je prenne Que tu prennes Qu'il (elle) prenne Que nous prenions Que vous preniez Qu'ils (elles) prennent		Que j'aie pris Que tu aies pris Qu'il (elle) ait pris Que nous ayons pris Que vous ayez pris Qu'ils (elles) aient pris	Prends, prenons, prenez	Prendre	Prenant
				Passé	**Passé**	**Passé**
				Aie pris, ayons pris, ayez pris	Avoir pris	Pris(e), ayant pris

Pouvoir

INDICATIF					
	Présent	Imparfait	Passé simple	Futur simple	Conditionnel présent
TEMPS SIMPLES	Je peux Tu peux Il (elle) peut Nous pouvons Vous pouvez Ils (elles) peuvent	Je pouvais Tu pouvais Il (elle) pouvait Nous pouvions Vous pouviez Ils (elles) pouvaient	Je pus Tu pus Il (elle) put Nous pûmes Vous pûtes Ils (elles) purent	Je pourrai Tu pourras Il (elle) pourra Nous pourrons Vous pourrez Ils (elles) pourront	Je pourrais Tu pourrais Il (elle) pourrait Nous pourrions Vous pourriez Ils (elles) pourraient
	Passé composé	Plus-que-parfait	Passé antérieur	Futur antérieur	Conditionnel passé
TEMPS SCOMPOSÉS	J'ai pu Tu as pu Il (elle) a pu Nous avons pu Vous avez pu Ils (elles) ont pu	J'avais pu Tu avais pu Il (elle) avait pu Nous avions pu Vous aviez pu Ils (elles) avaient pu	J'eus pu Tu eus pu Il (elle) eut pu Nous eûmes pu Vous eûtes pu Ils (elles) eurent pu	J'aurai pu Tu auras pu Il (elle) aura pu Nous aurons pu Vous aurez pu Ils (elles) auront pu	J'aurais pu Tu aurais pu Il (elle) aurait pu Nous aurions pu Vous auriez pu Ils (elles) auraient pu

SUBJONCTIF				IMPÉRATIF	INFINITIF	PARTICIPE
TEMPS SIMPLES	Présent	TEMPS COMPOSÉS	Passé		Présent	Présent
	Que je puisse Que tu puisses Qu'il (elle) puisse Que nous puissions Que vous puissiez Qu'ils (elles) puissent		Que j'aie pu Que tu aies pu Qu'il (elle) ait pu Que nous ayons pu Que vous ayez pu Qu'ils (elles) aient pu	Pas d'impératif	Pouvoir	Pouvant
					Passé	Passé
					Avoir pu	Pu, ayant pu

Aller

INDICATIF					
	Présent	Imparfait	Passé simple	Futur simple	Conditionnel présent
TEMPS SIMPLES	Je vais Tu vas Il (elle) va Nous allons Vous allez Ils (elles) vont	J'allais Tu allais Il (elle) allait Nous allions Vous alliez Ils (elles) allaient	J'allai Tu allas Il (elle) alla Nous allâmes Vous allâtes Ils (elles) allèrent	J'irai Tu iras Il (elle) ira Nous irons Vous irez Ils (elles) iront	J'irais Tu irais Il (elle) irait Nous irions Vous iriez Ils (elles) iraient
	Passé composé	Plus-que-parfait	Passé antérieur	Futur antérieur	Conditionnel passé
TEMPS SCOMPOSÉS	Je suis allé(e) Tu es allé(e) Il (elle) est allé(e) Nous sommes allé(e)s Vous êtes allé(e)s Ils (elles) sont allé(e)s	J'étais allé(e) Tu étais allé(e) Il (elle) était allé(e) Nous étions allé(e)s Vous étiez allé(e)s Ils (elles) étaient allé(e)s	Je fus allé(e) Tu fus allé(e) Il (elle) fut allé(e) Nous fûmes allé(e)s Vous fûtes allé(e)s Ils (elles) furent allé(e)s	Je serai allé(e) Tu seras allé(e) Il (elle) sera allé(e) Nous serons allé(e)s Vous serez allé(e)s Ils (elles) seront allé(e)s	Je serais allé(e) Tu serais allé(e) Il (elle) serait allé(e) Nous serions allé(e)s Vous seriez allé(e)s Ils (elles) seraient allé(e)s

SUBJONCTIF				IMPÉRATIF	INFINITIF	PARTICIPE
TEMPS SIMPLES	Présent	TEMPS COMPOSÉS	Passé	Présent	Présent	Présent
	Que j'aille Que tu ailles Qu'il (elle) aille Que nous allions Que vous alliez Qu'ils (elles) aillent		Que je sois allé(e) Que tu sois allé(e) Qu'il (elle) soit allé(e) Que nous soyons allé(e)s Que vous soyez allé(e)s Qu'ils (elles) soient allé(e)s	Va, allons, allez	Aller	Allant
				Passé	Passé	Passé
				Sois allé(e), soyons allé(e)s, soyez allé(e)s	Être allé(e)	Allé(e), étant allé(e)

Index des principaux auteurs et autres œuvres étudiés

Bandes dessinées

Films

Principaux peintres cités

CRÉDIT ICONOGRAPHIQUES

Couverture. Archive Nathanh – Bridgemanart – Archive Nathan – Magnum / E. Lessing p. 11 Courrier International ; p. 14 Gamma ; p. 15h Sipa / Wtt – p. 15b AFP / V. Hache ; p. 16 Eyedea / hoaqui / N. Jos ; p. 17 Phanie / Burger ; p. 19 Christophel ; p. 20 Photononstop / Mauritius ; p. 21h Photononstop / Tips – 21bg Photononstop / W. de l'Horme – 21bd Photononstop / Mauritius ; p. 22h Rue des Archives / Pvde – 22b AFP – 22d Roger-Viollet ; p. 23 Corbis / D. Turnley ; p. 24 Archives Larousse ; p. 25 Keystone ; p. 26 Eyedea / Rapho / G. Sioen ; p. 27h Magnum / Ph.J. Griffith – 27bg détail Magnum / Ph.J. Griffith / Magnum – 27bd Magnum / Magnum coll. ; p. 29g AFP / Getty / Simon / Robine – 29d Gamma / W. Stevens ; p. 31 Libération / M. Abel ; p. 32 Aujourd'hui en France ; p. 33h AKG / E. Lessing – 33b Getty / M. Blann ; p. 34 Le Télégramme ; p. 35g Libération – 35d Le Figaro ; p. 36 Archive Nathan / F. Hanoteau ; p. 39 AFP / AP ; p. 40h FR3 / Gael Kerbaol – 40m FR2 / Laurent Denis – 40b FR2 / Laurent Denis ; p. 42 Rue89.com ; p. 43 Reuters ; p. 45 Medias ; p. 46 AFP / E. Feferberg ; p. 47hg AFP / D.J.Phillip – 47hd Nouvel Observateur – 47bg Libération / Picturetank / S. Zaubitzer – 47bd UMApress / A. Thill ; p. 48 Le Figaro ; p. 52 Lola ; p. 53 Rue des Archives / The Granger coll ; p. 54 Gammaz / FSP / p. Nightingale ; p. 55b Getty / D. Berehulak ; p. 56 Starface / RetnaUK / Malfer ; p. 57hd Sipa / Niviere – 57mg ASApictures / S. Lefevre – 57md Eliotpress – 57bd Gamma ; p 59h g Gamma / Ch. Ducasse – 59b Eyedea / Rapho / Fr. Le Diascorn ; p. 61 Christophel ; p. 62hg Christophel – 62hd Christophel – 62bg Christophel – 62bd i dem ; p. 63 Christophel ; p. 64h Kharbine-Tapabor / coll Perrin ; p. 64b Rue des Archives / CCI ; p. 65h Kharbine-Tapabor / coll. Perrin – 65b idem ; p. 68 Nam June Paik Estate – 68b Maurice Benayoun ; p. 69 Grégory Chatonsky ; p. 75h Archives Larbor – 75b AKG© Picasso administration, Paris 2009 ; p. 76. Corbis / d. Turnley ; p. 77g Corbis / E. Lazo de Valdez – 77m Getty / M. Pedone – 77d Gamma / UPI / M. Kleinfeld ; p. 78 Archive Nathan ; p. 79 Enguerand / Bernand / R. Serena ; p. 81h Roger-Viollet – 81mh AKG – 81mb Archives Larbor – 81bg Archives Larbor – 81 bm Idem – 81bg Idem ; p. 82h. Archives Larbor p. 82b AFP / B. Guay ; p. 83 Photononstop / Sime ; p 84h Archives Larbor – 84b RMN ; p. 85hg Roger-Viollet / Martine – 85d Bridgemanart © Sucession Picasso 2009 ; p. 86h BNF – 86b Archives Larbor ; p. 88h Archives Larbor – 88d Enguerand ; p. 89md Archives Larbor ; 89bg Archives Larbor / H. Josse – 89bm Archives Larbor / H. Josse – 89bd Archives Larbor ; p. 90h Archives Larbor – 90b Enguerand ; p. 91 RMN ; p. 92 Archives Larbor ; p. 93 Enguerand ; p. 94h Christophel – 94b Picturedesk / Kobal / Warner Bros ; p. 95h Christophel – 95mg Christophel – 95md Christophel – 95b Christophel ; p. 97 Claire Bretecher ; p. 98h Archives Larbor – 98b BSIP / Chronorage ; p. 99 h Christophel – 99mh Christophel – 99mhd Christophel – 99bg Christophel – 99mb Christophel – 99bd Christophel ; p. 100g JLPPA / J. E Ferté – 100d Enguerand / Bernand ; 101 Enguerand / Bernand ; p. 102 Archives Larbor / H. Josse – 102b H & K / C. Bellaiche ; p. 103hd Archives Larbor © 1998 Kate Rothko Prizel & Christopher Rothko-ADAGP, Paris 2009 – 103m Enguerand / Bernand / p. Gely ; p. 104 Enguerand / Bernand ; p. 105 Enguerand / Bernand ; p. 106 RMN ; p. 107h Archives Larbor – 107mg Archives Larbor – 107bg RMN – 107 bd Archives Larbor ; p. 108h Archives Larbor / H. Josse – 108b RMN / G. Blot ; 109 / 110 ASA-Pictures / Alfa ; 111h Livre de Poche ; p. 112 Gamma / L. Monnier ; p. 113 Photononstop G. Guittot ; p. 115h Christophel – 115b idem ; p. 116hg AKG / Rabattie Domingie – 116 CNAC / CNAM / RMN / C. Bahier © Sucession Marcel Duchamp, ADAGP Paris 2009 ; p. 117 Eyedea / Hoaqui / Alan Capson ; p. 118 Coll. Sirot-Angel ; p. 119hg MAN / Roger-Viollet © L & M Service BV. Amsterdam 2009 – 119hb Bridgemanart / Giraudon ©ADAGP, Paris 2009 – 119 Photononstop / Com Jacquier ; p. 120 Archives Larbor ; p. 121h Archives Larbor / H. Josse ; p. 121b SCALA ; p. 122 SIPA / Ph. Dalmas – 122b Christophel ; p. 124 SIPA / Pressens Bild / Lasch – p. 124b SCALA © Salvador Dali, Gala-Salvador Dali Fondation -ADAGP, Paris 2009 ; p.126 BIS / F. Hanoteau ; p. 128hd AKG / Camera photo ©ADAGP, Paris 2009 – 128b AKG © The Andy Warhol foundation for the Visual Arts, inc ADAGP, Paris 2009 – 128bd The Andy Wharol foundation for the Visual Arts, Selt-portrait, 1979 ; p. 129hg Corbis / William Coupon – 129mg Roger-Viollet / Studio Lipnitzki – 129md The estate of Jean-Michel Basquiat-ADAGP, Banque d'Images, Paris 2009 ; p. 130 AKG / D. Frasnay – 130 Photothèque R. Magritte-ADAGP, Banque d'Images, Paris 2009 ; p. 133h Bridgemanart / Giraudon – 133b AKG ; p. 134 Archives Larbor – 134 Pix Gallery / J. Yruszniewski ; p. 135 AKG © Sucession Picasso 2009 ; p. 136 AKG ; p. 137 RMN ; p. 138h Bridgemanart © Sucession Picasso, Paris 2009 ; p. 138b, magnum / Herbert List ; p. 139hd BIS © Brancusi © ADAGP, Paris 2009 – 139 bg Archives Larbor – 139m Roger-Viollet – 139 d Corbis / Hulton Deutch ; p. 140 BIS / Archives Larbor / H. Josse ; p. 142h RMN / G. Blot – 142b Sunset / Ph. Moulu ; p. 143h Hemis. fr / J. Frumn – p. 143b Eyedea / Hoaqui / Buss Wojtek ; p. 144h Hemis. fr / J. Frumn – 144b Eyedea / Hoaqui / Buss Wojtek ; p. 149 Christopel ; p. 150 Archives Larbor ; p. 152 Corbis / Araldo de Luca ; p. 153h UMApress / Ph. Montigny 153b Christophel ; p. 154 Enguerand ; p. 156 Christophel ; p. 158h Archives Larbor – 158mh Rue des Archives – 158mm Archives Larbor -158mb Roger-Viollet – 158b Rue des Archives – 158 mb Idem ; p. 159 Roger-Viollet ; p. 160h Christophel – 160b Idem ; p. 161 Christophel ; p. 162 Christophel ; p. 163 Christophel p. 164 Corbis / Fabian Cevallos ; p. 165 Corbis / Jose Luiz Pelaez, Inc ; p. 168h Archive Nathan – 168b Bridgemanart ; p. 170h Archive Nathan ; p. 170b RMN ; p. 171 Corbis ; p. 172h Archives Larbor / H. Josse – 172 Kharbine-Tapabor ; p. 173 BIS / Archives Larbor / H. josse ; p. 174 Archives Nathan – 174b Christophel ; p. 175 RMN ; P.177h Archives Larbor – 177m Archives Larbor ©ADAGP, Paris 2009 – 177b Archives Larbor – 177 mb Idem – 177 md Idem ; p. 178h BIS Archives Larbor – 178 bd Bridgemanart / Giraudon ; p. 179b RMN ; p. 180 RMN / MET, N. Y ; p. 181h Archives Larbor – 181m Archives Larbor – 181b Christophel ; p. 182 Tendance Floue / p. Aimar ; p. 184 Archives Larbor ; p. 185 Enguerand / Bernand ; p. 186 Christophel ; p. 187 Kharbine-Tapabor ; p. 188 Enguerand / Bernand ; p. 189 Enguerand / Bernand ; p. 191Kharbine-Tapabor ; p. 192 Archive Nathan ; p. 194 AKG ; p. 195h Archives Larbor – 195b Rue des Archives ; p. 196 Christophel ; p. 198 Magnum / E. Lessing ; p. 199 BIS-Archives Larbor ; p. 200 Kharbine – Tapabor ; p. 203g Eyedea / Gamma / Romain Villevieille – 203 REA / B. Decourt ; p. 204 Bridgemanart / Giraudon ; p. 205 RMN : G. Blot – 205 bg Archives Larbor – 205bd idem. – p. 206 Christophel ; p. 207m Corbis ; p. 207b The Kobal coll. ; p. 208h E. Pelle ; p. 208b E. Pelle ; p. 209 E. Pelle ; p. 210 E. Pelle ; p. 211 AKG ; p. 214h Archives Nathan ; p. 214b RMN, p. 215h SCALA ; p. 215b BridgemanArt ; p. 216g Shutterstock ; p. 216d Hemis. fr / Stéphane Frances ; p. 217h AKG / Dieter E. Hoppe ; p. 217bg Fotolia ; p. 217bd Corbis / Steven Vidler

Avant dernière de couverture : 1g Archives Nathan / F. Hanoteau ; 2g Eyedea / Hoaqui / Buss Wojtek ; 3d Archives Larbor / H. Josse ; 4d BridgemanArt©Succession Picasso 2009.

CRÉDIT TEXTES

P. 12 L. Lallemand et J-M Oullion, *Les Grandes Questions des médias : Enjeux et stratégie des médias contemporains* , L'Étudiant, 23 décembre 2004.

P. 49 *Camus à « Combat »*, édition établie, présentée et annotée par Jacqueline Levi-Valenski, Éd. Gallimard, 2002.

P. 82, Ridan « Ulysse » in L'Ange de mon démon, © Universal Music Publishing, MGB France, 2007

P. 97 © Claire Brétécher / Dargaud 2009, extrait de l'album *Agrippine prend vapeur*.

P. 105 Marguerite Yourcenar, *Les Yeux ouverts*, Éd Gallimard, 1980.

P. 105 Eugène Ionesco, *La Cantatrice chauve*, 1972.

P. 125, Pierre Desproges, Fonds de Tiroir, © Éd. du Seuil, 1990, coll. *Points*, 2008

P. 122 *Voyage au bout de la nuit* de Louis-Ferdinand Céline, *Critiques 1932-1935*, Imec - 10/18, coll. Dossiers de Presse, 2005. Textes réunis et présentés par Andre Derval.

P. 131, Herbert Liberman, *Nécropolis*, © Éd. du Seuil, 1977, pour la traduction française, coll. *Points Policiers*, 1995.

N° de projet : 10185511 - Dépôt légal : août 2012 - Imprimé en Italie par STIGE